上海蓝皮书

BLUE BOOK OF SHANGHAI

总　编／张道根　于信汇

上海资源环境发展报告（2019）

ANNUAL REPORT ON RESOURCES AND ENVIRONMENT
OF SHANGHAI (2019)

上海环保四十年：迈向生态之城

主　编／周冯琦　胡　静

U0390895

社会科学文献出版社
SOCIAL SCIENCES ACADEMIC PRESS (CHINA)

图书在版编目（CIP）数据

上海资源环境发展报告. 2019：上海环保四十年：迈向生态之城／周冯琦，胡静主编. －－北京：社会科学文献出版社，2019.1

（上海蓝皮书）

ISBN 978 - 7 - 5201 - 4212 - 0

Ⅰ.①上…　Ⅱ.①周…②胡…　Ⅲ.①自然资源－研究报告－上海－2019②环境保护－研究报告－上海－2019　Ⅳ.①X372.51

中国版本图书馆 CIP 数据核字（2019）第 016231 号

上海蓝皮书

上海资源环境发展报告（2019）
——上海环保四十年：迈向生态之城

主　　编／周冯琦　胡　静

出 版 人／谢寿光
项目统筹／郑庆寰
责任编辑／郑庆寰　柯　宓

出　　版／社会科学文献出版社·皮书出版分社 （010）59367127
　　　　　　地址：北京市北三环中路甲 29 号院华龙大厦　邮编：100029
　　　　　　网址：www.ssap.com.cn
发　　行／市场营销中心 （010）59367081　59367083
印　　装／三河市东方印刷有限公司

规　　格／开　本：787mm×1092mm　1/16
　　　　　　印　张：26　字　数：392 千字
版　　次／2019 年 1 月第 1 版　2019 年 1 月第 1 次印刷
书　　号／ISBN 978 - 7 - 5201 - 4212 - 0
定　　价／128.00 元

权威·前沿·原创

皮书系列为
"十二五""十三五"国家重点图书出版规划项目

上海蓝皮书编委会

主要编撰者简介

周冯琦 上海社会科学院生态与可持续发展研究所所长,上海市生态经济学会会长、上海社会科学院生态经济与可持续发展研究中心主任、博士生导师、研究员。国家社科基金重大项目"我国环境绩效管理体系研究"首席专家,相关研究成果曾获上海市哲学社会科学优秀成果类二等奖、上海市决策咨询二等奖以及中国优秀皮书一等奖等奖项。

胡 静 上海市环境科学研究院低碳经济研究中心主任,高级工程师。主要从事低碳经济与环境政策研究。先后主持开展国家科技部、国家环保部、上海市科委、上海市环保局等相关课题和国际合作项目40余项,公开发表科技论文20余篇。

程 进 《上海资源环境发展报告》主编助理,上海社会科学院生态与可持续发展研究所自然资本研究室主任。主要从事环境绩效评价、低碳绿色发展、生态文明与区域环境治理等领域的研究。参与国家社科基金重大项目"我国环境绩效管理体系研究",担任子课题负责人,研究成果获皮书报告二等奖等奖项。

摘　要

　　改革开放 40 年是上海环境保护不断进步的 40 年，也是城市环境与经济发展关系不断优化的 40 年。在历史新起点上，上海正努力建设成为卓越的全球城市，令人向往的创新之城、人文之城、生态之城。上海新的历史方位对城市环境保护提出更高要求，因此，系统回顾改革开放以来上海环境保护发展历程，总结上海经济社会发展和环境保护关系演变规律及阶段特征，对研判上海未来环境与发展演进方向、推进生态之城建设等重大问题具有重要意义。

　　改革开放 40 年来上海的环境保护与城市经济、社会发展进程紧密结合，从各时期上海环保工作的目标和任务来看，改革开放 40 年来上海环保发展历程可以分为四个阶段。一是 1978～1990 年的重点污染源治理阶段，该时期上海首先开展重污染点源治理、重污染行业治理、重污染区域整治，并奠定了上海现代环保工作的框架。二是 1991～2010 年的污染物总量削减阶段，该时期上海以污染减排和环保三年行动计划为抓手，以削减污染物排放总量为主要目标，大幅度降低排放强度，同时加强城市环境基础设施建设。三是 2011～2017 年的环境质量改善阶段，该时期上海在过去对单项污染物治理的基础上，开始注重大气、水环境治理的整体性特征，加强城市生态空间建设，大力推进崇明世界级生态岛建设。同时不断加强环境保护体系建设，加强区域环保协作，积极参与长三角区域大气和水污染防治协作机制。四是 2018 年以来的迈向绿色发展阶段，第七轮环保三年行动计划提出更加注重推进各领域绿色转型发展，上海环保工作开始进入生态环境质量总体改善、绿色转型全面推进、生态环境治理体系和治理能力现代化发展的新阶段。

　　上海环境保护的目标任务随着城市定位、经济发展水平的提升而变迁，环境保护与城市经济发展是一个相互作用的过程。本报告构建了上海环境与经济协调发展指数评价体系，借助协调发展度模型对1991年以来上海市环境保护与经济发展的协调关系进行评价。从环境与经济的协调度来看，1996年上海环境与经济子系统的协调度才达到0.644，在此之前环境保护尚未得到有效重视，环境保护与经济发展处于失调状态。1996年之后，上海环境与经济子系统的协调度不断上升，在2010年世博会期间达到第一个峰值，环境保护与经济发展实现了很好的平衡关系。总体上"十一五"以来，上海环境与经济之间发展演化一致程度较高。从环境与经济的协调发展度来看，上海环境与经济的协调发展度从1991年的0.059上升至2017年的0.939，反映了两者基本上呈现同步增长的态势，经过改革开放40年的发展，城市环境与经济系统已处在一个高水平协调发展阶段。定量评价的结果表明，加强城市环保工作需要两个方面的协同推进：一是纵向上不断提高环境保护和经济发展水平，这是提升城市环境质量的根本；二是横向上要坚持环境保护与经济发展并重，坚持生态优先、绿色发展。

虽然上海环境与经济协调发展水平不断提升，但与国际顶级水平以及居民美好生活需要相比，上海环保领域仍存在一些不平衡不充分问题亟待破解。如城市生态功能需进一步增强、城市环境质量有待充分改善、环保基础设施建设有待加强，由于人口和产业向近郊区转移、环境基础设施不足等原因，城郊接合部环境压力进一步增大，生态空间供需也存在空间分布不平衡问题。面对环保领域仍存在的不平衡不充分问题，上海需要进一步提升生态环境保护水平，优化环境与经济发展关系。一是强化绿色理念，注重将经济优势转化为生态优势，实现源头治理、绿色发展，实现生产活动从"污染"到"无染"，由经济发展与生态环境协调转向生态环境优先。二是扩大环保主体，在继续发挥政府主导作用的基础上，加强环保科研机构和专业队伍建设，注重发挥环保专家、技术团队的专业知识和智力支撑作用，提升社会公众的环保参与程度。三是丰富环保方式，提高环保智慧化发展水平，改变环境管理部门和生态环境的交互方式，改变管理部门、企业和社会公众的交互方式，提高交互效率。四是增加治理对象，推进环保向防治一次污染物和二次污染物并重方向转变，整合大气污染治理和温室气体排放治理。五是拓展环保范围，借助长三角一体化发展上升为国家战略的大好机遇，推进区域环保联动进一步升级，推进区域环保协同立法，推进区域环保产业合作，协同推进长三角化工、钢铁等重点行业绿色转型。

关键词： 改革开放　环境保护　协调发展　演化

序 言

2018 年是我国改革开放 40 周年。改革开放给上海的城市发展和环境保护事业带来巨大的推进和良好的发展契机,注入了强大的发展动力和创新活力。在党中央的领导下,历届市委、市政府高度重视生态环境保护工作,实施了一系列重要的环境保护规划和政策,持续推进了污染防治和生态建设,使得上海城市布局日趋合理、产业结构不断优化、环境质量稳步提升、国际地位和综合竞争能力逐渐提高,可持续发展已成为上海城市发展的基本战略。

在这 40 年中,上海的环境保护机构从小到大,由弱到强,不断壮大。从 1978 年"上海市治理三废领导小组办公室"改名为"上海市环境保护办公室",到 1979 年成立"上海市环境保护局",再到 2018 年正式更名为"上海市生态环境局",现在已经形成了市、区和乡镇街道环境保护的三级管理网络。40 年中,环保意识、绿色发展和生态文明的理念不断深入人心,环境保护走向工厂、社区、学校,渗透到工业、农业、商业、城市建设、交通等各行各业,"生态文明"已经逐渐成为全面共识。40 年中,环保管理的内涵不断拓展,从工业"三废"治理到区域环境综合整治,再发展到环境保护促进绿色发展和长三角区域联防联控。40 年中,环境保护在城市综合决策中的地位日益提升,从单一的污染防治、总量减排,发展到环境、经济、社会协调发展,环境保护和生态建设已经成为转变城市发展方式、推进社会创新进步、推动更高质量发展的重要抓手和突破口。40 年中,在全市人口数量翻一番、经济总量增百倍、人均 GDP 增长十倍的前提下,城市生态建设和环境质量得到了明显改善。许多黑臭河道变成了今日的"风景线",苏州河恢复了母亲河应有的生态面貌,黑烟滚滚的工业区摘掉了"重污染"的帽子，走上了绿色发展的道路；蓝天白云、绿意盎然的生态景观重现上海滩，上海正向着更加绿色、更加生态、更加美丽的全球城市发展目标不断迈进。

古人云："以史为鉴，可以知兴替。"在庆祝改革开放四十周年的重要时刻，感谢上海社会科学院和上海市环境科学研究院联合推出以"上海环保四十年：迈向生态之城"为主题的《上海资源环境发展报告（2019）》，梳理和回顾上海改革开放以来生态环境保护与社会经济相辅相成的发展历程，研判和把握未来上海生态之城建设的要点和实施路径。我们回顾历史、总结经验教训，就是为了更好地面向未来，"改革开放再出发"！2035年，上海城市生态环境要全面实现清洁、安全、健康，达到国际发达国家及城市先进水平，上海生态环境保护面临更高的目标和更艰巨的使命，需要以更大的决心、更强的力度和更实的举措，坚持绿色发展与底线思维理念，坚持改革创新与依法治理双轮驱动，更加注重接轨国际和率先引领，更加突出科学治理和市场化、社会化多元共治，为上海率先实现"更高质量、更有效率、更加公平、更可持续的发展"保驾护航。

张　全

上海市科学技术委员会主任，原上海市环境保护局局长

2018 年 12 月于上海

目 录

Ⅰ 总报告

Ⅱ 回顾篇

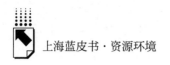
Ⅲ 比较篇

Ⅳ 展望篇

Ⅴ 附 录

皮书数据库阅读**使用指南**

总 报 告

General Report

B.1

改革开放以来上海环境保护
发展进程回顾与展望

周冯琦　程 进*

摘　要： 环境是城市系统的重要组成部分，环境保护工作随着城市经济社会发展而不断完善。改革开放40年是上海环境保护工作不断进步的40年，也是城市环境与经济发展关系不断优化的过程。从不同时期环境保护目标和任务来看，上海环保历经了重点污染源治理阶段、污染物总量削减阶段、环境质量改善阶段、迈向绿色发展阶段等四个阶段。进一步定量评价上海环境与经济协调发展的状况可知，城市环境与经济间的平衡程度不断提升，世博会等重大活动期间环境与经济的平衡

* 周冯琦，上海社会科学院生态与可持续发展研究所所长，研究员，主要研究领域为低碳经济与绿色发展、环境经济政策等；程进，上海社会科学院生态与可持续发展研究所博士，主要研究领域为环境绩效评价、低碳绿色发展、生态文明与区域环境治理等。

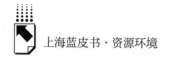

程度较高。经济与环境协调发展度呈现稳步提升趋势,从1991年的0.059上升至2017年的0.939,表明城市环境与经济系统已迈入相对高水平的协调发展时期。针对上海环保领域存在的不平衡不充分问题,未来需要从环保理念、环保主体、环保方式、环保对象、环保范围等多领域入手,进一步优化环境与经济发展关系,提升生态环境保护水平。

关键词: 环境保护 协调发展 演化

城市资源环境与经济发展是一个相互作用、相互依赖的整体,随着城市经济社会的发展,城市环境保护转型是城市环境、经济、社会等各种关系发展变化的必然趋势和规律。2018年是改革开放40周年,也是上海城市环境与发展关系演进的重要历史节点,作为我国改革开放的前沿和窗口,改革开放40年是上海环境保护工作不断进步的40年,也是城市环境与经济发展关系不断优化的过程。在历史新起点上,上海新一轮城市总体规划提出上海要建设成为卓越的全球城市,建设创新、人文、生态之城,增强城市的国际竞争力和影响力,提升上海在全球城市体系中的地位和作用。上海新的发展定位对城市环境保护工作提出更高要求,因此,需要系统回顾改革开放以来上海环境保护工作发展历程,总结上海经济社会发展和环境保护关系演变规律及阶段特征,系统梳理各阶段环境保护经验、成效及不足之处,有助于总结我国特大城市环境保护与经济协调发展的经验和教训,对研讨上海未来环境与发展演进方向、推进生态之城建设等重大问题,具有重要的实践价值和指导意义。

一 环境保护演进与城市发展

作为城市系统的重要构成,城市环境问题本质上是经济社会发展的产物，环境保护则是对城市经济社会发展需求的积极响应，城市环境与发展是一种相辅相成的关系。

（一）环境是城市系统的重要组成部分

从生态学的视角来看，城市是以人为主体构成的城市生态系统。依照"社会—经济—自然"复合生态系统的理论观点，城市可以看作以人为主体的社会、经济和自然系统在一定空间范围内，通过协同作用而形成的一个人与自然相互依存、共生的复合系统（见图1），是由自然子系统、社会子系统和经济子系统相互作用、耦合而成[①]。城市复合生态系统内部各子系统之间、各要素之间的耦合作用一般通过物质流、价值流和信息流等形式实现。在城市的"社会—经济—自然"复合生态系统中，人类社会是主体，自然环境系统与人类社会的生存和发展密切相关，为人类社会提供生产、生活空间，供给各类生态产品、接纳各类污染物排放，构成一种错综复杂的生态关系。

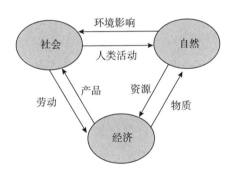

图1 社会—经济—自然复合生态系统结构示意

环境是城市复合生态系统的组成部分，因此城市环境问题不是孤立产生和存在的，城市环境保护工作也不是孤立于城市经济社会独立推进的。根本解决城市生态环境问题，需要把城市放在复合生态系统的框架下进行分析，

---

① 王俭、韩婧男、胡成等：《城市复合生态系统共生模型及应用研究》，《中国人口·资源与环境》2012年第S2期。

城市环境保护的实质是城市可持续发展能力的提升，目标是自然环境、经济生产环境和社会文化环境间的协调发展，从而形成一个由经济、社会、生态、资源、环境等子系统组成的城市复合生态系统。

（二）环境保护与经济发展的互动关系

环境是城市系统的重要组成部分，这决定了环境保护与经济社会发展之间存在密不可分的关系。经济发展产生环境问题，催生了环境保护工作，也为环境保护提供物质保障，正确处理环境保护与经济发展的关系，使二者相互促进、良性互动，可以实现城市经济社会环境协调发展目标。

1991年，格罗斯曼和克鲁格提出了著名的环境库兹涅茨曲线理论，按照环境库兹涅茨曲线理论，在某一国家或地区，在经济发展初期阶段，经济活动会对生态环境造成较大危害，污染物排放量会随经济增长而增加，随着经济水平的提升，达到拐点后，环境污染状况会随经济增长逐步改善，即环境污染与经济发展呈倒 U 形关系①。可见，环境库兹涅茨曲线描述的是一种"先污染、后治理"的环境与经济发展关系，在西方一些走线性工业化道路的国家得到了验证，但这不能反映环境与经济发展的一般规律，因为西方发达国家在早期工业化过程中，忽视了工业生产对生态环境的破坏，产生了影响深远的环境公害事件，此后才加大环保投入，形成了一种"先污染、后治理"的发展模式。

我国改革开放以来呈现的是一种压缩型发展模式，短短几十年的时间完成了西方国家数百年的工业化历程，经济社会发展水平大幅提升，也使得西方国家分阶段出现的生态环境问题在我国改革开放进程中集中爆发，复合型环境污染成为城市可持续发展的巨大制约因素。因此，"先污染、后治理"的环境与经济发展模式不适合我国国情，在经济社会发展过程中应把环境保护放在首位，形成良性的环境保护与经济发展互动关系。

---

① 曹峰：《基于经济发展阶段的环境库兹涅茨曲线及其数值分析》，《经济问题》2015年第9期。

（三）环境保护演进是一个制度变迁过程

制度是一个宽泛的概念，制度是人为设计的、用来规范人们互动关系的约束[①]，是调节人与人之间关系的行为规则、方式。制度是动态变化的，随着社会环境的变化，新的制度需求不断产生，当已有的制度供给能够满足制度需求时，制度是稳定的，当制度供给不能满足制度需求时，就会产生制度创新。政府是环境保护工作的主要实施者，环境保护涉及制度建设、资金投入、基础设施建设、污染治理一系列内容，本质上是政府为改善环境质量而做出的约束全社会行为的一种制度安排，政府根据经济社会发展需要而不断更新环境保护战略和实施举措，以满足环境保护需求，由此形成的环境保护演进成为政府创新管理制度和管理模式的重要组成。政府制度创新过程是制度变迁的过程[②]，环境保护工作不断演进的过程同样也是一个制度变迁过程。

环境保护演进是制度环境、制度安排和制度结构综合作用的结果（见图2）。制度环境包括环境质量变化、经济发展水平、环境保护制度等，在制度环境的影响和约束下形成具体的环境保护规则和行为。制度安排是具体的环境保护制度，制度结构是所有环境保护制度安排的总和，是按照一定时期内环境保护的价值取向形成的具有结构特征的制度体系。随着经济社会的发展，制度环境的变化会影响到环境保护制度安排和制度结构的调整，进而影响到地方环境保护目标的实现。可见，环境保护工作是随着经济社会发展变化而不断改进的，梳理改革开放以来上海环境保护的演进历程，必须紧密结合城市经济社会演变历程，分析不同阶段环境保护政策和措施的制定背景和取得的成效，以此总结环境保护不断演进的动因和发展趋势。

---

① 〔美〕道格拉斯·C.诺思：《制度、制度变迁与经济绩效》，杭行译，格致出版社、上海三联书店、上海人民出版社，2008。

② 郁建兴、黄亮：《当代中国地方政府创新的动力：基于制度变迁理论的分析框架》，《学术月刊》2017年第2期。

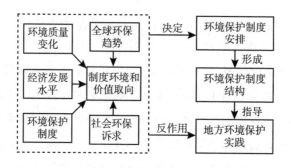

图2　环境保护的制度变迁过程

二　上海环境保护发展历程回顾

改革开放40年来上海的环境保护并不是在一个独立的制度环境中发展演进的，而是与城市经济、社会发展进程紧密结合。随着城市经济增长水平与社会结构的演变，上海不同时期环境保护工作也表现出不同的内容和特征。从各时期上海环境保护政策、规划的内容反映的环保工作的目标和任务来看，改革开放40年来上海环保发展历程可以大体分为四个阶段。

（一）重点污染源治理阶段：1978~1990年

改革开放之前，上海一直是全国的重要工业基地，上海承担了为全国输出工业产品、技术和人才的功能，全国绝大多数的轻工业都在上海，其中造纸、化纤、印染、食品等污染物排放量大的产业占比较高。1965年上海的废水排放量从20世纪50年代的60万吨/天增加至200万吨/天，使得工业"三废"和水污染日趋严重。

改革开放以后，上海的环保工作正是在工业污染问题长期累积的背景下开展的，1978年上海市环境保护办公室成立，1979年上海市环境保护局成立，环保工作正式纳入政府行政管理范畴。但此时上海工业基地的地位没有得到根本转变，在1986年版的城市总规中，国务院在批复中对上海的城市性质定位仍为我国最重要的工业基地之一。上海的地区生产总值由1980年的

311.89 亿元增加至 1990 年的 756.45 亿元，年均增长 9.26%；人口由 1980 年的 1100 多万人增加到 1990 年的 1200 多万人；人均国内生产总值呈上升态势（见图 3）；工业总产值由 1980 年的 598.75 亿元增加至 1990 年的 1642.75 亿元，年均增长 10.62%。工厂企业废水排放量达到 386.6 万吨/天，经过处理的仅 68.5 万吨/天。城市水环境污染有加重趋势，如黄浦江在 20 世纪 80 年代平均每年出现"黑臭"情况 146.3 天，比 20 世纪 70 年代增加 99.5 天。

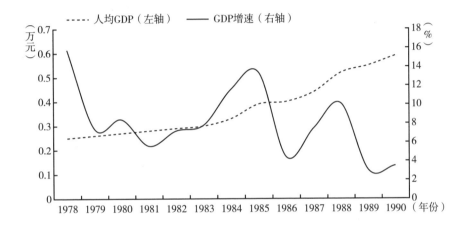

图3　1978~1990 年上海市经济增长变化情况

资料来源：《上海统计年鉴 2004》。

因此，上海首先从工厂治理入手，开展大规模的城市废水、废气、废渣单项污染源的点源治理；其次从重污染行业治理入手，对造纸、电镀、化工、纺织、皮革等 12 个行业进行合并、撤点、改造和治理，加强重污染行业的综合利用和技术革新；最后从重污染区域整治入手，对和田路、新华路、桃浦地区等环境污染严重地区进行综合治理。环境污染治理总体上表现出由点源治理向区域治理推进、由单项治理向综合治理转型。

该时期上海奠定了现代环保工作的框架，当前上海在环境保护方面的诸多制度源头都可以追溯到该时期。上海在制定《上海市治理三废、保护环境五年（1976~1980）规划》的基础上，先后颁布了《上海市排污收费和罚款管理办法》（1984）及其实施细则、《上海市黄浦江上游水源保护条例》

（1985）及其实施细则、《上海市乡镇企业环境保护管理暂行办法》（1986）、《上海市固定源噪声污染控制管理办法》（1986）、《上海市建设项目环境保护管理办法》（1988）、《上海市烟尘排放管理办法》（1988）、《上海市防止船舶污染内河通航水域暂行规定》（1989）等一批地方性环保法规和规章制度，不断加强污染控制的制度建设。

（二）污染物总量削减阶段：1991～2010年

随着浦东开发开放，上海在国家改革开放中的地位和作用、在世界经济发展中的地位与作用得到重新明确。鉴于国际城市发展的新形势和新变化，国务院在上海2001年版总规批复中将上海城市性质定位为全国重要的经济中心。上海城市发展目标是建设经济繁荣、社会文明、环境优美的国际大都市，以及国际经济、金融、贸易、航运中心之一。此时不再过多强调工业，明确要以技术创新为动力，全面推进产业结构优化、升级。

该时期内，上海城市经济社会迎来一个快速发展期。城市地区生产总值由1991年的893.77亿元快速增加至2010年的17165.98亿元，增加了18倍，保持了两位数的年均增速。经济快速增长给环境保护带来巨大压力，工业废气排放量由1991年的4000亿标立方米增加至2010年的12969亿标立方米，增长了224%（见图4）；废水排放量由19.58亿吨增加至24.82亿吨，增长了27%。此外，上海城市人口由1991年的1287.2万人增加到2010年的2302.66万人，增长了79%。人口规模的扩大，给城市生态环境承载带来挑战，如城市废水中生活废水占比不断升高，排放量由1991年的6.33亿吨增加至2010年的21.15亿吨，增加了234%（见图5）。

因此，该时期内上海以污染减排和环保三年行动计划为抓手，以削减污染物排放总量为主要目标，以污染物总量控制带动环境质量改善，大幅度降低排放强度，同时加强城市环境基础设施建设，健全城市环境保护框架。为完成污染物排放总量削减任务，从1992年起，上海环保规划各项指标、任务体现在城市国民经济和社会发展规划之中，并得到落实。自2000年，上海开始实施环保三年行动计划，本阶段内共滚动实施四轮环保三年行动计

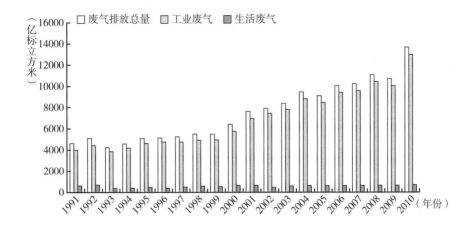

图 4 1991~2010 年上海废气排放量变化情况

资料来源：《上海统计年鉴 2011》。

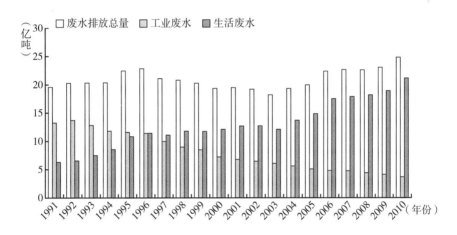

图 5 1991~2010 年上海废水排放量变化情况

资料来源：《上海统计年鉴 2011》。

划，分阶段解决重点领域、重点区域的环境问题，以点带面，逐步推开。上海在本阶段内注重完善排污申报和许可制度，严格控制各类污染源，禁止无证或超总量排污，促进工业结构调整。经过努力，工业废水排放达标率由1991 年的 65.3% 提高至 2010 年的 98%，工业源废水排放量则下降了 74%。至 2010 年底，上海化学需氧量和二氧化硫排放总量分别比 2005 年下降了

27.7%和30.2%，超额完成了减排目标。

该阶段内，上海环保法制工作进一步向体系化方向发展。累计制订了近30项地方环保法规和标准。上海于1994年提出了涵盖基本法、组织法规范、监督管理法规范、污染防治法规范、资源保护法规范、程序法规范和标准等在内的地方环保法规体系框架结构，制定实施了《上海市环境保护条例》，并先后颁布了《上海市危险废物管理办法》（1995）、《上海市畜禽饲养场污染防治暂行规定》（1995）、《上海市苏州河环境综合整治管理办法》（1998）、《上海市扬尘污染防治管理办法》（2004）、《上海市饮用水水源保护条例》（2009）等地方法规和政府规章制度。

（三）环境质量改善阶段：2011~2017年

世博会的成功举办大大提升了城市品质，市民对改善环境质量产生了更高期望，上海国际大都市的城市地位和发展转型也对城市环境质量改善提出了新的要求。一方面，2011~2017年，上海市GDP增速由8.3%降至6.9%，经济增速缓中趋稳，经济快速增长产生的资源环境压力有所改善，为解决"存量"环境问题提供了机会，围绕全面建成小康社会目标，改善环境质量成为经济社会发展的迫切需求。另一方面，虽然上海以削减污染物总量为主要任务，大幅降低了污染物排放强度，但由于上海人口大量集聚、产业结构偏重导致污染排放处于高位，上海市环境污染负荷仍然较高。复合型、区域型环境污染和城乡环境差异问题也开始凸显。特别是雾霾、臭氧和水体富营养化等环境问题改善难度较大，需要建立污染物总量控制和环境质量改善并重的城市环境保护体系。

因此，该时期内上海环境保护目标逐渐由污染物减排转向城市环境质量改善，以实现与上海市国际化大都市定位相适应。其中一项重要的标志是上海在过去对单项污染物治理的基础上，开始注重大气、水环境治理的整体性特征，出台了《上海市大气污染防治条例》《上海市清洁空气行动计划（2013~2017）》《上海市水污染防治行动计划实施方案》等法规文件，推进大气、水环境的整体治理，系统提升城市环境质量。2017年，上海市二氧化硫、二氧化氮、可吸入颗粒物（PM_{10}）浓度分别比 2011 年下降 58.6%、13.7% 和 31.3%，细颗粒物（$PM_{2.5}$）浓度较 2013 年下降 37.1%。2017 年的 $PM_{2.5}$、二氧化硫、可吸入颗粒物（PM_{10}）浓度为历年最低（见图 6）。城市地表水主要水体水质同样稳步改善，2015 年，上海水环境考核断面化学需氧量、氨氮浓度比 2010 年分别下降 9%、19%，2017 年劣 V 类水体断面比例比 2016 年下降 15.9%。

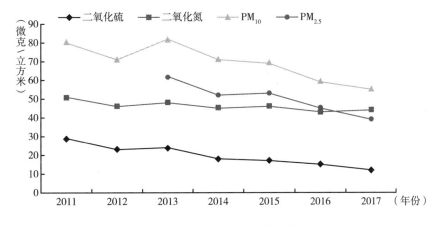

图 6   2011～2017 年上海大气环境质量变化情况

资料来源：《上海统计年鉴 2017》。

除了常规的环境治理外，本阶段内上海还加强了城市生态空间建设，大力推进崇明世界级生态岛建设。上海在颁布《崇明生态岛建设纲要（2010～2020 年）》的基础上，连续实施了三轮崇明世界级生态岛建设三年行动计划，2017 年发布的《崇明世界级生态岛发展"十三五"规划》，进一步确立了崇明生态立岛原则，并将举全市之力推进崇明世界级生态岛建设，以更好地涵养生态环境，为全市提供优质生态服务，进一步提升上海的城市竞争力。

本阶段内，上海不断加强环境保护体系建设，提高环境保护创新能力。一是完善治理手段，综合运用经济、法律手段推进环保工作。上海颁布实施了一系列地方法规和地方标准规范，完善环境保护的法制体系，并建立健全综合执法、行政执法和与刑事司法相衔接的环保法治机制。上海积极推进环境污染第三方治理，2014年，上海颁布了《关于加快推进本市环境污染第三方治理工作的指导意见》，大力发展环境污染第三方治理市场。二是打造环境多元治理模式。上海转变一直以来政府主导的单一环境治理模式，逐步建立起"政府主导＋多元参与"的环境保护主体结构，加强环境信息公开力度，推动社区、企事业单位参与城市环境保护工作。三是加强区域环保协作。上海以煤炭总量控制、产业结构调整、移动源强化控制和挥发性有机物深化治理为重点，在区域层面积极参与长三角区域大气和水污染防治协作机制，在省际交界区层面出台《青浦、嘉善、吴江三地环境联防联控联动工作实施方案》，建立跨省界区域应急处置联动机制。

（四）迈向绿色发展阶段：2018年至今

2018年，上海正式发布《上海市城市总体规划（2017～2035年）》，规划提出上海要建设成为卓越的全球城市，令人向往的创新之城、人文之城、生态之城。从全球城市的发展趋势来看，生态宜居已成为全球城市主要特征之一。从国内生态文明建设进程来看，绿色发展成为五大发展理念之一，人民日益增长的美好生活需要也对城市生态环保提出新要求。而上海生态环境质量总体上与现代化国际大都市的定位和市民日益增长的生态产品需求存在一定差距。因此，显著改善环境质量、推动生态绿色发展成为上海生态环境保护的重要任务。

2018年，上海正式启动实施《上海市2018～2020年环境保护和建设三年行动计划》，即第七轮环保三年行动计划，对环境质量、绿色发展、生态空间、污染治理等领域均提出了具体的量化目标。根据新一轮环保三年行动计划的目标原则，上海将更加注重推进各领域绿色转型发展，形成保护环境的空间格局、产业结构、绿色生产方式和生活方式。上海的环境保护工作不再局限于污染治理范畴，已进入生态环境质量总体改善、绿色转型发展全面推进、生态环境治理体系和治理能力现代化发展的新阶段。把绿色生态作为提升城市吸引力和竞争力的关键因素，打造生态优先、绿色发展的大都市发展模式。

三 上海环境与经济协调发展评价

通过分析改革开放以来上海环境保护工作的发展历程，可以看出上海环境保护的目标任务随着城市定位、经济发展水平的提升而变迁，环境保护与城市经济发展是一个相互作用的过程。因此，准确定量评价上海环境保护和经济发展系统协调发展状况，反映其协调发展的现状以及发展趋势，对推动城市可持续发展具有重要的指导意义。

（一）评价框架和评价方法

环境保护与经济发展的关系本身是可以调和的，目标是形成协调、合作的结构与功能体系[1]，推动城市复合生态系统向更加有序、均衡的状态演化。

1. 评价框架

环境保护与经济发展是两个相互耦合的复杂系统，经济发展过程中会产生一定的污染物，为了使污染物的排放量在城市环境承载范围之内，需要在提高经济发展水平的同时加大环境保护力度，降低污染物排放量。在经济发展的不同阶段，产生的环境问题和环保需求有所差异，环境保护的资金技术投入能力也随着经济发展而提升，因此在理想状态下，环境保护与经济发展呈现动态螺旋上升趋势。只有实现环境保护与经济发展系统间协调演进，才能最终实现城市可持续发展[2]，可以从环境与经济的协调关系出发为城市可持续发展决策提供参考。

为了便于对上海环境与经济协调发展水平进行客观、可操作的评价分析，依据科学性、系统性、可操作性和动态性原则，结合上海环保与经济社会发展特点，在已有研究基础上，依据专家咨询、频度统计和理论筛选出评

---

[1] 杨玉珍：《我国生态、环境、经济系统耦合协调测度方法综述》，《科技管理研究》2013 年第 4 期。

[2] 王淑佳、任亮、孔伟：《京津冀区域生态环境—经济—新型城镇化协调发展研究》，《华东经济管理》2018 年第 10 期。

价指标体系如表 1 所示，其中环境保护系统由环境压力、环境状态和环境治理三个部分组成，经济发展系统则由经济规模、经济结构、经济活力三个部分组成。

表 1　上海环境与经济协调发展评价指标体系

目标层	子系统	功能层	指标层	单位
城市环境与经济协调发展	环境保护	环境压力	单位 GDP 废水排放量	吨/万元
			单位 GDP 工业废气排放量	立方米/万元
			年人均生活垃圾产生量	千克
		环境状态	可吸入颗粒物浓度	微克/立方米
			建成区绿化覆盖率	%
			劣 V 类水质河长比重	%
		环境治理	环保投资占 GDP 比例	%
			污水处理厂污水处理能力	万吨/日
	经济发展	经济规模	人均 GDP	元
			人均工业增加值	元
		经济结构	第三产业占 GDP 比重	%
			R&D 经费投入占 GDP 比重	%
			单位 GDP 能耗	吨标煤/万元
		经济活力	非户籍人口占比	%
			人均固定资产投资额	元
			居民消费水平	元

2. 评价方法

首先，分别计算环境和经济子系统发展指数。环境和经济子系统发展水平通过发展指数加以衡量，对表 1 中的指标体系数据进行无量纲化处理，采用熵值法确定各指标权重。假设第 i 年环境子系统指标无量纲化后标准值为 μ_{ENVij}，e_{ENVj} 为第 j 个环境指标对应的权重，则第 i 年上海环境子系统的发展指数 E_{ECOi} 可以表示为：$E_{ENVi} = \sum_{j=1}^{n} e_{ENVj}\mu_{ENVij}$，其中，$n$ 为环境子系统指标数量。同理可得，上海第 i 年经济子系统的发展指数 E_{ECOi}。环境和经济子系统发展指数的数值介于 0~1，数值越大表明该系统发展水平越高，反之则表明该系统发展水平越低。

其次，计算环境和经济子系统的协调度。协调度反映的是环境与经济子系统之间在发展演化过程中彼此的一致程度，借鉴已有的环境与经济协调发展研究[1]，协调度计算公式如下。

$$X = \left\{ \frac{E_{ENVi} \times E_{ECOi}}{\left[\dfrac{E_{ENVi} + E_{ECOi}}{2}\right]^2} \right\}^k$$

公式中，X 为协调度，E_{ENVi} 和 E_{ECOi} 分别是环境和经济子系统发展指数，k 为调节系数，取值为 2。协调度 X 的值介于 0 ~ 1，协调度 X 越大，环境与经济协调程度越高，环境经济复合系统有序发展；协调度 X 越小，环境与经济协调程度越低，环境经济复合系统呈无序发展。

最后，计算环境经济系统的协调发展度。由于协调度显示的是环境与经济子系统之间相互作用的强弱，很多情况下很难反映综合环境经济效益的大小，如环境保护与经济发展均处于低水平发展状态时，两者的协调度同样会很高，此时处于低水平协调状态。因此，需要引入协调发展度，来衡量环境与经济子系统协调发展水平的高低。协调发展度计算公式如下。

$$D = \sqrt{X \times T}$$
$$T = \alpha E_{ENVi} + \beta E_{ECOi}$$

公式中，D 为协调发展度，X 为协调度，T 为环境和经济的综合发展指数，反映的是城市环境与经济综合发展水平，α、β 为待定系数，因为环境保护与经济发展同等重要，两者取值均为 0.5。协调发展度综合了环境与经济子系统的协调度及两者所处的发展水平，能够用于城市环境与经济子系统在不同时期协调发展水平的分析和比较。

（二）环境与经济协调发展评价结果

考虑到系统性数据的可获得性，本报告主要分析 1991 年以来上海市环

---

① 廖重斌：《环境与经济协调发展的定量评判及其分类体系——以珠江三角洲城市群为例》，《热带地理》1999 年第 2 期。

境保护与经济发展的协调关系。数据来源于历年《上海统计年鉴》《上海环境保护志》《上海水资源公报》《上海环境状况公报》。

1. 环境与经济子系统协调度分析

协调度反映的是上海环境子系统与经济子系统两者之间的平衡程度,一般认为,协调度大于0.6,系统之间处于协调状态,从图7可以看出,1996年上海环境与经济子系统的协调度达到0.644,而在此之前,环境与经济的协调度较低,从原始数据来看,1996年以前代表经济发展的人均GDP、人均工业增加值等指标数值均快速增长,而代表环境保护的污水处理厂污水处理能力、污染物浓度等指标数值改善缓慢。总体上经济快速发展,环境保护尚未得到有效重视,环境保护与经济发展处于失调状态。

1996年之后,随着上海加大环境保护力度,环境与经济子系统的协调度不断上升,2010~2011年达到第一个峰值,协调度指数为0.999,原因是2010年上海世博会的召开,对城市环保工作提出较高要求,上海在世博会前后制定和实施了一系列环保措施,环境保护与经济发展实现了很好的平衡关系。2012年开始环境与经济子系统的协调度有一定幅度下降,但还处于很高的协调度水平,到了2017年两者的协调度又一次达到高水平。总体来看,自"十一五"以来,上海环境与经济系统的协调度较高,反映了环境与经济彼此之间发展演化的一致程度较高。

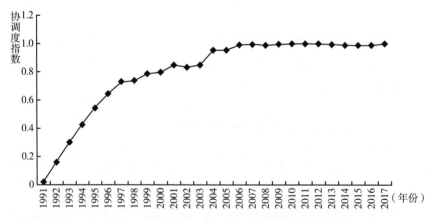

图7　1991~2017年上海环境与经济子系统协调度指数变化情况

2. 环境与经济协调发展度分析

协调发展度不仅能够反映上海环境子系统和经济子系统的平衡程度，还可以反映两者的综合发展水平。从图 8 可以看出，1991 年以来，上海环境与经济协调发展度一直处于上升趋势，从 1991 年的 0.059 上升至 2017 年的 0.939，反映了两者基本上呈现同步增长的态势。从原始指标来看，环境与经济子系统均在不断发展，人均 GDP、第三产业占比、居民消费水平持续增加，单位 GDP 能耗、单位 GDP 污染物排放量、大气污染物浓度等持续下降。劣V类水质河长比重波动变化，一定程度上影响了环境保护综合水平。2014 年之后，上海经济与环境协调发展度指数超过 0.9，反映了经过改革开放近 40 年的发展，城市环境与经济子系统已处在一个高水平协调发展阶段。

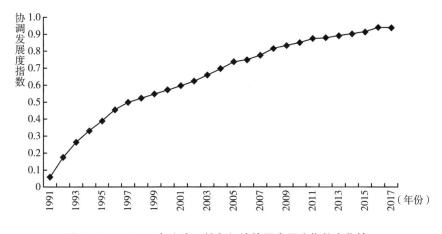

图 8　1991～2017 年上海环境与经济协调发展度指数变化情况

与协调度指数不同的是，上海环境与经济的协调发展度指数处于稳步提升趋势，没有出现相关的波动发展。虽然 2010 年世博会前后上海加强了生态环保工作，环境保护与经济发展的一致性较高，但两者的综合发展水平和发展层次与后续年份相比仍有一点差距，2010 年的协调发展度只有 0.851。这说明加强城市环保工作需要两个方面的协同推进：一是纵向上不断提高环境保护和经济发展水平，这是提升城市环境质量的根本；二是横向上要坚持环境保护与经济发展并重，坚持生态优先、绿色发展。

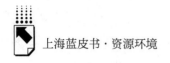

四　上海环保领域的不平衡不充分问题

经过改革开放 40 年的努力发展，上海环境保护取得显著成绩，正与其卓越全球城市发展定位相适应。虽然上海环境与经济协调发展水平不断提升，但与国际顶级水平以及居民美好生活需要相比，上海环保领域仍存在一些不平衡不充分问题亟待解决。

（一）上海环保领域发展不充分问题

2013～2016 年上海"12345"市民服务热线来电内容中，有关环境污染方面的来电占比由 2013 年的 1.25% 增加至 2016 年的 2.2%，呈上升态势，一方面反映出群众的环境意识普遍提高；另一方面也反映了城市生态环境保护工作还存在发展不充分问题。

1. 城市生态功能需进一步增强

按照生态学要求，当一个地区森林覆盖率在 30% 以上时，森林的生态服务功能才能有效地发挥作用。国家森林城市评选标准是"年降水量 800 毫米以上地区的城市市域森林覆盖率达到 35% 以上，且分布均匀"。从与纽约、伦敦等国际顶级大都市比较来看，纽约森林覆盖率为 20%，伦敦森林覆盖率为 42%。相对而言，上海尽管自 2001 年启动《上海城市森林规划》后森林覆盖率不断提高，当前已达到 16.2%，但距 2035 年全市森林覆盖率达到 23% 的目标仍有不小的距离，而且约 25% 的森林分布在崇明，市区森林覆盖率更低，总体与发挥城市生态功能的要求还存在差距。

2007～2017 年，上海自然保护区覆盖率由 12.1% 下降至 11.8%。至"十二五"末，上海建设用地占陆域面积比重已达 45%，逼近生态承载力极限。在第一次至第二次湿地调查的十多年间，同口径比较下，上海近海与海岸湿地资源缩减至 545 平方公里，湖泊湿地缩减至 17 平方公里。生态空间是提供优质生态产品的重要载体，上海要建设令人向往的生态之城，必须加强生态空间保护和修复。

2. 城市环境质量有待充分改善

近年来上海在生态环境治理领域采取大量措施，并取得了有目共睹的成效，大气环境质量得到不同程度改善，2017年，上海细颗粒物（$PM_{2.5}$）年均浓度为39微克/立方米，为历年最低水平，但尚未达到国家环境空气质量年均一级标准，距离世界卫生组织（WHO）制定的小于10微克/立方米的安全值还有不小差距。而2017年纽约$PM_{2.5}$年均浓度已达到5.1微克/立方米，伦敦为13.23微克/立方米，上海的$PM_{2.5}$年均浓度是纽约的近8倍（见图9）。

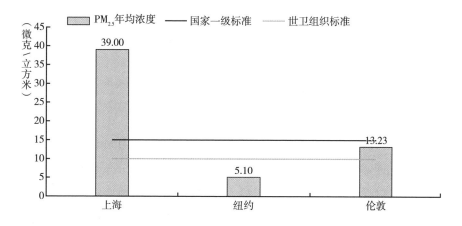

图9　2017年上海$PM_{2.5}$年均浓度国际比较

此外，虽然经过多年治理，$PM_{2.5}$浓度逐年下降，但臭氧污染问题开始越发严重，2017年上海大气污染日中以臭氧为首要污染物的天数占比达57.8%。一般认为，臭氧污染是伴随$PM_{2.5}$治理过程产生的，在进行环境治理过程中需要将多种污染物治理手段相结合。

3. 环保基础设施建设有待加强

一方面表现为污水厂网建设没有跟上城市快速发展的增量需求。上海地表水质总体不能满足功能需求，全市259个长期监测断面氮、磷污染物普遍超标，劣Ⅴ类断面超过60%，原因之一在于污水管网等基础设施建设不足。上海中心城区尚存在排水系统空白区和配套二级管网薄弱区，城郊接合部、郊区撤制镇和"195"区域的污水管网覆盖率仅为55%[1]，农村部分地区外来人口聚集对水环境造成巨大压力，污水厂尾水排放标准不高。

另一方面表现为生活垃圾分类减量设施不健全。上海垃圾分类投放的措施尚未在全市全面推广开来，原因之一在于分类设施不健全。各区废物分类回收配置标准尚未统一，社区分类回收装置种类不明、数量不足，分类运输设施不足，降低了居民参与垃圾分类投放的积极性。相比之下，许多国际大都市垃圾分类回收设施标准相对完善。如英国伦敦将城市垃圾分为生活垃圾、可回收垃圾、建筑垃圾、电器、电池等不同类型。美国纽约将可回收垃圾分成纸和纸板制品、金属、玻璃和塑料制品等类型，电子垃圾需要送至市专门的回收地点。

（二）上海环保领域发展不平衡问题

从图10来看，远郊区在上海所有城区中生态环境发展水平最高，中心城区由于人口密度大、土地资源紧张，在生态空间建设和环境满意度[2]方面得分较低。近郊区在生态空间建设和环境满意度方面得分介于中心城区和远郊区之间，但降尘等污染物产生量较大，黑臭河道也主要分布在近郊区，从改善城市环境质量的视角来看，由于人口和产业向近郊区转移、外来人口聚集、环境基础设施不足等，城郊接合部环境压力进一步增大。

1. 近郊区是大气降尘的主要分布区

2017年上海 $PM_{2.5}$ 浓度呈西高东低的分布特征，反映了受周边区域影响较大，且各区间的差异较小。但从各区大气降尘量来看，2017年上海各区降尘量在空间上表现为近郊区（53.9吨/平方公里）＞中心城区（51.8吨/平方公里）＞远郊区（45.7吨/平方公里），而且近郊区面积占比较大，使得降尘总量同样高于其他区，反映了空气质量的空间不平衡，近郊区及中心城区

---

[1] https：//www.shobserver.com/news/detail？id=15684.
[2] 环境满意度数据来自上海市人民政府2018年度决策咨询研究重点课题"新时代上海发展不平衡不充分问题研究"调研数据。

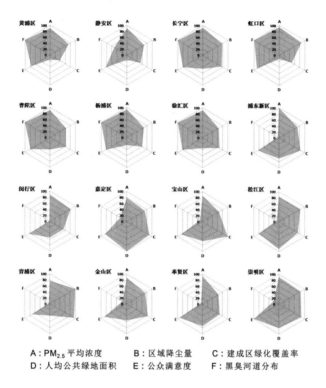

A：PM$_{2.5}$平均浓度　　　B：区域降尘量　　　C：建成区绿化覆盖率

D：人均公共绿地面积　　E：公众满意度　　　F：黑臭河道分布

图10　上海市各区生态环境发展情况

内的高架路、机动车排放、建筑工地施工等都是区域降尘的主要来源。

2.近郊接合部是黑臭河道主要分布区

随着经济发展，大量外来人口导入并集聚在近郊接合部和工厂企业周边地区，导致更多的垃圾、污水直接倾倒入河道。由于污水处置设施不健全，近郊接合部和郊区河道水质常年劣于Ⅴ类。

目前上海全市名录内黑臭河道为471条段，总长度为631公里，主要集中在近郊接合部和郊区。根据上海市公布的155个黑臭河道综合整治项目的分布来看，整治项目最多的是闵行区，共有48个（见图11）。其次为青浦区和浦东新区，分别有25个和22个。整治项目较少的是徐汇区、长宁区和普陀区，均只有1个。黄浦区、杨浦区和虹口区无黑臭河道整治。闵行、浦东、宝山、嘉定四个区黑臭河道整治项目占全市项目总数的54%。

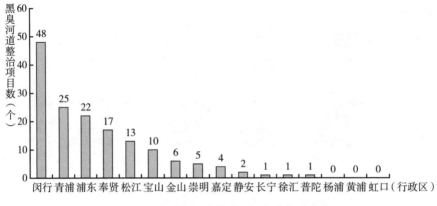

图11 上海黑臭河道整治项目数在各区分布

3. 生态空间供需空间分布不平衡

由于中心城区土地资源有限，中心城区可供开发为公园绿地等开放式生态空间的土地数量少，上海的公园绿地主要集中在郊区。2016年，中心城区人均公园绿地面积仅为3.9平方米，远低于上海的平均水平（7.83平方米）。但中心城区由于人口密集，居民对公园绿地的休闲游憩需求旺盛，2016年，中心城区单个公园平均游玩人次达到180万人次，其他区单个公园平均游玩人次仅为40万人次，中心城区和郊区生态空间供需不平衡。

五 新时代上海推进环境保护的对策思考

改革开放40年来，上海环境保护与城市经济发展水平均不断提升，两者关系也不断优化。当前，上海正处于打好污染防治攻坚战、构建令人向往的生态之城的历史进程之中，面对环保领域仍存在的不平衡不充分问题，新时代上海推进环境保护需要从环保理念、环保主体、环保方式、环保对象、环保范围等多领域入手，进一步提升生态环境保护水平、优化环境与经济发展关系，为建设美丽上海提供支撑。

（一）强化绿色理念，注意将经济优势向生态优势转化

上海建设全球城市，将吸引更多的全球优质资源，这对城市良好的生态

产品有很高的期待和要求。只有实施生态优先、建设美丽上海，才能使上海成为具有全球影响力的资源配置中心。这就需要改变传统的先污染后治理、边污染边治理的发展思路，实现源头治理、绿色发展，由经济发展与生态环境协调转向生态环境优先。

一是注重将经济优势转化为生态优势。随着经济发展转型和科技进步，环境保护和经济发展已不是对立关系，创新驱动和绿色发展成为相辅相成、缺一不可的两大要素。相对于生态环境本底条件较好地区提出的"生态优势转化为经济优势"的发展路径，上海应注重把经济优势转化为生态优势，利用上海的经济规模优势、产业结构优势、技术研发优势、国际影响优势，加强生态环境保护投入和产业绿色转型，以经济优势推进生态保护和绿色发展，不仅提升上海自身生态环境质量，还可以为更广阔区域提供生态产品服务、生态技术服务、生态市场服务。

二是在城市生产生活各个领域强化绿色发展理念，在制造业、都市农业等各领域和生产消费各环节加强源头治理，促进城市产业绿色转型发展，实现生产活动从"污染"到"无染"，增加消费需求和价值观转变下的新型产品供给。大力发展新业态、新模式，打造绿色供应链，倡导绿色消费理念，积极鼓励发展共享经济，逐步建立和完善共享经济市场体系，制定鼓励共享经济企业发展的政策，完善共享经济监管机制，避免共享经济在发展过程中过度消耗与浪费资源。

（二）扩大环保主体，促进多元社会主体的参与

随着城市的发展，全社会越来越认识到环境保护并非政府的单一责任，而是需要生产者、消费者、管理者各司其职，协调统一。环境保护主体正从传统的政府主导的自上而下的行政命令模式转向政府、企业、社会组织与公众多元主体共同参与。未来上海环境保护工作应重点发挥三类主体的作用。

一是继续发挥政府的主导作用，完善现代环境治理体系，制定并落实环保目标任务，严格执行环保法律法规和标准，综合运用经济、市场、行政等手段，健全环境保护的激励和约束机制，加强环境基础设施和环保绩效考核

体系建设，消除公众环保参与瓶颈，协调环境与经济相互作用关系。

二是加强环保科研机构和专业队伍建设，注重发挥环保专家、技术团队的专业知识和智力支撑作用，最大限度发挥环保专家的专业所长，提高专业人士在城市环保战略制定、环保政策实施、环保技术标准选择等方面的参与度，促进环境保护新理念、新技术和新成果的本土转化，确保环境保护工作的科学性、规范性、可行性和可靠性。

三是注重提升社会公众的环保参与程度。环保部门应主动公开环境信息，细化环境信息公开条目，积极推动企业环保信息公开，通过加强环境保护宣传，使公众了解环保政策，掌握环保知识，提高参与能力，动员公众依法参与环保工作，维护自身合法环境权益。创造和拓宽公众参与环境保护的机会和渠道，确保公众参与的有效性，支持环保组织合法、规范地开展热点环保问题调研活动，为环保组织在化解环境问题中所涉及的访谈调研、对话协调等行为提供必要的支持。

（三）丰富环保方式，提高环保智慧化发展水平

随着城市的发展，城市环保数据的规模越来越大、类型越来越丰富，数据运用场景和方式也越来越丰富，传统的环境管理模式在日益增长的数据使用需求之下越来越显得捉襟见肘。互联网与各种技术的结合和发展，为环保部门创新保护方式、提高保护效率提供了前所未有的机遇，能够将环保信息架构和环保基础设施相结合，改变环境管理部门和生态环境的交互方式，改变管理部门、企业和社会公众的交互方式，提高交互效率。

一是严格遵照环保标准和环境信息化标准，整合相关政策、数据资源和集成平台，通过制定相关配套法规政策，坚持标准先行，为推动智慧环保提供政策和标准依据。并将原有的网络和环保数据资源整合为规范的数据模块，形成统一规范的环保数据信息标准和管理体系，确保环保数据的准确性和唯一性。

二是加大信息化技术在环境监测与治理中的应用，在环境质量监测、危险废弃物移动管理、重点区域环境监控等领域扩大环保业务信息化覆

盖率，提高环保部门的工作效率，缓解环保人员缺乏与环境监管任务繁重之间的矛盾。代表性的如利用物联网技术，在环境监测中普及传感器技术，环保部门实时获取污染物浓度、环境质量状况等一手环境数据信息，经过管控中心对环保数据的分析处理，既可以根据分析结果模拟出环境治理方案、评估不同方案的治理效果，也可以为落实环保责任提供数据保障。

三是加大信息化技术在不同主体互动中的应用。利用信息化技术优化环境保护数据的获取和传播方式，打造管理部门与社会公众之间双向数据沟通平台，更好地满足社会公众对于环境保护工作的知情权。公众可以通过环境信息平台了解所关心的各种环境监测指标，亦可通过信息平台进行环境问题投诉，并跟踪投诉办理流程，共同维护城市环境。

（四）增加治理对象，加强环境污染物协同治理

环境污染是由数量众多的污染物共同作用的综合性问题，仅注重个别主要污染物的防治，难以根除环境污染问题。为了实现环境质量总体改善的目标，需要从个别污染物治理转向多种污染物协同控制，同时发力，实现污染防治的最佳效果。

一是推进环保向防治一次污染物和二次污染物并重方向转变，在强化化学需氧量、氨氮、二氧化硫、氮氧化物等污染物总量控制基础上，制定二次污染物调查监测的标准规范，根据"控制"重于"治理"的原则，从控制二次污染物的产生入手，探索二次污染物管理措施。

二是摆脱单纯的大气污染治理模式，整合大气污染治理和温室气体排放治理。根据有关测算，二氧化碳排放量每下降1吨，会带动二氧化硫和氮氧化物排放量分别下降3.2公斤和2.8公斤，低碳发展模式能带来二氧化硫、氮氧化物和细颗粒物的排放量减少而不产生额外的成本。因此，运用大气污染治理和温室气体减排的相互关联作用，在改善空气质量的同时，达到温室气体减排目标，以更少的成本投入实现更多的环保利益。

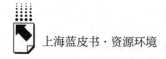

（五）拓展环保范围，推进区域环保一体化发展

生态环境问题具有区域性特征，上海的生态环境质量改善离不开区域合作。借助长三角一体化发展上升为国家战略的大好机遇，上海应在高质量发展推动世界级城市群建设的背景和需求下，拓展环保范围，推进区域环保联动进一步升级。

一是推进区域环保协同立法。找到各方的利益共同点，在制定和修订环保法规和标准规范时，加强长三角三省一市间的沟通协商，推动类似的环境保护立法计划，使区域内地方性环境保护法规和政府规章口径趋于一致，更好地规范、协调区域环保行为，实现区域环保更高级别合作。

二是推进区域环保产业合作。长三角各地环保产业基础和发展水平较高，区域环保产业产值占到全国的30%。上海可借鉴制造业区域合作模式，联合长三角其他地区共建区域环保产业市场，以环保装备制造、环保服务为产业主导方向，组建区域环保产业联盟，加强技术研发合作和市场联合推进，推动区域互认环保产品资质，提高区域环保行业整体竞争力，为创新环境保护工作提供强大的产业支撑。

三是协同推进重点行业绿色转型。长三角是我国化工、钢铁行业集中分布区域，产业绿色转型是区域面临的共同任务。上海可牵头长三角地区开展化工、钢铁行业超低排放控制技术合作研发，聚焦重点行业绿色转型发展的关键共性技术研发合作，交流推广先进的新技术、新工艺，推进化工、钢铁行业整体实现绿色发展和转型升级。

参考文献

曹峰：《基于经济发展阶段的环境库兹涅茨曲线及其数值分析》，《经济问题》2015年第9期。

廖重斌：《环境与经济协调发展的定量评判及其分类体系——以珠江三角洲城市群为例》，《热带地理》1999年第2期。

〔美〕道格拉斯·C.诺思：《制度、制度变迁与经济绩效》，杭行译，格致出版社、上海三联书店、上海人民出版社，2008。

王俭、韩婧男、胡成、王蕾、刘钧霆：《城市复合生态系统共生模型及应用研究》，《中国人口·资源与环境》2012 年第 S2 期。

王淑佳、任亮、孔伟：《京津冀区域生态环境—经济—新型城镇化协调发展研究》，《华东经济管理》2018 年第 10 期。

杨玉珍：《我国生态、环境、经济系统耦合协调测度方法综述》，《科技管理研究》2013 年第 4 期。

郁建兴、黄亮：《当代中国地方政府创新的动力：基于制度变迁理论的分析框架》，《学术月刊》2017 年第 2 期。

回　顾　篇

Chapter of Review

B.2
上海生态环境保护政策发展历程回顾

尚勇敏*

摘　要： 改革开放 40 年以来，上海经济快速增长造成一系列环境问
题，也推动上海生态环境保护政策不断创新发展，并经历了
点源治理和制度建设阶段（1979～1999 年）、综合治理和整
体推进阶段（2000～2012 年）、深化治理和以人为本阶段
（2013 年至今），上海生态环境政策呈现出以下特征：在关注
重点上更强调生态保护与污染防治并重、浓度控制与总量控
制结合、源头治理和全过程控制结合以及注重民生福祉；在
手段上，环境法规更加完善多元，市场化手段环保督察制度
不断强化，积极推进生态环境保护国际交流和区域合作；在
建设主体上，更强调自上而下的政府推动与自下而上的公众

* 尚勇敏，区域经济学博士，上海社会科学院生态与可持续发展研究所助理研究员，主要研究
领域为生态经济与区域经济发展。

参与、市场主体相结合。当前生态环境问题依然是上海城市发展的重要短板，且上海确立了建设卓越的全球城市的愿景目标，上海需要不断加强生态空间管控体系，强调环保督察制度落实，推动区域生态环境保护一体化长效机制建设，加强社会监督和多元参与等。

关键词： 生态环境　环保政策　上海

改革开放40年以来，上海经济社会长期保持快速发展的趋势，但也造成严峻的生态环境问题，并伴随经济社会发展进程，空气污染、水污染、土壤污染、固废污染等在发达国家上百年工业化过程中出现的问题集中出现在上海改革开放以来的40年里，对上海发展形成重要威胁。由于生态环境问题具有典型的"外部性"特征，需要政府环境政策在生态环境保护中发挥全局性、战略性的指导作用。经过改革开放40年的努力，上海生态环境保护政策不断完善，上海生态环境保护政策发展经历了三个阶段：即点源治理和制度建设阶段（1979~1999年）、综合治理和整体推进阶段（2000~2012年）、深化治理和以人为本阶段（2013年至今），这形成上海生态环境保护政策的"三部曲"。总体上，上海生态环境保护政策呈现出几大转向：一是从注重点源环境污染治理转向区域生态环境系统综合治理，二是从注重区域内污染治理转向跨区域生态环境协同保护，三是从注重政府主导转向全社会共抓生态环境保护，四是从注重制度建设转向强调制度实施和法治保障，五是从注重城市环境治理转向构建高品质城市生态环境和高品质生活环境。

本研究总结改革开放40年以来生态环境保护政策发展的时代背景与阶段特征，总结过去40年的经验与启示，提出未来上海生态环境政策的发展方向与优化对策。

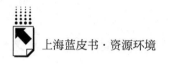

一 点源治理和制度建设阶段（1979~1999年）

改革开放初期至20世纪末，上海经济社会高速发展造成环境问题凸显，表现为水污染问题突出，废弃物排放持续增长，环境基础设施薄弱等；随着可持续发展理念逐渐深入人心，环境保护政策也开始受到上海市委市政府的重视。本阶段上海市环境问题处于集中凸显期，而上海市生态环境保护政策尚处于初步构建期，生态环境政策主要围绕点源污染治理，苏州河、黄浦江等重点区域污染治理，以及环境保护制度体系建立等。

（一）生态环境保护政策的时代背景

随着环境保护上升为我国基本国策、全球掀起了环境保护浪潮以及上海市确立迈向21世纪的上海发展战略目标，推进环境保护在上海全市蔚然成风，上海生态环境保护政策迈出了从无到有、从制度架构建立到政策体系逐渐完善的重要一步。

1. 环境保护定为基本国策促进上海推动环保政策制定与实施

中国环境污染和生态环境破坏问题严峻，并威胁着人们的生活。1983年，第二次全国环境保护会议召开，并宣布将环境保护确定为基本国策；1984年，国家环境保护委员会成立，1989年颁布《环境保护法》。随着《里约环境与发展宣言》《21世纪议程》等文件发布和可持续发展理念在全球影响增强，1994年3月25日，国务院审议通过《中国21世纪议程》，并首次把可持续发展战略纳入国民经济和社会发展规划。在此背景下，上海推动环保政策发展与创新成为时代要求、政治任务和民生所向。1989年，上海市开始实施城市环境综合整治定量考核；1990年，环保工作列入市政府市人大重要议事日程；1992年，上海市全面实施环境保护计划列入经济、社会发展年度计划。这也成为上海环境政策制定和实施的重要宏观背景。

2. 粗放式发展模式导致上海城市环境问题逐步显现

改革开放后，上海在改革红利、人口红利、开放红利等的推动下经济社会实现高速发展，该时期上海市急于发展经济，奉行"GDP 至上"主义，忽视经济增长所造成的资源消耗以及所带来的生态环境问题。1979~1999年，上海 GDP 从 286.43 亿元增长至 4034.96 亿元，工业增加值也从 216.62 亿元增长至 1758.68 亿元，但这也伴随着能源资源的大量投入。1985~1999年，上海能源消耗总量从 2553 万吨标准煤增长至 5119 万吨标准煤，其中工业能源消耗总量从 2015 万吨标准煤增长至 3609 万吨标准煤（见图 1），上海依然表现为高投入、高消耗、高排放的粗放型发展方式。1991~1999 年，废水排放量从 19.58 亿吨增长至 20.28 亿吨，废气排放量从 4617 亿标立方米增长至 5480 亿标立方米，烟尘排放量和二氧化硫排放量有所下降，分别从 21.54 万吨和 47.92 万吨降低至 13.57 万吨和 40.31 万吨（见图 2）。该时期，上海部分污染物排放量已越过拐点，但废气、固体废弃物排放量依然有所上升（见图 3），这给自然生态环境和保护带来巨大挑战。然而，上海市环境基础设施相对滞后，如 1990 年上海市污水处理厂污水日处理能力仅为 41 万吨/日，年处理能力仅为 1.49 亿吨，而 1990 年上海市废水年排放量为 13.32 亿吨，处理能力仅为废水年排放量的 11.19%；1999 年城市污水日处理外排量为 271 万吨，城市污水处理率仅为 50.4%；同时，固废特别是工业有毒废弃物处理方法落后，使得大量废弃物直接排放到自然环境中。由于历史原因，上海工业布局也不尽合理，城市中心区域分布了超过 10000 个工业生产点，工业区与居民区相互包围[1]，这进一步加剧了工业生产对居民生活的影响。

3. 迈向 21 世纪的上海发展战略目标确立引领城市生态环境保护政策发展

党的十四大对上海提出了"一个龙头、三个中心"的战略定位，1994年 11 月，上海市政府主持展开"迈向 21 世纪的上海发展战略"大讨论，并于 1995 年 2 月出版《迈向 21 世纪的上海》以及《上海环境与社会经济协调发展》等子报告，上海提出到 2010 年建成世界一流的大都市，基本建成清洁、优美、舒适的生态城市[2]，并提出走经济、生态和社会三位一体的

---

① 陆福宽：《上海水资源与环境保护的实践》，《中国人口·资源与环境》1992 年第 1 期。

② 肖林、周国平：《卓越的全球城市：不确定未来中的战略与治理》，格致出版社、上海人民出版社，2016。

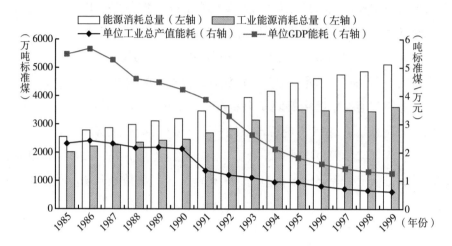

图1　1985~1999年上海能源消耗量

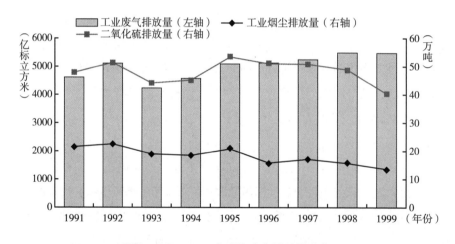

图2　1991~1999年上海废气排放量变化

可持续发展之路。这标志着上海将生态城市、可持续发展等列入城市发展的战略目标，并上升为城市长远发展的行动体系，这为上海生态环境保护政策制定提供了重要指引①。

---

① 史占中、高汝熹：《经济、生态、社会三位一体——上海迈向21世纪的战略选择》，《上海经济》1998年第2期。

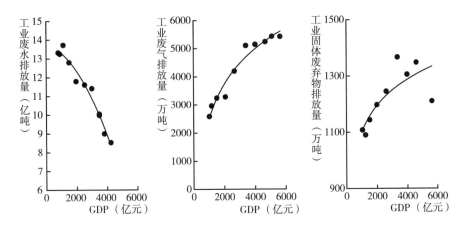

图 3　1990～1999 年上海主要废物排放量与经济增长的关系

（二）生态环境保护政策的阶段特征

改革开放初期，上海市生态环境问题逐渐凸显，而生态环境保护政策也处于起步期和发展期，该时期上海市各类环境规划计划、法律法规、环境政策制定进入"爆发期"，生态环境保护政策主要呈现出以下特征。

1. 上海市地方环保法规体系框架基本建立

随着上海经济体制改革的深入，上海环境法制建设也提上议程。1980年8月13日，《关于对企事业排放污染物实行收费和罚款的办法（试行）》颁发①，1985～1992 年，上海市人大、市政府根据国家环境保护法律，制定颁布了 14 项地方法规、规章，8 类标准；1993～1997 年，上海市进一步制定、清理和修订了近 100 项地方法规、规章和规范性文件，1994 年 12 月 8日，上海市人大常委会第 14 次会议通过《上海市环境保护条例》，进而形成了上海环境保护的母法，上海地方环保法规体系框架基本形成。

在污染防治方面，1986 年 2 月，发布了《上海市固定源噪声污染控制管理办法》；1995 年 1 月，上海市颁发了《上海市危险废物污染防治办法》；

---

① 赵仁泉：《环保法在上海实施的回顾与展望》，《上海环境科学》1985 年第 8 期。

1996 年 5 月，发布了《上海港防止船舶污染水域管理办法》；1997 年底，完成编制《上海市污水综合排放标准》；1998 年 8 月，发布了《上海市苏州河环境综合整治管理办法》。在自然生态系统保护方面，1997 年 5 月，上海市发布了《上海市金山三岛海洋生态自然保护区管理办法》。在水源地保护方面，1985 年，上海市人大颁布了《上海市黄浦江上游水源保护条例》，对黄浦江上游水源保护区内 198 家工厂实行排污许可证制度，上海市人大连续 7 年对黄浦江上游地区进行执法检查①。在环保执法方面，上海每年定期开展大规模执法检查和突击抽查，1993～1997 年，上海市、区政府共执行行政处罚 900 多件，依法关闭 60 多家严重污染环境的企业②，并对偷排现象、严重超标排放、欠缴超标排污费等违法行为进行处理，上海环境保护法制建设有力推动和保障了上海生态环境综合整治考核工作的顺利进行③。

2. 综合性、区域性和专业性环境保护规划逐渐建立

1979 年 3 月，上海市环境保护局成立后，上海市委市政府针对不同环境问题和不同区域环境问题要求，编制了多层次的水环境、大气污染综合防治等专项环保规划④，重点组织制定《黄浦江污染综合防治规划》，以及《上海市环境总体规划》《上海市环境保护"九五"计划和 2010 年远景目标》等以及数十项各区域环境综合整治环境规划等的编制⑤，针对全市环境问题提出污染防治规划对策措施，分解到相关地区予以落实⑥，逐步形成了综合性、区域性和专业性三种类型的环境保护规划，并逐步纳入《上海市

---

① 陆福宽：《走环境与经济、社会协调发展的道路——上海环境保护二十年回顾》，《上海环境科学》1992 年第 8 期。
② 吕淑萍：《上海环境保护的实践与新成就》，《上海环境科学》1998 年第 4 期。
③ 顾永伯、高奇悼、邓文剑、赵关良、李继跃、杨信生、胡蔚成：《上海环境保护年的成就——对 1994 年上海市进入全国城考前 10 名的回顾》，《上海环境科学》1995 年第 8 期。
④ 倪天增：《经济与环境协调发展——90 年代上海的选择》，《中国人口·资源与环境》1991 年第 1 期。
⑤ 陆福宽：《走环境与经济、社会协调发展的道路——上海环境保护二十年回顾》，《上海环境科学》1992 年第 8 期。
⑥ 高永善、尤家宜：《上海地区环境保护规划编制工作的初步探索》，《环境科学研究》1989 年第 6 期。

城市总体规划》以及《国民经济和社会发展计划》，使上海环境建设逐步走上了与社会、经济建设协调发展的道路。

　　该阶段体现了上海市将重点问题、重点区域、重点领域作为环保规划指导的核心，结合"五年规划"工作体系在规划中注重末端治理，重点解决核心环境问题与重大环境矛盾，如环境要素方面长期坚持以水环境和大气环境为重点，在规划中对污染源普查、环境质量、环境质量评估、总量控制技术框架以及规划目标指标体系等进行了深入探索和积累，环境保护规划编制程序日渐成熟（见图4）。环保规划技术日趋完善，在环境数值模拟、污染总量控制理论和环境经济政策等规划核心技术方面走在全国前列。

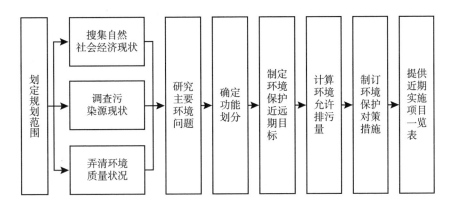

图4　上海环境保护规划编制程序

资料来源：笔者根据高永善、尤家宜（1989）整理。

3. 城市环境综合整治定量考核促进环境管理水平提升

　　1989 年开始，上海市实施城市环境综合整治定量考核制度，该制度实施后上海环境污染控制指标和环境建设指标取得明显进步，1990 年这两项指标分别比上年增长 6.6 分和 0.5 分。1994 年，上海市将这一年确立为环境保护年，并召开多次综合整治联席会议，将城考任务、措施分解到各级政府、各部门，全面建立城考目标责任制，有力地推动了本市城市环境综合整治工作的开展。根据国家环保局 1996 年公布的全国 37 个重点城市 1995 年城市环境综合整治定量考核结果，上海市综合得分由 1994 年的 80.99 分上升到 1995 年的83.93分，名次由1994年的第10名上升为1995年的第7名，定量考核手段有效促进了上海市城市环境管理水平的提升（见图5）。同时，1999年，上海市闵行区各项指标全面达到国家环境保护模范城区的考核要求，并通过了市政府的验收和国家环保部的核准，成为全国第一个国家环境保护模范城区。

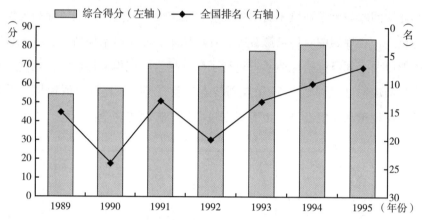

图5　1989～1995年全国城市环境综合整治定量考核上海市综合得分及名次

资料来源：根据历年《上海市环境状况公报》整理。

4. 环境管理组织建设、手段建设、制度建设协同推进

在环境管理组织架构和队伍建设方面，1979年4月，上海市环境保护局成立，全面负责全市环保工作，各区、县和部分工业局、污染严重的企业等也设立了环保机构，"两级政府、三级管理"的环境管理体制基本建立，市级管理部门负责全市环境管理和重大环保工程建设，区县管理部门负责区域性环境管理，街道、乡镇和企业负责污染源管理。上海市也形成了一批拥有多学科专业人才，涉及行政管理、科学研究、宣传教育的环保专业队伍。1992年，上海市环保系统专职人员超过1900人，全市主要工业局从事环保工作的人员近16000人，全市环保工作者队伍初具规模，上海环境保护工作形成了坚实的组织基础。

在环境管理手段方面，上海市加强环保法制建设，严格依法行政，强化环境监督管理，积极推行清洁生产，控制环境污染；全方位、多层次地开展了环境保护宣传教育工作，提高公众环境意识，使本市的环境管理工作上了

一个新台阶。

在环境管理制度建设方面，上海市确立了以城市环境综合整治定量考核为中心，以环保执法检查为重点，强化环境监督管理和环保法制意识；积极推进环境影响评价制度和"三同时"制度（见图6）、排污收费制度、环境保护目标责任制、城市环境综合整治定量考核制度、污染集中控制制度、排污申报登记制度、排污收费许可证制度等①，使得上海生态环境管理走上制度化、规范化道路。

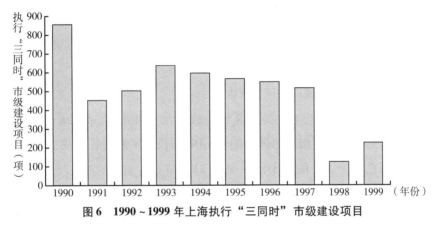

图6　1990～1999年上海执行"三同时"市级建设项目

资料来源：根据历年《上海市环境状况公报》整理。

二　综合治理和整体推进阶段（2000～2012年）

随着改革开放深入推进，上海经济发展水平进一步提升，生态环境保护压力也不断增大，上海市于1999年开始编制环保三年行动计划，并于2000年起实施，上海生态环境保护进入深化实施阶段，该时期，上海市生态环境政策逐渐从污染防治为主转向污染防治与生态保护并重，从末端治理转向源头和全过程控制，从浓度控制转向浓度控制和总量控制相结合，环境法规更加完善，生态环境保护区域协作机制基本形成。

---

① 陈兆忠、陈谦：《加快上海城市生态环境的建设》，《上海综合经济》1998年第5期。

（一）生态环境保护政策的时代背景

1. 城市功能内涵产生新的变革

2000 年以后，浦东开发开放深入推进，尤其是加入 WTO 使得上海城市得到飞速发展；GDP 的快速增长也使得上海人力成本、土地成本叠加上升，商务成本居高不下影响了上海城市发展潜力，上海商务成本已高于周边城市。随着上海确立了建设现代化国际大都市和建成国际经济、金融、贸易和航运中心的功能定位，上海城市建设和发展将更加突出功能性特点，城市功能布局、基础设施建设等将进一步加快，而上海可利用环境空间缺乏，如不坚持可持续发展理念，上海将遭受深远的环境影响。

2. 上海城市生态环境保护压力增大

从上海 2000~2012 年主要废弃物排放量与 GDP 的关系来看，工业废气、工业固体废弃物等指标总体仍随着 GDP 增长而不断增长（见表 1），即处于环境库兹涅茨曲线的前半段（见图 7）。可见，上海的经济增长方式仍

表 1　2000~2012 年上海主要废弃物排放量及经济增长变化

年份	废水排放总量（亿吨）	化学需氧量排放总量（万吨）	工业废气排放量（亿标立方米）	废气二氧化硫排放总量（万吨）	工业固体废弃物产生量（万吨）	GDP（亿元）
2000	19.37	31.87	5755	46.49	1354.74	4812.15
2001	19.50	30.48	6964	47.26	1605.09	5257.66
2002	19.21	32.96	7440	44.66	1595.25	5795.02
2003	18.22	28.38	7799	43.54	1659.38	6762.38
2004	19.34	29.38	8834	47.31	1810.80	8165.38
2005	19.97	30.44	8482	51.28	1963.62	9365.54
2006	22.37	30.20	9428	50.80	2063.19	10718.04
2007	22.66	29.44	9591	49.78	2165.40	12668.12
2008	22.60	26.67	10436	44.61	2347.35	14275.8
2009	23.05	24.34	10059	37.89	2254.59	15285.58
2010	24.82	21.98	12969	35.81	2488.36	17433.21
2011	19.86	24.90	13692	24.01	2442.20	19533.84
2012	22.05	24.26	13361	22.82	2198.81	20553.52

资料来源：2001~2013 年《上海统计年鉴》。

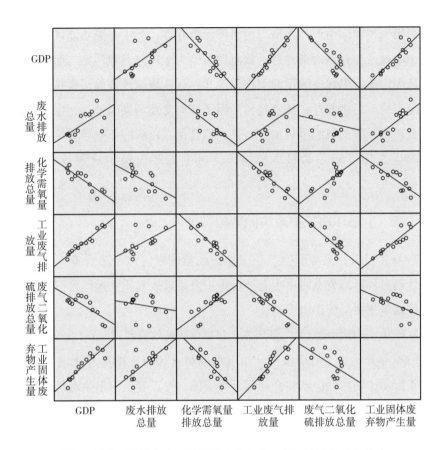

图7　2000~2012年上海主要废弃物排放量与经济增长的相关性

然具有粗放型特征，上海环境质量与发达国家和城市相比，仍然有很大的差距。随着经济增长、社会转型加速推进，上海环境问题又出现新的变化，传统环境污染尚未解决，可吸入颗粒物、臭氧、VOCs、光化学污染、激素、微量有机污染物和有毒有害污染物的污染问题日益严重。这对上海城市生态环境保护形成了多重压力，使得该时期生态环境保护政策也转向生态环境综合治理、环境质量全过程控制、浓度控制和总量控制相结合等。

3. 环境矛盾呈现复杂性、综合性

由于上海经济发展提速，城市化进程加快，人口数量膨胀，环境矛盾呈现复杂化趋势，环境污染从工业污染转向一二三次产业环境污染并存，从生产性污染为主转向生产性污染与生活型污染并存，从中心城功能区污染为主转向中心城区与郊区污染并存，从点源污染为主转向点源污染与面源污染并存，从固定源污染转向固定源与移动源并存，从规律性排放污染转向规律性和无组织排放污染并存，从常规污染因子转向常规污染因子与特殊污染因子并存；环境矛盾的原因也更加复杂化、综合化，以前的单一手段治理难以实现上海生态环境问题的根本解决，这对生态环境保护政策也提出更高要求①。

（二）生态环境保护政策的阶段特征

2000 年以后，上海市生态环境保护政策的制定进一步完善，环保三年行动计划出台标志着上海市生态环境保护政策进入实质性操作阶段，生态环境保护政策主要呈现出以下特征。

1. 环保"三年行动计划"形成生态环境保护长效机制

1999 年开始，上海市政府开始组织编制《2000～2002 年上海市环境保护三年行动计划》，并于 2000 年起开始实施，标志着上海市生态环境保护进入深化实施阶段，这是上海市生态环境建设工作的一项创新性举措，政府以计划实施为抓手，有效地丰富了生态环境管理手段②。三年行动计划的实施有效提升了上海市环境保护投入水平，并长期保持在较高水平（见图 8）。在第二轮环保三年行动计划实施期间，成立了"上海市环境保护和环境建设协调推进委员会"，并下设水环境治理等六个专项工作组和办公室，并由相关区县政府和委办局负责推进实施（见图 9），标志着上海环境保护和环境建设全新机制开始启动③。2000～2012 年，上海市滚动实施了四轮环保三年行动计划，明确了各时期环境保护工作的重点与目标，形成了环境保护和

---

① 宋静：《对新时期上海环境保护工作的几点思考》，《上海城市管理职业技术学院学报》2004 年 S1 期。

② 沈永林：《上海环保"三年行动计划"的编制与实施分析》，《上海环境科学》2003 年第 1 期。

③ 韩正：《抓住机遇，迎接挑战，建立上海环境保护和环境建设的长效推进机制》，《上海环境科学》2004 年第 1 期。

环境建设的长效推进机制①，有效地确保了生态环境保护的工作落实和目标
实现。

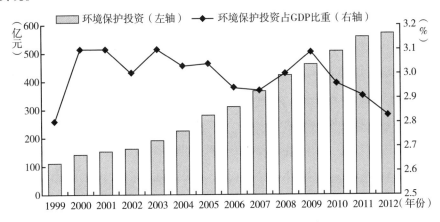

图8　1999~2012年上海环境保护投资情况

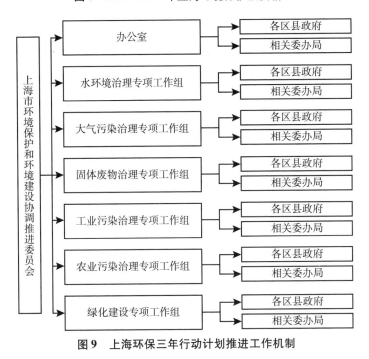

图9　上海环保三年行动计划推进工作机制

---

① 沈永林：《上海环保"三年行动计划"的编制与实施分析》，《上海环境科学》2003年第
1期。

通过四轮环保三年行动计划的滚动实施，调动全社会力量，持续加强全过程污染预防与控制，加快建设资源节约型、环境友好型城市，促进绿色增长和低碳发展，有效解决了吴淞、桃浦、吴泾等工业区的突出环境问题，逐步体现了环境保护提升发展能级、调整产业结构和布局的作用。总体上，环保三年行动计划使上海市生态环境保护政策逐步从理论技术层面转化成实际工作指导性文件，规划重点逐渐从解决黑臭河道、锅炉冒烟等末端治理，向全过程治理转变，整治领域也从水、大气、固废、绿化建设、重点工业区拓展至农业生态环境、循环经济与清洁生产、世博园区、崇明生态岛、噪声污染控制等领域（见表2），建设目标进一步突出地方特点，更加突出工程任务导向和中长期工作导向。

表 2　上海第一至第四轮环保三年行动计划关注重点与综合整治领域

环保三年行动计划	关注重点与环境综合整治领域
第一轮环保三年行动计划 （2000～2002 年）	建立环保三年行动计划基本框架，重点解决黑臭河道、锅炉冒黑烟等环境污染问题，涉及水环境治理、大气环境治理、固体废物处置、绿化建设、重点工业区环境综合整治五大领域
第二轮环保三年行动计划 （2003～2005 年）	确立了委员会推进机制，重点是全面推进环境基础设施建设；工作领域在第一轮的五个领域基础上，增加农业生态环境保护与治理领域，工作范围基本实现了全覆盖
第三轮环保三年行动计划 （2006～2008 年）	除了继续强化环境基础设施建设外，着力重点推进重点领域污染治理和管理体制机制完善；计划在六大重点领域基础上，增加循环经济和清洁生产、农村环境保护、世博园区和崇明岛生态建设等内容
第四轮环保三年行动计划 （2009～2011 年）	进一步强调优先解决群众关心的环境问题，加强污染源头控制，更加注重郊区污染整治和生态建设，推动管理体制机制创新；在原有基础上增加了循环经济和清洁生产专项，将固废综合利用与处置拓展为固废综合利用与处置和噪声污染控制专项

资料来源：根据历次《上海市环境保护和建设三年行动计划》整理。

2. 环境治理政策从末端治理转向源头和全过程控制

上海积极运用行政、法律、经济、技术等多种手段促进水环境改善、清洁生产、资源综合利用等环境保护与治理，有效保证各项重点工作的顺利推进。2006 年，为了加快燃煤电厂脱硫工作进程，市发改委出台了老机组脱硫上网电价参照新建机组实行环保折价和脱硫电厂优先上网等优惠政策，市环保局制定了烟气脱硫工程设备补贴政策。2008年，市政府将污染减排作为约束性指标纳入各级政府国民经济和社会发展计划以及领导干部的政绩考核，并研究和编制《上海市产业结构专项扶持暂行办法》，给予专项补贴推进劣势企业的关停调整，制定并落实了燃煤电厂脱硫设施建设和上网电价补贴政策等。同时，还出台了污水处理厂COD超量减排奖励政策、SO$_2$超量减排奖励政策、燃煤电厂烟气脱硫费建设费用补贴办法等，这些政策的实施有效地挖掘了企业的减排潜力，实现了早减排、多减排，还围绕污染减排和污染源长效管理工作，研究和制定排污许可证制度的配套政策。2012年，上海市出台了脱硝电价、跨区处置生活垃圾环境补偿办法、燃煤（重油）锅炉清洁能源替代、产业结构调整专项补助、黄标车淘汰补贴、超量减排奖励、电厂脱硝工程建设补贴等政策。

总体上，上海市生态环境政策逐渐从末端治理转向源头和全过程控制，实施清洁生产、推动循环经济，将分散的点源治理转向区域流域环境综合整治和依靠产业结构调整，从浓度控制转向浓度控制和总量控制相结合。

3. 生态环境法规规章更加完善、多元

首先，自然生态系统管控法规受到重视。为了加强崇明东滩鸟类自然保护区建设和管理，保护鸟类及赖以生存的自然环境，2003年3月31日上海市人民政府第3次常务会议审议通过《上海市崇明东滩鸟类自然保护区管理办法》；2003年9月29日，上海市发布《上海市九段沙湿地自然保护区管理办法》；2005年3月15日，为加强长江口中华鲟自然保护区的管理，上海市发布了《上海市长江口中华鲟自然保护区管理办法》；这都为保育上海崇明东滩、九段沙等具有重要生态功能的生态用地提供了法规支撑。

其次，建立更加严格的水源地保护制度。随着城市发展对水源地建设和保护提出更高要求，结合国家标准的提高和上海市社会经济发展的加强水源地保护的现实需要，在上海市人大的主持下，2009年12月10日，发布了《上海市饮用水水源保护条例》，保护范围从原来的黄浦江拓展到全市水源地，范围更加全面；突出了源头防治和风险控制，保护更加严格。

最后，综合多种手段解决环境问题。上海市积极从法律法规、环境标准、政策引导入手，推进生态建设与环境保护。该时期，上海市出台了大量地方法规规章。"十一五"期间，上海市修订了《上海市环境保护条例》，颁布了《上海市扬尘污染防治管理办法》等7部环境保护规章；制定了《上海市燃料含硫量限值》等一批行业环境标准，发布了一系列的环境技术规范和管理规定①。"十二五"期间，上海市进一步出台了《上海市饮用水水源保护条例》，制定了《上海市放射性污染防治若干规定》等若干环境管理规章制度以及《锅炉大气污染物排放标准》等6项环境标准，落实循环经济、节能减排、农村环境整治等近20项环境经济政策②；同时，环境政策工具日渐多元化，金融、信贷、保险等成为环境政策的重要支撑工具，上海综合运用经济、技术、法律和行政手段解决环境问题，形成生态环境建设的合力。

4. 滚动推进生态补偿工作

为推动上海市饮用水源保护区生态建设和社会经济的和谐发展，2009年上海市建立了水源地生态补偿制度，上海市政府印发了《关于本市建立健全生态补偿机制的若干意见》和《生态补偿转移支付办法》，2009年上海市对黄浦江上游水源保护区所涉的青浦、松江、金山、奉贤、闵行、徐汇、浦东7个区县进行了生态补偿，补偿资金为1.85亿元，2010年的水源地生态补偿范围进一步扩大到9个；2010年，市政府确定了青草沙、黄浦江上游、陈行、崇明东风西沙4个将长期保留的水源地，补偿资金在2009年的基础上大幅度提高，达到3.74亿元。该制度的建立完善，对上海市饮用水源地保护和基本农田、生态林保护等工作产生了重要推动作用，也在社会上促进了"生态有价"理念的形成和认同，同时作为经济杠杆实现水源保护区所在地区的环境基础设施完善和绿色发展③。

---

① http：//www.shanghai.gov.cn/shanghai/node2314/node25307/node25455/node25459/u21ai602117.html.

② http：//www.shanghai.gov.cn/shanghai/node2314/node25307/node25455/node25459/u21ai602117.html.

③ http：//sepb.gov.cn/fa/cms/shhj//shhj2095/shhj5305/2011/06/40342.htm.

5. 生态示范创建成绩斐然

上海市历来重视生态示范建设工作，并把生态示范建设作为推动区域生态环境保护工作的重要抓手，积极组织开展国家级生态区、国家环境保护模范城区、生态县、生态镇（全国环境优美乡镇）、生态村等创建示范工作。早在 2000 年，崇明县就获得第一批全国生态示范区的命名；2006 年，闵行区被命名为首个"国家生态区"；随后，浦东新区荣获国家环境保护模范城区。截至 2012 年底，上海市共创建国家生态区 1 个（闵行区），全国环境优美乡镇 53 个（见表 3），国家级生态村 3 个，国家级生态工业区 3 家（正式命名），批准建设 4 家①。

表 3　上海市获得命名的全国环境优美乡镇名单

命名顺序	乡镇名称	数量
第二批（2003 年 4 月）	闵行区莘庄镇、闵行区七宝镇、嘉定区安亭镇	3
第三批（2004 年 12 月）	闵行区虹桥镇	1
第四批（2006 年 1 月）	嘉定区徐行镇、嘉定区马陆镇、宝山区高境镇、闵行区梅陇镇、闵行区马桥镇、闵行区颛桥镇	6
第五批（2006 年 5 月）	闵行区浦江镇	1
第五批（2007 年 1 月）	宝山区顾村镇、嘉定区黄渡镇、浦东新区花木镇、浦东新区金桥镇、浦东新区张江镇、青浦区赵巷镇、青浦区朱家角镇	7
第七批（2008 年 4 月）	松江区泗泾镇、青浦区徐泾镇、奉贤区南桥镇、浦东新区唐镇、嘉定区江桥镇、浦东新区高东镇、南汇区航头镇、浦东新区曹路镇、金山区枫泾镇、浦东新区北蔡镇	10
第八批（2010 年 3 月）	崇明县横沙乡、崇明县绿华镇、崇明县陈家镇、青浦区重固镇、南汇区新场镇、宝山区庙行镇、浦东新区高行镇、浦东新区合庆镇	8
第九批（2011 年 10 月）	浦东新区康桥镇、浦东新区惠南镇、浦东新区川沙新镇、崇明县港沿镇、崇明县建设镇、崇明县三星镇、崇明县竖新镇、崇明县新村乡、崇明县中兴镇、崇明县向化镇、崇明县庙镇、崇明县陈桥镇、崇明县港西镇、崇明县堡镇、崇明县新河镇、奉贤区庄行镇、青浦区练塘镇	17
合　　计		53

资料来源：《上海环境保护丛书》编委会编《上海生态保护》，中国环境出版社，2014。

---

① 《上海环境保护丛书》编委会编《上海生态保护》，中国环境出版社，2014。

6. 崇明生态岛成为探索发展中国家区域转型发展的良好范例

人类文明总体上经历了农业文明、工业文明，并逐渐向生态文明转变，崇明生态岛不仅承担为上海 21 世纪城市建设保留战略空间的历史使命，也事关生态文明时代上海国际竞争新优势的塑造与新增长点的培育。2001 年，提出要将崇明岛建成"综合生态岛"，随后开展了一系列制度创新、建设模式创新等，主要体现在以下几方面。

一是规划引领发展模式创新。为将崇明建成世界级生态岛，崇明县（区）不断制定一系列发展愿景规划，滚动制定和实施的规划成为崇明生态岛建设模式的重要内涵。2005 年，上海市发布了《崇明三岛总体规划》，并提出崇明生态岛建设需要坚持环境优先、生态优先的基本原则。2009 年，《崇明国家可持续发展实验区建设规划（2009～2014）》发布，在该规划的推动下，2010 年国家科技部批准崇明生态岛设立"国家可持续发展实验区"，使得崇明生态岛建设上升为国家层面的决策与行动。随后，《上海市崇明区总体规划暨土地利用总体规划（2016～2040）》等规划正式发布，世界级生态岛建设成为崇明区中长期的发展愿景目标。

二是顶层设计引领发展方向、规范发展行为、调控建设进程。为了使政府决策具有科学依据，并促进崇明生态岛建设的进程，2009 年，上海市科委组织华东师范大学等多家科研院所联合开展"崇明世界级生态岛建设评价指标体系"攻关研究。2010 年 1 月，《崇明生态岛建设纲要（2010～2020年）》向社会正式发布，并结合国外生态区域、生态岛建设水平和自身实际，提出崇明生态岛总体目标和 2012 年、2020 年的阶段性建设目标，包括自然资源利用、循环经济和废弃物综合利用、能源利用与节能减排、环境污染治理和生态环境建设、生态型产业发展、基础设施和公共服务等六大领域，包含 22 个指标①，还形成了一系列具体的行动领域；规划纲要在指导崇明岛建设中发挥了重要作用，成为指导生态岛建设工作的纲领性文件。同

---

① 崇明生态岛建设指标体系有两个版本，公开发布版为 22 个指标，内部考核版为 27 个指标，其中 5 个指标用于内部考核，本研究采用 27 个指标作为崇明生态岛建设成效评估的衡量标准。

时，还组织第三方机构对崇明生态岛建设成效滚动进行三年评估，到 2012 年底，生态岛指标完成率达 96%，共推进项目 95 个，总投资约 140 亿元，实际启动 93 项，其中 59 项已竣工完成，项目计划执行率达 98%，为后续全面建成世界级生态岛打下了坚实基础。围绕指标体系考核标准和要求，崇明县（区）还出台了多项政策法规，构成了崇明生态岛建设的制度体系①。

三是部市合作、国际合作引领建设模式创新。2005 年，国家科技部和上海市签订"部市合作"框架，启动"崇明生态岛建设"科技重大专项，成立"崇明生态岛建设"科技咨询专家委员会，召开"上海崇明生态岛国际论坛"等，签署了"中法崇明生态岛联合实验室"等一批国际合作协议，为崇明生态岛建设提供了科技支撑体系、建设投入体系、国际合作网络等，还与联合国环境规划署签署崇明生态岛建设与评估合作备忘录，进一步提升生态岛建设技术水平和国际影响力；2014 年，联合国环境规划署提出将崇明生态岛作为案例，编入绿色经济教材，这使得崇明生态岛成为发展中国家探索区域转型、生态发展和绿色经济模式的良好范例②。

7. 生态环境保护区域协作机制基本形成

随着长三角地区跨界环境污染问题的凸显，上海开始重视与长三角其他城市开展环境治理合作；总体上，上海与长三角其他城市生态环境保护合作主要分为三个阶段。

一是长三角城市生态环境协作治理萌芽阶段（2006 年以前）。2003 年，长三角城市经济协调会首次将环保合作纳入议题，并提出联合制定区域环保合作规划和相关法规政策、联合实施环境整治与生态治理、联合设立环保基础设施、共建区域生态环境保护体系、实现环保信息共享等设想，长三角区域环境协作治理正式提上议程，长三角区域环境协作治理意识基本形成。

---

① 尚勇敏：《绿色·创新·开放：中国区域经济发展模式的转型》，上海社会科学院出版社，2016。
② 崇明生态岛建设指标体系优化研究课题组：《崇明生态岛建设指标体系优化研究》，上海市科学技术委员会，2016。

二是区域环境协作治理制度化推进阶段（2006～2008年）。2006年召开的第六次长三角经济合作与发展座谈会就跨界环境污染治理合作、跨界污染联防机制、跨界污染应急预案等进行了商讨。2008年8月7日，上海与江苏、浙江两省共同通过了《关于太湖水环境治理和蓝藻应对合作协议框架》，确定了定期召开工作会议、加强信息通报、开展工作协作等内容。2008年12月，上海与江苏、浙江共同签署《长江三角洲地区环境保护合作协议（2009～2010年）》，就区域环境监管与应急联动机制等进行合作。通过建立完善区域环境协作治理制度，开展多种形式的沟通和协商，推动了长三角区域各项环保合作的进程。

三是长三角环境保护合作实质操作阶段（2009～2012年）。2009年在上海主办的长三角环境保护合作联席会议，标志着长三角环境保护合作进入实质性操作阶段；2009年4月，上海市印发《上海市太湖流域水环境综合治理实施方案》，并提出水环境综合治理、生态修复、产业结构调整、环境检测与执法监管等主要任务；2011年，在《太湖流域管理条例》框架下，上海、江苏的环保、水利等部门共同建立了淀山湖水资源保护、水污染防治省市合作机制①。2012年，进一步签订了《2012年长三角大气污染联防联控合作框架》协议②。

总体上，长三角环境保护合作向更深层次发展，有效打破了区域行政分隔，实现资源共享和优势互补，最终实现环境保护一体化。

三 深化治理和以人为本阶段（2013～2018年）

2012年11月，党的十八大顺利召开，生态文明建设被写入党章，标志着中国特色社会主义生态文明建设进入新阶段。在此背景下，上海积极推进生态文明体制机制改革，生态环境保护政策更加强调生态环境问题的

---

① 《上海环境保护丛书》编委会编《上海环境发展规划》，中国环境出版社，2014。
② 程进：《长三角一体化背景下环境治理协作重点研究》，载周冯琦、汤庆和、任文伟主编《上海蓝皮书：上海资源环境发展报告（2016）》，社会科学文献出版社，2016。

深化治理，更加注重市场手段和税费手段等相结合，更加注重自上而下的环保督察与自下而上的多元参与相结合，更加强调以绿色惠民为基本价值取向。

（一）生态环境保护政策的时代背景

党的十八大将生态文明建设写入党章，上海提出建设卓越的全球城市和更加可持续的韧性生态之城，形成了上海生态环境保护政策的行动纲领；然而，生态环境问题成为制约上海城市发展的短板，使得上海城市生态环境政策成为当前政府政策的重中之重。

1. 中国特色社会主义生态文明思想形成

2012年11月，党的十八大报告专篇论述了"大力推进生态文明建设"，并将生态文明建设写入党章。2015年4月25日，《中共中央国务院关于加快推进生态文明建设的意见》出台。党的十八届五中全会提出绿色发展理念，并提出以绿色惠民为基本价值取向。党的十九大顺利召开，习近平同志指出："既要创造更多物质财富和精神财富以满足人民日益增长的美好生活需要，也要提供更多优质生态产品以满足人民日益增长的优美生态环境需要"。中国特色社会主义生态文明思想逐渐形成，这成为中国以及上海当前生态环境保护政策制定与实施的行动纲领。

2. 建设卓越的全球城市成为城市发展的战略愿景

2018年1月4日，《上海市城市总体规划（2017～2035年）》正式发布，规划提出"追求卓越的全球城市，一座创新之城、生态之城、人文之城"的发展愿景，并提出了生态用地面积比例、森林覆盖率、河湖水面率、生态环廊、城乡公园、人均公共绿地面积等指标在2020年、2035年的建设目标（见表4），这明确了上海建设更加可持续的韧性生态之城的愿景与方向；上海需要锚固国土空间基本格局，建设多层次、成网络、功能复合的生态空间体系；加强环境保护和整治，构建政府为主导、企业为主体、社会组织和公众共同参与的环境和治理体系，努力实现经济社会发展和生态环境改善的协调推进。

表4 《上海市城市总体规划（2017～2035年）》中生态环境建设主要指标

主要指标	2015年	2020年	2035年
耕地保有量(万亩)	285	282	180
永久基本农田保护任务(万亩)	328	249	150
公共交通占全方式出行比例(%)	26.2	30	40左右
400平方米以上绿地、广场等公共开放空间5分钟步行可达覆盖率(%)	60	70	90左右
骨干绿道总长度(公里)	203	1000	2000左右
碳排放总量较峰值降低率(%)	—	—	5
河湖水面率(%)	9.8	≥10.1	10.5左右
人均公园绿地面积(平方米/人)	7.6	≥8.5	≥13.0
森林覆盖率(%)	15	≥18	23左右
细颗粒物(PM$_{2.5}$)年均浓度(微克/立方米)	53	42左右	25左右
原生垃圾填埋率(%)	51.3	基本实现零填埋	0
水(环境)功能区达标率(%)	53	78	100
消防站服务人口(万人/个人消防站)	17.8	14	<10
应急避难场所人均避难面积(平方米/人)	0.16	≥0.5	≥2.0

资料来源：《上海市城市总体规划（2017～2035年）》。

3. 生态环境质量成为上海城市发展的突出短板

优良的生态品质是全球城市的发展基础和战略资源，是城市软实力的重要体现之一。营造人与自然和谐共生的城市生态环境，是全球化时代各国城市发展的新潮流[1]。放眼国外，较好的生态系统、较舒适的宜居体验，也成为纽约、伦敦、东京等全球城市可持续发展、可持续竞争力的典范。回望上海，城市生态环境质量问题依然突出。中央第二环境保护督察组向上海市委市政府提出的反馈意见指出，上海市生态环境质量依然是影响城市整体发展的一个突出短板，与市民日益增长的环境需求和建设生态宜居城市目标相比还有较大差距。从全球城市竞争力排名来看，上海在普华永道"机遇城市"指数中居于21位（2016），在EIU全球城市竞争力指数中居于43位（2012）。"亚洲绿色报告"研究表明，上海人均公园绿地面积仅为18平方米[2]，远低于亚

---

① 李金贵：《国外建设生态城市的"秘籍"》，《地球》2014年第6期。

② 由于统计口径差异，《上海市统计年鉴》中人均公园绿地面积为7.62平方米。

洲城市的人均公园绿地面积39平方米/人。

2017年，上海市环境空气质量指数（AQI）优良率为75.3%，2015年以来环境空气质量总体好转，2018年以来（截至2018年11月），AQI高于100的天数达66天（优于2017年同期的81天），但环境空气出现污染天气频率依然较高，环境空气质量依然不容乐观（见图10）。全市主要河流断面中①，Ⅱ~Ⅲ类水质断面合计仅占23.2%，Ⅴ类和劣Ⅴ类水占比分别大于21.2%和18.1%；截至2017年底，上海森林覆盖率为16.2%，人均公园绿地面积仅为8.02平方米。为此，上海加强生态环境保护，建设具有全球领先水平的宜居城市，不仅是应对日益严峻的自然资源、生态环境等方面挑战的必然要求，也是提高居民生活质量和社会进步水平的内在要求，更是提升城市吸引力、创造力、竞争力的重要支撑。

（二）生态环境保护政策的阶段特征

该时期，上海生态环境保护政策主要呈现出以下特征：以市场化手段推进环境污染治理，排污收费制度向环境保护税转型，环保督察制度制度化、常态化推进，城市生态环境政策更关注民生福祉，生态环境保护更强调多元参与，积极推进生态环境保护国际交流与区域协作等。

1. 以市场化手段推进环境污染治理

推进环境污染治理市场化是上海资源环境领域的一项基础性机制创新和制度改革，也是上海推进生态文明体制机制改革的重要内容。上海以发挥市场在资源配置中的决定性作用为切入点，积极开展环境污染第三方治理和排污权交易等，将生态环境资源作为资产，为上海生态文明建设注入活力。

在环境污染第三方治理方面，2014年，上海市出台了《关于加快推进本市环境污染第三方治理工作的指导意见》，推进实施环境污染第三方治理；并在电厂脱硫脱硝除尘、市政污水处理、工业废水治理、有机废气治

---

① 纳入统计的全市主要河流监测断面总数为259个。

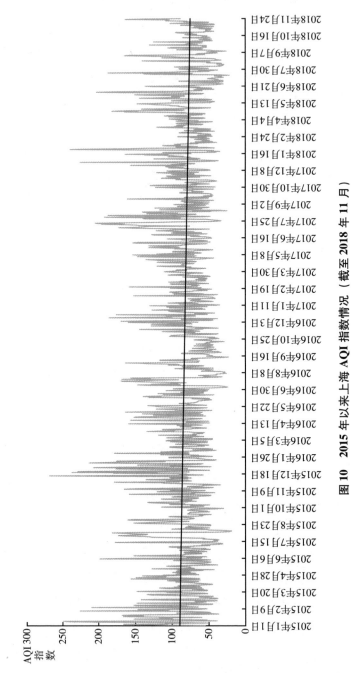

图 10　2015 年以来上海 AQI 指数情况（截至 2018 年 11 月）

资料来源：上海空气质量实时发布系统网站。

理、餐饮油烟治理、扬尘污染防治、污染源在线监测七个领域推进试点，推动环境合作治理由"谁污染、谁治理"向"谁污染、谁付费、第三方治理"的市场化机制转变。上海还积极落实污染治理激励政策，2015 年，上海共落实电厂脱硫脱硝超量减排奖励 1.5 亿元、污水处理厂超量减排奖励 1.5 亿元、燃煤电厂环保电费补贴 12.8 亿元，以及脱硝工程建设、除尘改造过程、清洁能源替代、黄标车和老旧车淘汰、农业源减排等各类补贴合计 8.87 亿元。2017 年 3 月，上海正式成立了由企事业单位、社会团体、科研机构和非营利性组织组成的第三方环境治理产业联盟，并与金山、临港、金桥等八个产业园区，宝武、申能、仪电、上汽等八个集团签署了绿色产业战略合作协议，大力推广第三方治理模式。

在碳排放交易市场方面，上海将碳排放权交易市场作为资源配置的重要手段。上海被确立为全国七个碳排放权交易试点之一，并于 2013 年 11 月正式启动试点工作，覆盖 17 个行业、191 家企业，全市纳入碳交易体系的碳排放比例占 50% 以上。2018 年 12 月 6 日，上海发改委公布了《上海市碳排放交易纳入配额管理的单位名单（2018 版）》，共 381 家单位入选，碳交易市场覆盖范围进一步扩大。在碳市场运行方面，上海积极完善碳交易政策体系，通过将碳市场正式向非履约企业开放，完善碳交易规则，修改交易手续费等提高市场对投资机构的吸引力；上海还积极推进碳金融市场建设，不断探索和丰富碳市场的交易品种和服务，陆续开展 CCER 质押、碳基金、借碳等碳金融服务，开展 CCER 市场建设，推进与周边省市碳市场建设工作。在上述机制、政策推动下，上海控排企业也连续实现 100% 履约，产生了良好的社会影响，提高了社会对碳交易的认知[①]。

2. 实现排污收费制度向环境保护税转型

为了进一步促进排污收费制度对污染治理、改善环境质量的作用，2014 年，上海市出台了排污费征收标准调整方案，对 SO_2、NO_x、COD、NH_3N

---

① 窦勇、孙峥：《上海市碳排放权交易试点情况分析与建议》，《中国经贸导刊》2016 年第 12 期。

等 4 项污染物分三步将排污收费标准提高至 8 元/千克、9 元/千克、5 元/千克、6 元/千克，并对污水中的铅、汞、镉、类金属砷等中国金属污染物实施收费，按照不同排放浓度、排放总量和行业实施差别化收费政策。为进一步发挥排污收费的价格杠杆作用，加快推进污染治理和环境保护，2015 年，上海市出台了挥发性有机物排污收费试点实施办法，包含石油化工等 12 个大类行业中的 71 个中小类行业，按 10 元/千克、15 元/千克和 20 元/千克分三阶段逐步提高收费标准，截至 2016 年底，共对 260 家企业累计开征排污费 1.4 亿元，有力推动了企业污染治理进度，挥发性有机物排放同比减少约 3 万吨。2016 年 12 月 25 日，全国人大审议通过《中华人民共和国环境保护税法》，在此基础上，上海市出台了应税大气污染物和社会污染物适用税额标准，建立了税务环保征管协同机制；2018 年 1 月 1 日，环境保护税开征，标志着近 40 年的排污费退出历史舞台，这进一步完善了我国和上海市的"绿色税收"体系，对于实现重点污染物减排，激励企业利用节能、环保和低碳技术实现清洁生产具有重要意义。

3. 环保督察制度推动环境问题解决

2015 年 7 月，中央深改组第十四次会议审议通过了《环境保护督察方案（试行）》，推动环保督察重点由以往的"督企"转向"督政"。2016 年底，中央第二环境保护督察组对上海市开展了为期一个月的驻地环保督察，督查期间，上海市全力推进问题整改落实，共查处违法企业 751 家，处罚金额达 6000 余万元；召开多次动员会、推进会和阶段性工作会议，28 个职能部门组成上海市协调联络组，主动配合中央督察组开展工作；上海市委市政府严格落实督察要求，督察组交办的 1893 件信访全部按期办结；通过约谈、问责、工作谈话等行政措施落实环保责任，一批部门和企业负责人因环境监管不力、环保工作不到位、非法倾倒工业废物等原因被问责。

根据中央环保督察组督查情况和反馈意见，上海市委市政府制定实施了《上海市贯彻落实中央环保督察反馈意见整改方案》，46 项整改事项中 2017 年共完成整改 36 项，其余任务完成年度节点目标。同时，上海出台《上海市环境保护督察实施方案（试行）》，2017 年 11 月 23 日启动环境保护督察工作，并对青浦、长宁两区进行试点，截至 2017 年 12 月 22 日，督察组共对 59 名领导干部谈话，累计问询 21 个部门，调阅 1986 份资料，受理举报 408 件，两区累计办结 387 件，责令整改 130 家①，立案处罚 81 家，共计罚款 1172 万余元；立案侦查 1 件，查封 2 家，关停 3 家，停产整顿 2 家，约谈 152 人。上海基本形成了边督边改的工作机制，确保相关环境问题查处到位、整改到位、公开到位和问责到位。同时，上海还形成了环保督察制度的长效工作机制，按照上海生态环境保护大会和《上海市环境保护督察实施方案（试行）》要求，2018 年 7 月 5 日起，上海市全面启动环境保护督察工作，到 2019 年底对各区实现一轮全覆盖，2020 年专门组织"回头看"，形成了上海市查漏补缺环境问题，推动问题整改落实，解决环保顽疾的制度保障。

4. 城市生态环境政策更加关注民生福祉

党的十八届五中全会提出绿色发展理念，并提出以绿色惠民为基本价值取向。在此基础上，上海市政府于 2016 年 10 月 30 日印发《上海市环境保护和生态建设"十三五"规划》，并提出"十三五"在继续强调生态环境质量、生态空间等的基础上，更加强调绿色生活水平，尤其是提升公众对环境的满意度。中共上海市第十一次代表大会进一步指出"建筑是可以阅读的，街区是适合漫步的，公园是最宜休憩的，市民是尊法诚信文明的，城市始终是有温度的"。2018 年 1 月 4 日发布的《上海城市总体规划（2017~2035年）》提出"追求卓越的全球城市，一座创新之城、生态之城、人文之城"和全面提升城市生态品质等内容。总体上，上海城市生态环境规划目标不断跃升，表现为：一是从生态保护、生态建设、环境治理等向关注人居环境、市民需求转变，城市生态环境品质受到政府及社会各界的重视；二是生态环境建设逐步融入上海"四个中心"和具有全球影响力的科技创新中心、社会主义现代化国际大都市等战略目标，生态环境品质提升不再只是为了满足生态指标，而更加关注城市生态品质是否有利于增强市民生态福祉，是否有

---

① http://www.shanghai.gov.cn/nw2/nw2314/nw32419/nw42373/nw42375/u21aw1278191.html.

利于满足超大城市人民群众对美好生活的需要，是否有利于增强城市的吸引力、创造力和竞争力。

5. 全社会共抓生态环境保护氛围基本形成

首先，环境宣传活动提升全社会环境保护意识。近年来，上海结合"六·五"环境日，举办了以"绿色环保，我们在行动""绿动申城""改善环境质量 推动绿色发展""践行绿色生活"等为主题的环境日宣传活动，制作了《同护江河水 共享上海美》等环保公益广告片。近年来，上海市在校园里举办了"中国少年儿童生态意识教育"等示范课进校园培训活动，联合华东师范大学推介中国大学 MOOC《环境问题观察》等课程活动，组织全市环境教育基地开展"带你走进环境教育基地"等公众参与活动。同时，在社区开展了"社区生态文化角"等活动，向社区赠送各类环保图书；开展市民环境问题调查等活动，通过社区活动，多层次多角度开展丰富多彩的宣传纪念活动，营造全社会关心、支持和参与环境保护的良好氛围。

其次，环境信息公开和环境公众参与平台建设有力。近年来，上海市积极通过"上海环境"政务微博、上海环境网站、上海环境热线网站等网络平台发布各类环保新闻，发布环境影响评价网上公众调查、环评公众参与公示等信息；进一步充实污染源环境监管信息公开、建立企事业单位环境信息公开平台，优化网上办事大厅服务功能，完善一站式公共服务门户等；"上海环境"微博粉丝数量从 2013 年的 20 万人增长至 2017 年的 68.1 万人，当年发布微博数量总体保持在较高水平（见表 5）。2013～2017 年，"上海环境"和"上海环境热线"网站访问量从 511 万人次增长至 1250 万人次（见图 11）；"上海环境"网站在 2017 年度省级环保厅（局）政府网站绩效评估和上海市政府网站测评考核中成绩优良，其充分发挥了环境公众宣传的主阵地作用。同时，上海市推进权力公开透明，完善政务公开监督工作情况。2013～2017 年，上海市环保局主动公开政府信息从 1212 条增长至 6126 条，受理政府信息公开申请从 98 件增长至 127 件，接收市民咨询从 275 人次增长至 1120 人次（见表 5）。

表5　2013~2017年上海市生态环境建设主要信息公开指标情况

年份	"上海环境"微博粉丝（万人）	发布微博数量（条）	主动公开政府信息（条）	受理政府信息公开申请（件）	共接受市民咨询（人次）
2013	20	4200	1212	98	275
2014	25	19945	2487	143	1290
2015	48.6	13000	4341	182	1620
2016	52	17900	5173	156	1800
2017	68.1	5645	6126	127	1120

资料来源：2013~2017年《上海市环境保护局政府信息公开工作年度报告》。

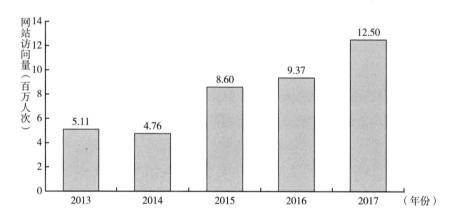

图11　2013~2017年"上海环境"和"上海环境热线"网站访问量

资料来源：2013~2017年《上海市环境状况公报》。

最后，多元参与环境治理体系逐渐形成。2018年4月，上海市发布《上海市2018~2020年环境保护和建设三年行动计划》，即第七轮环保三年行动计划，提出推进全社会环保共建共治共享，以及加强环境保护社会治理机制建设，构建政府为主导、企业为主体、社会组织和公众共同参与的环境治理体系。2018年7月4日，上海市全市生态环境保护大会强调要加快形成党委领导、政府主导、企业主体、全社会共同参与的环境治理格局。在上海市拓宽公众参与渠道、创新多主体共同参与环境治理机制下，上海全社会共抓生态环境建设的氛围基本形成。

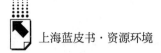

6. 积极发挥龙头城市地位推动长三角和长江经济带生态环境治理协作

随着长江经济带建设上升为国家战略、《长三角城市群发展规划》出台、长三角区域污染防治协作机制等的制度化，上海积极发挥长江经济带和长三角龙头城市地位，组织协调区域环境治理协作。上海牵头召开了多次长江沿岸中心城市经济协调会；上海市政府相关部门、科研院所也积极召开"长江经济带发展论坛""2018长江论坛"等，为长江经济带各省市共商大计、共谋发展提供了智力支撑。

在长三角区域环境合作方面，上海积极搭建区域环境合作平台，建立区域环境合作长效机制，推动长三角城市群共同防治区域性环境污染，协调解决区域环境纠纷，促进区域环境整体改善。2014年1月7日，上海联合江苏省、浙江省、安徽省和国家相关部门召开长三角区域大气污染防治协作小组第一次工作会议，审议通过《长三角区域大气污染防治协作小组工作章程》，三省一市签署《大气污染防治目标责任书》；2018年6月2号，长三角区域污染防治协作机制会议在上海召开，三省一市就大气和水污染防治协作形成了实施方案和工作机制；随着长三角区域一体化发展上升为国家战略，2018年11月22日，上海市人大常委会率先表决通过《关于支持和保障长三角地区更高质量一体化发展的决定》，这标志着长三角地区立法协同工作进入实质操作阶段，随后该决定得到江苏、浙江、安徽的表决通过。近年来，上海还积极与长三角各省市就统一环境要求，建立区域市场准入机制；建立共享机制，实现环境信息通报共享；联合监督执法，在解决区域跨界污染问题等方面展开了积极探索，在长三角环境治理协作方面发挥着积极带头作用。

7. 环保国际合作交流助推上海城市竞争力提升

为顺应经济全球化和环境问题国际化的新形势，上海全方位地开展环保领域国际合作交流，增强上海城市竞争力，包括与中国环境与发展国际合作委员会、中国欧盟商会以及日本环境省、韩国环境部、法国奥罗阿大区政府等国际国内部门和机构联合主办绿色供应链管理、绿色企业、污染治理、环保能力建设等领域的国际性研讨会和部长级会议等（见表6）；还与日本川崎市政府、北九州环境局等机构签署循环经济、人才培训、产业交流等环保领域合作交流备忘录。上海积极参加国际环境公约和相关项目合作，2017年6月，上海市加入"一带一路"绿色供应链合作平台，该平台由中国—东盟环境保护合作中心、美国环保协会、上海市环境保护局等9家机构联合发起，旨在推动供给侧改革和环境质量改善。同时，上海还积极引进国外先进技术和城市管理经验，接待国外代表团访问，开展境外专家引智工作，近年来平均每年接待外国代表团保持在20～30批次，年均接待外国代表团访问达160人次以上（见表7）。

表6　2013～2018年上海市环保局参与主办的主要国际会议

时间	会议名称	主办单位
2013年5月30日	国合会绿色供应链管理高层研讨会	中国环境与发展国际合作委员会
2013年7月19日	企业界绿色供应链研讨会	中国欧盟商会、上海市环保局
2013年12月11日	创建绿色企业圆桌论坛	中国环境与发展国际合作委员会
2015年4月30日	第十七次中日韩环境部长会议	中国环保部、日本环境省、韩国环境部
2016年11月4日	2017～2018年环保能力建设与经验交流合作协议	上海市环保局、意大利环境部可持续发展及国际事务司
2017年11月23日	中法环境与化工领域科技创新研讨会	法国奥罗阿大区政府、上海市环保局
2018年7月30日	低氮排放技术研讨会	上海市环境保护局、中意环保合作项目办公室
2018年10月19日	中挪塑料垃圾与海洋污染研讨会	挪威气候与环境部和挪威水研究所、上海市环保局

资料来源：上海市环境保护局网站。

表7　2014～2017年上海市环保局接待国外代表团情况

年份	接待外国代表团访问批次	接待外国代表团访问人次
2014	28	191
2015	28	165
2016	30	160
2017	23	170

资料来源：2014～2017年《上海市环境状况公报》。

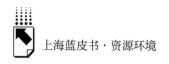

四 上海生态环境保护政策的优化对策

回望过去，上海生态环境保护政策取得了显著成效，但生态环境问题依然是上海城市发展的重要短板；展望未来，上海致力于建设卓越的全球城市和更加可持续的韧性生态之城，上海也需要加强生态空间管理体制创新，强化环保督察制度落实；并需要着眼于长三角区域一体化和长江经济带两大国家战略的推进实施，致力于健全区域生态环境保护一体化长效机制，还应加强生态环境保护的社会监督和多元参与，实现上海生态环境保护的共建共享。

（一）强化生态空间管控体系，推进实施多规合一

首先，加快构建生态空间管控体系。加快以"多规合一"空间规划体系为基础，建立健全生态保护控制线分类管控机制。强化生态保护红线刚性管控，根据主体功能区战略要求，划定四类生态保护控制线并将生态保护红线落地，按照山水林田湖系统保护的思路，制定和实施生态保护红线战略时间表和路线图，提出 2020 年底、2030 年底生态保护红线划定、布局的具体目标和行动举措。同时，推动生态空间管控部门协同，建立多规融合机制，实现上海生态空间管控"一张图"，建立生态保护红线监管平台，形成"天空地"一体化监控网络。

其次，严格落实"五线"管控。以"五线"管控机制作为生态空间管控核心手段，将五条控制线录入规划国土资源统一信息平台，对规划编制、各类建设行为、项目审批同步落实各类建设用地控制线（红线）、绿地范围控制线（绿线）、地表水体保护控制线（蓝线）、基础设施用地控制线（黄线）、历史建筑保护范围界限（紫线）的要求。

最后，加快实现多规合一。加快形成以主体功能区规划为基础、以城市总体规划和土地利用总体规划为主体的上海城市多规合一体系，加快建立覆盖全域的"多规合一"控制线和控制指标体系，发挥对全市空间资源统筹

管理的"一盘棋"作用，避免各部门之间的规划矛盾，使上海"水、林、田、滩"成为一个有机生命体，全力打造更可持续的韧性生态之城。搭建"多规合一"城市空间基础信息平台，统筹协调相关专项规划的编制和管理，实现各类规划的规划体系统一、空间布局统一、数据底线统一、技术标准统一、信息平台统一和管理机制统一等。统筹生产、生活、生态空间布局，形成统一衔接、功能互补、相互协调的空间规划体系，建设生产空间集约高效、生活空间宜居适度、生态空间绿意盎然的生态宜居之城①。

（二）强化环保督察制度落实，完善环保督查法治保障

当前环境污染问题解决的关键在于明晰环境立法操作性、强化环保执法严格与严肃性、加强环保整改落实监督。

首先，强化环保督察考核地位。应继续完善中央、省市环保督察机制，强化环保督察的效力，明确环保督察重点，对群众反映强烈，环境保护不作为、缓作为、乱作为等行为进行重点督察。强化环境考核问责制度，对于环保督察中出现严重问题的，应追究相关党政干部责任，将污染防治纳入各级政府目标管理范围，将考核结果作为各级党政干部综合考核评价重要依据，对于环境考核不达标的实行干部晋升"一票否决制"。强化环保督察整改的严肃性，压实环保责任，各省/市纪委会同组织部、环保部门开展调查，对于环保督察整改不到位的，对责任干部予以严肃问责查处甚至采取免职处分。建立环保督察整改长期跟踪机制，避免"发现有问题—整改见成效—放松又反弹"的循环，实现污染防治从"一时美"变为"长久美"。

其次，加大环保执法力度，严查环境违法行为。通过中央和上海市环保督查反馈来看，环保推进不力与环保执行是当前最迫切需要解决的问题。为此，应零容忍、出重拳打击环境违法行为，运用最严格的制度、最严密的法治、最严厉的手段，严肃查处环境违法行为。由生态环境局牵头，联合法

---

① 尚勇敏：《建设卓越的城市生态品质：理论基础与上海行动》，上海社会科学院出版社，2018。

院、检查部门、公安部门，严厉打击企业在线监测数据、污染治理设施不正常运行或不满足排放标准要求，环境问题整改不到位，违法排污等行为。对造成严重后果的，依法追究企业法人及相关人员的刑事责任，提升企业违法成本。发挥执法人员的工作积极性，环境监察执法人员应严格遵守中央"八项规定"、环境保护"六项禁令"及环境监察"六不准"等规章制度，增强环境执法的严肃性。采取明察暗访、问卷调查、远程监测等相结合的方式，随机对排污企业等进行抽查。

最后，加强环保督察及环境执法监督的有效性。目前上海已经基本形成了较为完善的环境保护法律法规体系，但现行环境法治多为督察企业较少涉及督察领导干部。为此，应强化环保督察的效力，对于环保督察中出现严重问题的，应追究当地党政干部责任；建立环境考核问责机制，将污染防治纳入各级政府系统运行的目标管理范围，将考核结果作为各级党政干部综合考核评价重要依据，对于环境考核不达标的实行干部晋升"一票否决制"。加强环保执法监察部门职能，明确环境执法监督重点，对群众反映强烈，环境保护不作为、缓作为、乱作为等行为进行重点监督；各级检察机关采取督办、参办方式对下级院办理干扰多、阻力大、复杂疑难案件提供业务指导，适时会同公安、环保、林业、国土等部门联合督办重大疑难案件。

（三）健全区域生态环境保护一体化长效机制

首先，建立区域"共管共治"的协同机制。发挥长三角区域合作联席会议制度优势，推行环境信息共享，建立健全跨部门、跨区域、跨流域突发环境事件应急响应机制。建立跨行政区清洁水源保护的联动机制；对于持久性、流域性污染问题，制定并实施统一的地区性、流域性污染控制标准和环境准入要求。推动长三角地区一体化污染防治政策措施的实施，建立区域环境联合执法机制，对区域性问题实施统一环境监管。

其次，健全完善生态补偿机制。在行政区交界断面水质目标双向考核制度基础上，建立实施长三角地区邻界水域双向补偿机制，形成污染赔偿、受益补偿的制度。探索建立长三角地区湿地生态效益补偿制度，率先在沿江、沿海和环湖湿地主要分布地区开展湿地补偿试点。加大对崇明东滩鸟类湿地、九段沙湿地等国家级、省级湿地自然保护区、国际和国家重要湿地的保护力度，开展湿地保护生态补偿试点。

再次，共建跨区域环境风险应急体系。构建涉及区域、城市、工业园区和企业等多层面的预警体系；按照统一信息平台、统一监管力度、统一应急等级、协同应急救援的思路，构建沿江、沿海、环湖和环杭州湾等各地区区域性环境风险预警应急响应机制，实施区域突发环境风险预警联防联控；将水源保护区、清水通道、跨界断面、自然保护区、重要生境等列入重要环境风险受体。将化工区、大宗环境风险物质使用的企业、贮存和运输危化品的港口码头、集中式污水处理厂、危废处理企业等，列入重点环境风险源管控清单。

最后，推进地市级发展战略环境，全面落实"三线一单"管理制度。推动战略环评、规划环评、项目环评的实施和联动，实施环境保护清单式管理，加强"三线一单"落实；推动区域环境质量、人群健康风险管控双约束的排放总量控制，在长江试点水污染排放总量控制从 COD、氨氮为主转向耗氧性有机污染物、营养盐、重金属等为主的控制模式，并逐步向长三角其他城市推广实施；强化产业发展中资源能源利用效率、污染排放标准、环境功能区标准、风险防范等门槛要求，对长期超标、违法排放和严重危害身体环境的企业，实行黑名单制度，强制退出①。

（四）加强生态环境保护社会监督和多元参与

一方面，强化生态环境保护社会公众监督。鼓励生态环境领域社会组织的发展，发挥其监督、研究、宣传、交流等作用，建立完善环境公益诉讼制度，鼓励社会组织提起环境公益诉讼，维护生态环境公众利益。各级政府必须通过政府网站、微信公众号、微博等多种渠道向社会公众公开环境整改方案，接受社会公众监督，对于整改不到位等情况社会公众可直接向上一级政

---

① 本部分内容参考《关于促进长三角地区经济社会与环境保护协调发展的指导意见》。

府反映。通过网站、微信、微博等建立多渠道、全方位的环境公众监督平台，营造全民参与、多元共治的环境管理氛围。最后，进一步加大政府信息公开力度，畅通公众环境信息渠道，鼓励社会公众实行有奖举报，对于举报属实的，地方政府需积极反馈和改进，以看得见的成效兑现承诺，取信于民。

另一方面，发展环境社会管理力量，实现生态环境保护多元参与。推进环境绩效管理从行政手段、计划手段为主转向经济手段、法律手段为主，从微观、直接管理转向以政策制定、提供服务、强化监督为主的宏观和间接管理。制定规范环境第三方评价的法律法规，保证其有法可依，将环境治理、资源配置等转给市场，将社会服务职能转给中介组织，积极发展第三方治理和环保中介组织，使其成为沟通政府与企业环境管理的桥梁和纽带。加快构建第三方环境绩效评估制度，引入第三方机构开展地方党政环境绩效评估工作，发挥第三方评估的监督和激励效用；建立独立的环境监测与评价体系，提高环境监测数据质量，环境监测机构及其人员独立公正开展工作，为环保督察提供技术支撑、制度支撑。

参考文献

陈兆忠、陈谦：《加快上海城市生态环境的建设》，《上海综合经济》1998 年第 5 期。

程进：《长三角一体化背景下环境治理协作重点研究》，载周冯琦、汤庆和、任文伟主编《上海蓝皮书：上海资源环境发展报告（2016）》，社会科学文献出版社，2016。

窦勇、孙峥：《上海市碳排放权交易试点情况分析与建议》，《中国经贸导刊》2016 年第 12 期。

高永善、尤家宜：《上海地区环境保护规划编制工作的初步探索》，《环境科学研究》1989 年第 6 期。

顾永伯、高奇倬、邓文剑、赵关良、李继跃、杨信生、胡蔚成：《上海环境保护年的成就——对 1994 年上海市进入全国城考前 10 名的回顾》，《上海环境科学》1995 年第 8 期。

韩正：《抓住机遇，迎接挑战，建立上海环境保护和环境建设的长效推进机制》，《上海环境科学》2004 年第 1 期。

李金贵：《国外建设生态城市的"秘籍"》，《地球》2014 年第 6 期。

陆福宽：《上海水资源与环境保护的实践》，《中国人口·资源与环境》1992 年第 1 期。

陆福宽：《走环境与经济、社会协调发展的道路——上海环境保护二十年回顾》，《上海环境科学》1992 年第 8 期。

吕淑萍：《上海环境保护的实践与新成就》，《上海环境科学》1998 年第 4 期。

倪天增：《经济与环境协调发展——90 年代上海的选择》，《中国人口·资源与环境》1991 年第 1 期。

《上海环境保护丛书》编委会编《上海环境发展规划》，中国环境出版社，2014。

《上海环境保护丛书》编委会编《上海生态保护》，中国环境出版社，2014。

尚勇敏：《绿色·创新·开放：中国区域经济发展模式的转型》，上海社会科学院出版社，2016。

尚勇敏：《建设卓越的城市生态品质：理论基础与上海行动》，上海社会科学院出版社，2018。

沈永林：《上海环保"三年行动计划"的编制与实施分析》，《上海环境科学》2003 年第 1 期。

史占中、高汝熹：《经济、生态、社会三位一体——上海迈向 21 世纪的战略选择》，《上海经济》1998 年第 2 期。

宋静：《对新时期上海环境保护工作的几点思考》，《上海城市管理职业技术学院学报》2004 年 S1 期。

肖林、周国平：《卓越的全球城市：不确定未来中的战略与治理》，格致出版社、上海人民出版社，2016。

赵仁泉：《环保法在上海实施的回顾与展望》，《上海环境科学》1985 年第 8 期。

B.3
上海环境治理发展历程回顾

艾丽丽　杨漪帆　裴　蓓*

摘　要：　在改革开放以来快速发展的四十年中，历届上海市委、市政府高度重视环保工作，坚持可持续发展，在环境保护和环境建设领域进行了许多有益的探索，环保工作随着经济、社会的发展不断深入，其发展历程具有典型性。本文旨在通过回顾上海市40年来的环保工作，对环保历程中的里程碑和历史轨迹进行分析，探讨在社会经济发展过程中环境保护工作的变化，并对重点领域、重点问题进行案例分析，总结取得的经验，以指导新时期新形势下的环境保护工作。

关键词：　环境治理　改革开放　上海

　　自改革开放以来，上海的社会经济发展迅速，城市化进程不断加快，城市面貌日新月异。但同时，上海又是一个的资源稀缺、环境容量有限、生态压力巨大的城市。通过持续多年高强度的环保投入，上海按照重点突破、系统谋划的原则分阶段有针对性地解决了一批重大环境问题，城市环境基础设施逐步完善，主要污染物排放大幅下降，重点地区环境治理取得突出成效，环境管理体系日趋健全，在经济、人口、能源消耗和建设用地快速增长的同

---

　　*　艾丽丽，上海市环境科学研究院工程师，主要研究领域为环境规划、污染源空间解析；杨漪帆，上海市环境科学研究院工程师，主要研究领域为地表水污染控制等；裴蓓，上海市环境科学研究院高级工程师，主要研究领域为环境规划、标准与管理。

时，污染恶化趋势得到有效遏制，环境质量总体持续稳定改善。上海环境保护和治理走过的奋斗历程，与社会经济发展的轨迹息息相关。上海环境保护发展道路，从本质上讲，就是多年来从探索环保自身特点，向探索如何处理环境保护与经济社会协调发展这二者的关系，并不断深化认识、正确把握客观规律的转变过程①。

一 上海市环境保护阶段分析

（一）第一阶段（1978年至20世纪90年代初）

20世纪70年代，污染物排放仍呈无序状态，环境保护聚焦工业点源治理，主要围绕企业排放的废水、废气和固体废物开展综合治理，环境管理机构几经撤并，环境监督管理受到很大影响，环境问题渐趋严重。这一阶段，环境保护开始由消极治理向积极防治转化，污染防治由点源治理向区域治理推进，由单项治理向综合治理转化。

1979年底上海市环境管理局正式成立，市政府有关部门、各区县政府也相继建立环境管理机构，全市性环境管理体系逐步形成。自20世纪70年代后期起，环境法制建设逐步得到加强，先后制订、颁布了《上海市黄浦江上游水源保护条例》及其实施细则、《上海市排污收费和罚款管理办法》及其实施细则等一批地方性环保法规和政府规章，并以推行建设项目"三同时"、环境影响评价、排污收费3项环境管理制度为重点，实施环境管理和环境执法。实现了在国民经济大幅度增长情况下，到"七五"期末全市污染物排放总量低于1982年实际水平的目标。在专项领域治理方面，这一阶段水环境保护战略重点是优先解决上海市民的饮用水源保护以及黄浦江流域治理，动工建设了黄浦江上游引水工程，颁发了《上海市黄浦江上游水

---

① 环境保护部：《开创中国特色环境保护事业的探索与实践——记中国环境保护事业30年》，《环境保护》2008年第15期。

源保护条例》，建立了黄浦江上游水源保护区。首次利用世界银行贷款对黄浦江主要支流苏州河进行治理，1988年8月启动了合流污水一期工程。大气方面，深入开展消烟除尘行动，开展了"基本无黑烟区"和"烟尘控制区"建设，到1990年，上海市建成烟尘控制区341.4平方公里，覆盖率达98.3%，城区降尘量从1977年的41吨/月·平方公里下降到18吨/月·平方公里①。工业污染防治方面，20世纪80年代重点整治了污染严重的工业街坊，1986年起，开始对和田路、新华路、桃浦等环境污染严重地区进行综合治理。这三个严重污染地区的废水处理，工艺废气、粉尘治理，不能就地改造的点源的搬迁，市政基础设施配套等有关综合治理工程，均被列为20世纪80年代后期市政府每年的环保实事项目。

（二）第二阶段（1991年至20世纪90年代末）

20世纪90年代，上海进入快速发展期，经济发展和人口增长给生态环境带来了巨大的压力，城市环境建设和管理亟须加强，城市生态环境亟须改善，环境问题已经成为制约上海社会经济健康发展的瓶颈问题。这一阶段，环境保护由末端治理转化为全过程控制，由区域治理向全市环境综合整治发展，确立并实施了以人为本和可持续发展战略。

1991年成立了市环境综合整治联席会议，由原副市长倪天增负责，由市人民政府委、办、局及区、县政府领导组成。环境法制向体系化方向发展，1994年完成起草上海地方环境保护法规《上海市环境保护条例》，完成了上海地方环保法规体系框架研究，提出了基本法规范、组织法规范、程序法规范、污染防治法规范、监督管理法规范、资源保护法规范和标准等框架结构②。城市环境综合整治定量考核在1994年首次进入全国前10名。在专项领域治理方面，水环境保护从以黄浦江上游水源保护为重点转变为饮用水源保护、苏州河和中小河道全面推进的流域污染防治，2000年底实现

---

① 陆福宽：《走环境与经济、社会协调发展的道路——上海环境保护二十年回顾》，《上海环境科学》1992年第8期。
② 吕淑萍：《上海的经济、社会发展与环境保护》，《中国环保产业》1998年第2期。

了基本消除苏州河干流黑臭的目标。大气污染治理从烟尘控制转向调整能源结构和控制机动车尾气等综合防治。20世纪90年代中期完全解决了居民用气普及问题，紧接着开展燃煤炉窑清洁能源替代和机动车尾气治理。1997年，上海在全国率先使用无铅汽油。工业污染防治向过程控制、集中控制、总量控制的战略转变。从侧重工厂企业的污染末端治理转变为布局优化和产能升级的全过程控制，积极推行清洁生产和ISO14000。通过倒逼机制，大量"三高一低"的企业被淘汰或转产，保留的企业加快了产品和技术的更新换代，完善污染治理设施。1994年和1995年，先后摘除新华路和和田地区重污染帽子，2000年本市实现了工业污染源达标排放。绿化建设方面，1990年以后，上海绿化建设从"见缝插绿"逐步过渡到"规划留绿"，将绿化建设纳入城市总体规划中统筹规划布局，结合道路建设、旧区改造、河道整治、企业拆迁、拆除违章建筑和新城建设等，不断扩大绿地规模，大大加速了城市绿化景观建设，逐步拓展了城市绿化空间①。

（三）第三阶段（20世纪90年代末至2010年）

进入21世纪，环境基础设施建设仍滞后于城市发展，环境污染尚未得到有效治理，城市环境管理有待进一步加强，本市环境质量与举办世博会和国际大都市的要求存在较大差距。这一阶段，上海将环境保护纳入社会经济发展的总体框架内，以迎接2010年世博会为契机，以环境保护优化经济发展，不断转变经济增长方式和城市发展模式，促进经济、社会、环境的协调发展。

2000年启动了环保三年行动计划，2003年，成立了全国第一个由市长挂帅、各委办局和区县政府为成员单位的环境保护和环境建设协调推进委员会，在全市建立了"沟通协调、检查督促、跟踪评估和信息反馈"的工作机制②。修订完善了《上海市环境保护条例》，落实了郊区污水收集管

---

① 吴健：《上海城市空间布局调整的环境效应分析》，《中国人口·资源与环境》2010年第S1期。

② http://www.shanghai.gov.cn/shanghai/node2314/node25307/node25455/node25459/u21ai602117.html.

网建设、燃煤锅炉清洁能源替代、绿化林业建设、畜禽养殖场关闭等补贴政策①。在专项领域保护方面，大幅度提高污水处理能力，中心城区竹园和白龙港污水处理厂开始商业性运行，郊区建成了一批污水处理厂；苏州河环境综合整治二期工程全面完成，污水治理三期工程积极推进，中心城区实现了基本消除黑臭目标。大气环境治理全面推进，通过严格实施总量控制和节能减排任务，开展"基本无燃煤区"建设，对重点区域、企业逐步实现天然气替代，启动燃煤发电机组烟气脱硫工程，提高新车排放标准，淘汰燃油助动车，将"扬尘污染控制区"创建工作列入环保三年行动计划。固体废物治理力度加强，老港生活垃圾填埋场四期以及嘉定、崇明、青浦一期生活垃圾综合处理厂等无害化处置设施相继建成，固体废物资源化利用水平进一步得到提升，废品回收利用网络基本覆盖全市。工业污染治理取得突破，吴淞、桃浦工业区整治取得突破性进展，其中桃浦工业区彻底消除了恶臭，吴泾工业区整治全面启动；在上海化工区和漕河泾工业区开展了循环经济试点，经济和环境效益逐步显现。农业污染治理逐步深入，重点关闭了一批禁养区畜禽养殖场，建设了一批畜禽粪便有机肥加工利用中心；通过调整农业种植结构、推广测土配方施肥、冬季闲田种植绿肥等措施，大幅削减了化肥和农药施用量。生态建设方面，结合老旧小区更新改造和新城建设，绿化建设实现了跨越式发展，外环生态绿地、大型楔形绿地、公园等相继启动建设，实现市民出行500米有休闲公园的目标。此外，先后建成了松江佘山、崇明东平、上海海湾、上海共青4个国家级森林公园，崇明东滩鸟类自然保护区和九段沙湿地自然保护区2个国家级自然保护区。2004年上海市被国家建设部正式命名为"国家园林城市"。

（四）第四阶段（2010年至今）

作为超大城市、后工业化城市和经济转型城市的典型代表，上海生态环

---

① 徐祖信：《2004年第二轮环保三年行动计划暨本市环境保护工作情况的报告——2004年11月24日在上海市第十二届人民代表大会常务委员会第十六次会议上》，《上海市人民代表大会常务委员会公报》2004年第7期。

境保护进入攻坚期，生态环境质量与全球城市定位和市民期盼仍有较大差距。这一阶段，上海提出了"优化发展"，坚持生态文明引领，以提升环境质量和总量减排为核心，聚焦源头防控、结构调整、绿色转型，进一步完善环境基础设施，强化污染联防联控和协同控制。

环保参与城市综合决策的深度和广度不断提高。在《上海市城市总体规划（2017～2035年）》中融入了更多的绿色发展和环保要求，明确了人口规模、建设用地规模、环境质量的红线要求，提出了"一条红线、一张图"的生态保护红线划分方案。环境治理体系和治理能力进一步提升。出台了《上海市大气污染防治条例》《上海市社会生活噪声污染防治办法》等地方法律法规；对照国际先进、国内领先水平，研究出台了一批污染排放、能耗、用地、绿色制造等标准和准入条件。逐步建立以排污许可证为核心的新型环境管理制度。绿色金融、环境保险、信贷等政策工具正在成为推进环保工作的重要手段，第三方治理成为污染治理的新趋势。长三角区域在大气和水污染防治等方面的协作机制不断深化。在专项领域保护方面，水环境治理以全面消除黑臭和保障饮用水安全为主。2010年建成了长江口青草沙水源地工程，2016年底完成黄浦江上游金泽水源湖及相关工程建设，全市供水保障能力显著提升。污水处理等级不断提升，污水处理厂标准提至国标一级A标准。开展万河整治，全市基本消除黑臭河道。大气环境方面，开展分散燃煤设施的整治、中小燃煤锅炉清洁能源替代等工作，全市基本实现无分散燃煤；全面开展企业VOCS治理；启动土壤污染场地修复试点，土壤管理体系初步建成。围绕"五违"问题，开展重点区域生态环境综合治理，吴泾、高桥、吴淞、桃浦区域整体转型加快推进。全面推进重点行业产业结构调整，焦炭、铁合金、平板玻璃、皮革鞣制等全行业退出，铅蓄电池、砖瓦完成行业整合。农业农村环境治理方面，大幅度削减养殖总量，全市不规范畜禽养殖场户全部关闭，规模化畜禽养殖场粪尿处理设施基本实现全覆盖。生态建设方面，全面建成外环生态专项工程，黄浦江45公里岸线贯通工程全面完成，6座郊野公园相继开放，为市民提供了享受绿色生态的重要空间。

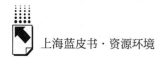

二 环境保护主要成效分析

（一）持续高强度环保投入

从 20 世纪 90 年代以来，上海市环保投入逐年增加（见图 1），全市环保投入占同年 GDP 的比重总体呈上升趋势，其中七轮环保三年行动计划累计投入超过 5000 亿元。

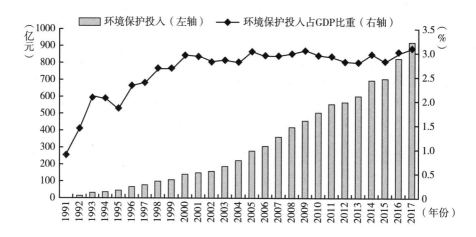

图 1 上海市 1991～2017 年环保投入情况

资料来源：《上海统计年鉴》。

（二）基础设施逐步完善

1. 污水处理体系建设发展情况

上海污水处理起步较早，20 世纪 20 年代，英租界当局先后建成了北区、东区、西区三座污水处理厂。20 世纪 50 年代和 60 年代初，上海对这三座污水处理厂进行了改造扩建，又陆续兴建了曹阳、彭浦、东昌、日晖等四座污水处理厂。同时，配合城市近郊和卫星城新兴工业小区的建设，建成了张庙、闵行等五座一级简易污水处理厂。1968 年，为配合援外工程，又兴建了彭浦新村污水处理厂（今北郊污水处理厂）。20世纪70年代，改建、扩建了曹阳、闵行、彭浦新村污水处理厂。到20世纪90年代初，又先后建成了曲阳、龙华、天山、程桥、吴淞、泗塘、长桥七座污水处理厂。

1988年8月25日，经国务院批准，上海市合流污水一期工程开工建设，1993年12月主体工程建成通水，对改善苏州河水质起到了非常重要的作用。尽管合流一期工程截流了原来每日排入苏州河的100多万立方米的污水，然而，却未从根本上解决污染问题。1997年，合流污水二期工程开工，这是20世纪末上海利用国际银行贷款建设的最大的污水治理工程。1999年底，污水治理二期主体工程建成通水，上海南部和东部地区长久以来污染黄浦江的污水，被成功截流入输送管网内，每天集中排污处理100多吨污水，从而使上海市污水处理能力从原来的41%提高到60%；同时，还有效改善了黄浦江中、上游段和浦东地区河道的水质，保护了饮用水源，效益显著。

在第二轮环保三年行动计划期间，按照"中心城区集中治理、郊区相对集中治理"的战略，竹园和白龙港2个大型污水处理厂投入运营，合流污水三期工程启动建设，郊区按照"市场建厂、政府建网、同步推进"的原则，基本建成了一批中小型污水处理厂[①]。至2017年底，上海共有城镇污水处理厂53座，总处理规模为831.7万吨/日，城镇污水处理率达到94.5%（见图2）。目前，上海正在继续完善污水收集系统，积极提高污水处理等级，已有37座污水处理厂执行不低于国标一级A标准，竹园第一、第二污水处理厂以及白龙港污水处理厂的提标改造工程也将于2018年和2019年完成。

2. 电厂和锅炉污染治理情况

"十五"期间，上海以燃煤锅炉清洁能源替代和能源结构调整为根本举措，划定了"无燃煤区"和"基本无燃煤区"的范围和实施方案，全力控制煤烟型污染。制定了《上海市燃煤（重油）锅炉清洁能源替代工作方案》

---

① 吴健、黄沈发、王敏、胡冬雯、吴建强、唐浩：《产业与环境协调发展的实证分析——以上海市为例》，《环境污染与防治》2011年第9期。

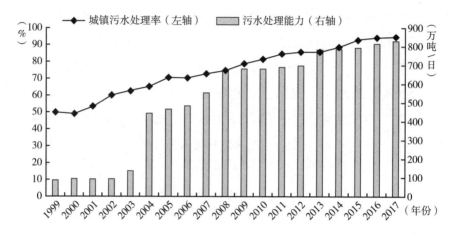

图2 上海市1999～2017年污水处理情况

资料来源：《上海统计年鉴》《上海水资源公报》。

和《上海市燃煤（重油）锅炉清洁能源替代专项资金扶持办法》等一系列
环保补贴激励政策，多措并举推进燃煤（重油）锅炉实施清洁能源替代①。
15年来，累计完成9000多台燃煤锅炉清洁能源替代。目前，上海市已全面
完成经营性小茶炉、小炉灶等分散燃煤设施的整治工作，中小燃煤锅炉清洁
能源替代工作，以及集中供热和热电联产燃煤锅炉清洁能源替代或关停调整
工作。除公用燃煤电厂和钢铁窑炉外，全市基本实现无分散燃煤。

从"十五"开始上海加快了燃煤电厂脱硫项目的步伐。2005年上海外高
桥热电厂率先完成了燃煤机组烟气脱硫；2006年，制定和实施了《上海市
"十一五"期间燃煤电厂脱硫工程实施方案》，950MW燃煤发电机组完成了烟
气脱硫工程。"十二五"期间，燃煤电厂脱硝工作正式启动，《上海市"十二
五"燃煤电厂脱硝工程建设奖励办法》《上海市燃煤电厂脱硝设施超量减排补
贴政策实施方案》分别于2012年修订和2013年发布，对燃煤电厂脱硝超过基
准排放量的减排量给予补贴。全市18家燃煤电厂（装机容量约为1.5万兆
瓦）实现脱硫、脱硝、高效除尘和超低排放全覆盖，并已完成超低排放改造。

---

① 环保部：《京津冀及周边地区部分城市出现持续空气重污染过程》，《环境与发展》2015年
第6期。

3. 固废处理处置能力建设情况

随着城市经济的快速发展和人们生活水平的不断提高,上海固体废物产生量不断增加。1985 年老港垃圾填埋场开始建设,共有五期工程,由于未能严格防渗,一、二、三期现已封场。2003~2005 年,老港卫生填埋场四期、御桥生活垃圾处理厂、江桥垃圾焚烧厂二期等一批垃圾无害化处置设施先后建成并投入运营[①]。随后,嘉定、崇明、青浦、奉贤、松江、闵行等各区也先后建设生活垃圾综合处理厂。截至 2017 年,全市生活垃圾末端处理能力 24650 吨/日,其中焚烧 13300 吨/日,全年清运生活垃圾 899.5 万吨,生活垃圾无害化处理率从 2015 年起一直保持 100%[②](见图 3)。同时,积极探索资源化利用方式,美商生化处理厂采用好氧堆肥处理技术、普陀生化处理厂采用厌氧发酵处理技术,为生活垃圾生化处理技术提供了实践经验。生活垃圾全程分类体系逐步完善,生活垃圾分类居住区覆盖家庭累计达 500余万户;"绿色账户"激励机制覆盖 400 余万户。

工业固体废物综合利用率自 2000 年之后大都保持在 95% 以上(见图4),电子废物收集、交投、处置利用网络系统初步建立。自 1998 年起,上海对危险废物处置企业实行许可证管理。目前全市形成危险废物安全填埋、焚烧处置、物化处理、综合利用等多样化经营,覆盖了 44 类危险废物。

(三)污染物减排成效显著

近 30 年里,受人口增长的影响,上海生活及其他废水占废水排放总量的比重总体呈上升趋势(见图 5)。1996 年上海综合生活污水排放量占全市废水排放总量比重首次超过了工业废水排放量,2017 年比 1987 年增长近 4倍,占废水排放总量的比重也从 23.5% 增至 85%,已取代工业废水成为废水排放总量的最大贡献源。大气污染排放方面,随着民用燃气和清洁天然气

---

① 徐祖信:《2004 年第二轮环保三年行动计划暨本市环境保护工作情况的报告——2004 年 11月 24 日在上海市第十二届人民代表大会常务委员会第十六次会议上》,《上海市人民代表大会常务委员会公报》2004 年第 7 期。

② http://www.tjcn.org/tjgb/09sh/35333_ 3.html.

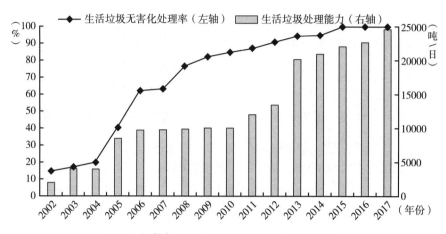

图3　上海市2002～2017年生活垃圾处理情况

资料来源:《上海环境统计年鉴》《上海市环境保护与生态建设"十一五"规划》《上海市环境保护与生态建设"十二五"规划》《上海市环境保护与生态建设"十三五"规划》。

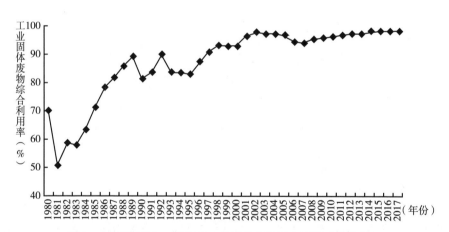

图4　上海市1980～2017年工业固体废物综合利用率变化情况

资料来源:《上海统计年鉴》。

的使用,尽管上海废气排放总量不断上升,但生活及其他废气排放总量相对平稳,占废气排放总量的比重总体呈下降趋势①(见图6)。

---

① 吴健、胡冬雯、王敏、黄宇驰、吴建强、唐浩:《上海人口变化与资源环境效应分析》,《中国人口·资源与环境》2011年第4期。

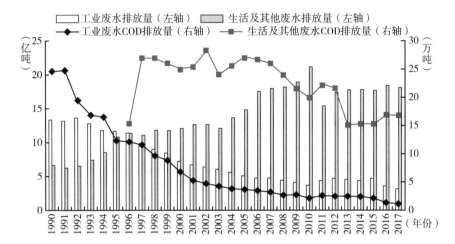

图5　上海市1990～2017年废水及废水污染物排放情况

资料来源：《上海统计年鉴》。

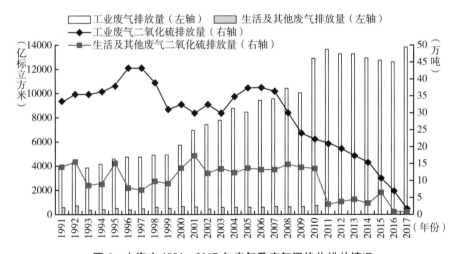

图6　上海市1991～2017年废气及废气污染物排放情况

资料来源：《上海统计年鉴》。

与此同时，2006年4月17日，第六次全国环保大会下达了全国各地污染减排任务，实行污染物总量控制是近十年环境保护的一个重要治理模式。上海市委、市政府按照党中央、国务院的部署，高度重视、认真抓好污染减排工作。工程减排、管理减排、结构减排等措施多管齐下，化学需氧量（COD）、氨氮、二氧化硫（SO_2）、氮氧化物（NO_x）排放量总体呈下降趋势（见图7）。2017年，上海市化学需氧量、氨氮、二氧化硫、氮氧化物排放量在2010年的基础上分别下降了35.2%、25.5%、50.6%和37.7%，污染减排成效显著。

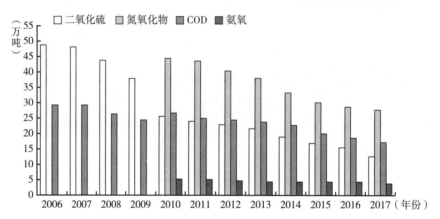

图7　2006～2017年上海市污染物总量减排情况

资料来源：《上海市环境状况公报》。

（四）环境质量持续改善

2000年以来，在全市人口数量增加近5成、经济总量增长4倍、能源消费总量翻了近2倍的情况下，上海通过各项污染治理措施的持续深化，环境质量明显改善。

1. 水环境质量变化趋势

上海地处长江三角洲前沿，境内大小河流密布，河流密度高达6～7公里/平方公里，水域面积约占全市总面积的11%～12%。水环境质量对于上海社会经济发展至关重要。境内主要水体包括黄浦江、苏州河、长江口等。2017年，全市主要河流断面中Ⅱ～Ⅲ类水质断面占23.2%，Ⅳ～Ⅴ类水质断面占58.7%，劣Ⅴ类水质断面占18.1%，较1991年有大幅改善，当前主要污染指标为总磷和氨氮[1]。

---

① http：//www.sepb.gov.cn/fa/cms/upload/uploadFiles/2018－06－04/file3194.pdf.

2001～2017 年长江口化学需氧量（COD）总体呈下降趋势，改善幅度达 34%；氨氮下降趋势显著，降幅达到 77.3%；总磷基本呈逐年上升趋势，目前长江口 7 个断面水质处于 Ⅱ～Ⅲ 类，水质状况为良好（见图 8）。1991～2017 年黄浦江总体水质状况有所好转，其中氨氮浓度下降了 71%，总磷和 COD 浓度改善了 28% 左右，目前黄浦江 6 个断面水质处于 Ⅲ～Ⅳ 类，沿程水质基本稳定（见图 9）。苏州河水质总体改善显著，其中化学需氧量年均浓度从最高点的 85.9mg/L 降至当前的 14.7mg/L；氨氮年均浓度从最高点的 11mg/L 降至当前的 2.2mg/L 左右；总磷浓度从最高点的 0.8mg/L 降至当前的 0.3mg/L 左右（见图 10）；目前苏州河 7 个断面中，4 个断面水质为劣 Ⅴ 类，3 个为 Ⅴ 类，总体处于中度污染到重度污染水平。

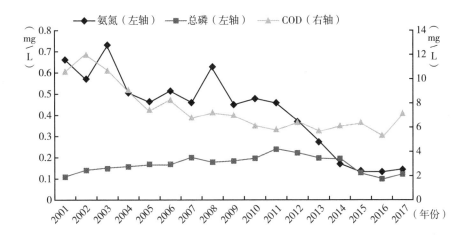

图 8 长江口 2001～2017 年主要污染物年均浓度变化趋势

资料来源：《上海市环境质量报告书》。

2. 环境空气质量变化趋势

上海长期以来通过推进燃煤锅炉改造、电厂脱硫脱硝、机动车尾气控制和扬尘污染控制等手段，全面推进大气污染治理，不断改善上海环境空气质量，取得明显成效。传统污染物 SO_2、NOx 和 PM_{10} 等浓度自 2005 年之后总体呈下降趋势（见图 11），其中 SO_2 年均浓度已连续四年达到国家环境空气质量二级标准，PM_{10} 已连续三年达到国家环境空气质量二级标准。随着上海市对城区机动车

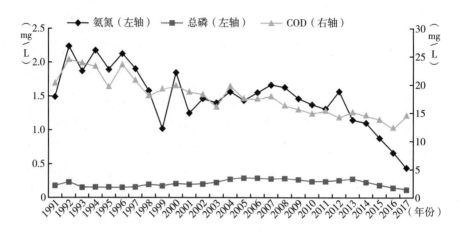

图9 黄浦江1991~2017年主要污染物年均浓度变化趋势

资料来源：《上海市环境质量报告书》。

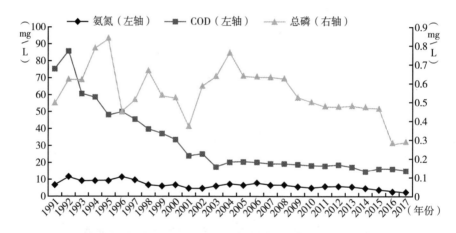

图10 苏州河1991~2017年主要污染物年均浓度变化趋势

资料来源：《上海市环境质量报告书》。

污染控制力度的加大，全市NOx浓度呈现下降趋势，但是，近年来全市NOx年均浓度稳定在0.045毫克/立方米左右，未达到新国家二级环境空气质量标准。

2013年，PM$_{2.5}$首次被纳入监测体系，空气质量指数（AQI）替代原有的空气污染指数（API）来评价空气质量状况。2017年底，上海市空气质量优良率为75.8%，较2013年（基准年）提高近10个百分点（见图12）。PM$_{2.5}$日

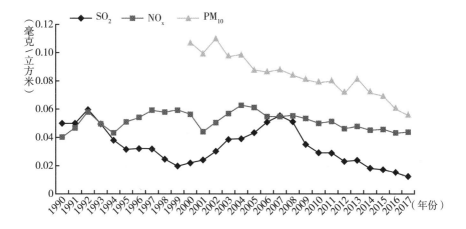

图 11　上海市 1990 ~ 2017 年 SO_2、NO_x、PM_{10} 年均浓度变化趋势

资料来源:《上海市环境质量报告书》。

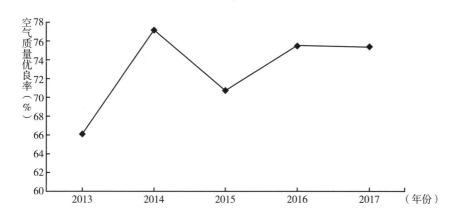

图 12　上海市 2013 ~ 2017 年空气质量优良率变化情况

资料来源:《上海市环境状况公报》。

均浓度为 0.039 毫克/立方米,较 2013 年(基准年)下降 38.7%(见图 13)。

近 30 年来,上海酸雨频率显著提高,2012 年达到高峰,比 1990 年提高了近 60 个百分点,与之对应的是降水 pH 酸碱度也从 1990 年的 5.38 下降为 2012 年的 4.64。从 2010 年开展总量减排以来,由于产业结构调整和清洁能源替代,二氧化硫浓度大幅度下降,随之上海的酸雨频率大幅下降,pH 酸碱度也逐步提高,基本恢复到 20 世纪 90 年代的水平(见图 14)。

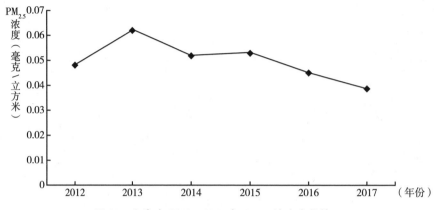

图13 上海市2012～2017年PM₂.₅浓度变化情况

资料来源:《上海市环境状况公报》。

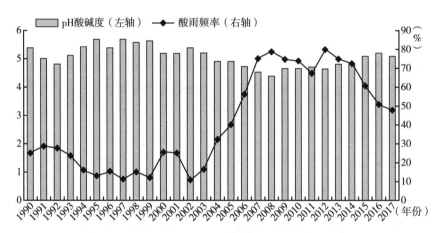

图14 上海市1990～2017年pH酸碱度和酸雨频率变化

资料来源:《上海市环境状况公报》。

三 攻坚克难,有针对性解决了一批重大环境问题

(一)工业区综合整治成效突出

上海在发展过程中,工业布局不够合理,生产技术比较落后等导致了新

华路、和田路、吴淞、桃浦、吴泾等地区污染特别严重，厂群矛盾非常尖锐，危害居民健康，影响社会安定和城市形象。这些地区规模大，情况复杂，治理难度高，是上海环境保护的"硬骨头"。自20世纪80年代起，上海市政府将这些重污染地区环境整治列为市重点项目，集中各方面的力量和资金，实行政策聚焦，有计划地开展环境整治，全力完成治理任务，区域环境保护和经济发展取得了历史性的突破，谱写了新时期工业与环境协调发展的新篇章。

1. 桃浦、吴淞工业区整治

（1）桃浦工业区

桃浦工业区建成于20世纪50年代，位于上海市西北角，面积约为4平方公里，是上海市重要医药化工工业基地，工业区内原有上海染化八厂、上海化纤一厂、上海第六制药厂等30多家中型国有企业，每天3万多吨工业废水任意排放，致使区内河道常年黑臭，还使桃浦镇4000多亩土地几乎无法种植；大量恶臭气体排放，导致附近地区经常气味难闻。群众反映强烈，人大代表年年有提案要求解决工业区污染问题。

1987年上海市政府批准实施市计委、市经委《关于上海市桃浦工业区总体规划实施计划的报告》。经过10年治理，投资7.26亿元，完成46个单位、99个工业污染治理项目，建成80吨/时集中供热站，进行除尘脱硫，拆除34台分散锅炉，建成日处理为6万吨的桃浦污水处理厂，动迁居民303户，新建绿化面积660亩。1997年桃浦工业区环境综合整治完成阶段性任务，摘去了重污染帽子。进入21世纪以后，随着城市发展，桃浦工业区周围已形成30万人口规模的居民区和同济大学沪西校区、上海信息学校等教学科研机构。为此，上海市政府明确桃浦工业区功能定位为都市型工业区，要求进一步进行环境综合治理，调整工业结构，从根本上解决环境问题。桃浦地区环境综合整治被连续列为2000~2002年和2003~2005年两轮环保三行行动计划的重点内容。经过三年整治，桃浦工业区关停和治理了21家企业27个恶臭气体污染源，消除了恶臭影响，达到了既定的整治目标。目前工业区内所有工厂都实现了集中供热、污水集中处理，主要产生恶臭的生产厂或生产线已停产，部分工厂已转为都市型工业，厂界臭气浓度和管道有组织排放监测全部达标，居民关于恶臭等方面的信访投诉明显减少。

（2）吴淞工业区

吴淞工业区位于上海市中心区的北部，宝山区的东南部，总面积为21平方公里，从20世纪50年代后期开始建设，聚集了包括冶金、化工、有色金属和建材行业在内的近120家企业（据1997年统计），集中了全市10%的污染大户，排放工业粉尘占全市总量的27.1%，全区平均每平方公里排出的二氧化硫、烟尘、粉尘的量是全市平均排放量的9.3倍、6.1倍、75.8倍；区内河流年黑臭天数达200天；区内布局不合理，居民区和工厂用地混杂，有1150户居民住宅处于区内严重污染地段；绿地严重不足，绿地率仅为2.8%。

2000年7月，吴淞工业区环境综合整治全面启动，市政府成立了吴淞工业区环境综合整治领导小组，批准了《上海市吴淞工业区环境综合整治规划》《上海市吴淞工业区环境综合整治实施计划纲要》《上海市吴淞工业区环境综合整治配套政策的实施意见》3个文件，要求2005年完成整治任务，并列为2000~2002年、2003~2005年两轮环保三行动计划的重点内容。经过努力，吴淞工业区整治取得突破性进展，淘汰了16家污染严重的企业和40条污染严重的生产线，完成了43个重污染源的治理任务，建成了工业区集中供热网，加强了绿化建设和道路扬尘整治，基本实现了用地布局合理、市政基础设施完善、产业结构和生产工艺优化、生态环境明显改善的目标，彻底改变吴淞工业区重污染的形象①。工业区二氧化硫、化学需氧量、烟粉尘等污染物排放量大幅下降；环境质量改善显著：2005年二氧化硫平均浓度为0.068毫克/立方米，较2002年下降了17.6%；2005年降尘为13.5吨/平方公里·月，较整治前下降了2.7吨/平方公里·月，区域环境质量在国内同类工业区中处于领先地位。

---

① 徐祖信：《吴淞工业区环境综合整治取得重大突破》，载徐祖信主编《上海环境年鉴2006》，上海人民出版社，2006。

2. 吴泾工业区整治

吴泾工业区位于上海市中心区的南部，闵行区中南部沿黄浦江区域，面积为 12 平方公里，建于 20 世纪 50 年代，是上海重要化工能源基地。区内集中了上海吴泾化工有限公司、上海焦化有限公司、上海氯碱有限公司、上海吴泾热电厂等一大批大中型化工企业和大型电厂，污染物排放总量大，对环境影响也大，有一部分产品和生产线工艺设备落后，污染排放严重，需要淘汰更新。区内有居民 3051 户，厂群矛盾尖锐。

2005 年，吴泾工业区整治全面启动，成立了环境综合整治推进机构，明确了吴泾工业区整治规划和有关政策，完成了拦焦除尘、氯化氢气体治理等污染治理项目，完成了第一批 352 户受污染影响严重的居民搬迁工作。近年来，上海市进一步加大了吴泾工业区的整治力度。2006 年 2 月，华谊集团下属上海焦化有限公司一号焦炉正式关闭。之后，4 号焦炉和 6 台煤气发生炉也相继关停，每年可减少用煤量约 44 万吨，减少废水排放 44 万立方米，减少二氧化硫排放 450 吨、COD 排放 40.4 吨和苯并（a）芘排放 226 公斤，对吴泾地区环境质量的改善将起到重要作用。此外，整体关停爱国热轧厂，华谊集团公司加快产业结构调整，提出规划外新增治理和关停项目 11 项①。

3. 南大工业地块综合整治

南大地区位于上海市西北角，30 年前，南大地区是上海中心城区化工、皮革产业转移的基地，承载了 10 家央企、20 家市属企业、34 家转制企业以及 3000 余家租赁企业；化工、仓储、皮革等重污染产业和大量违章厂房遍布 6 平方公里土地②。因为污染状况严重，一度在国家环保网格色块中呈现"黑色"，南大地区整治势在必行。在第四轮和第五轮环保三年行动计划中南大地区综合整治均列为重点任务，并连年写入上海市政府工作报告，整治工作也从专项治污逐步过渡到产业能级提升和带动周边区域整体转型。经过

---

① 刘家欣、喻文熙：《产业转型下的环境思路——上海市闵行区环境保护的探索和实践》，《环境经济》2009 年第 Z1 期。

② http://city.eastday.com/gk/20170718/u1ai10725227.html.

多年综合治理，一批历史遗留问题和环境难点得到妥善解决，南大地区面貌焕然一新。同时，南大在全市率先开展土壤修复试点，在土地开发的规划阶段就统筹考虑污染场地治理，目前已实施了40个区域、累计123个地块的土壤修复试点，对全市工业区土壤修复提供借鉴①。

4. 金山地区综合整治

位于金山地区的杭州湾北岸化工产业带是我国石化产业集中区，其中分布着上海化工区、上海石化、星火开发区、金山第二工业区、上海化工区奉贤分区等诸多化工石化产业园区或大型企业。区域化工特征污染较为突出，恶臭污染、水体黑臭是群众投诉的焦点。

2015年，为响应市委、市政府号召，补齐生态环境"短板"，切实解决人民群众关切的环境问题，金山区启动了首轮环境综合整治三年行动计划，聚焦化工产业核心区、生态整治区和辐射区，确立了511个环境综合整治项目，并严格按照"可感受、可评估、可考核"的要求，全力推进金山地区生态环境质量的改善。经过首轮三年的环境综合整治，截至2017年底，511个项目顺利完成。化工特征污染得到有效控制，环境质量明显好转。为进一步提升绿色转型和深化治理，2018年5月，上海市人民政府办公厅正式发布《金山地区环境综合整治行动方案（2018～2020年）》，相比首轮三年环境综合整治工作，新一轮环境综合整治的力度、效率、要求都越发严格，在整治范围上进一步聚焦金山卫区域，分为产业核心整治区及生态综合整治区两部分，重点推进产业绿色发展、社会源污染治理、河道整治、绿化和防护林建设、基础设施建设等。

（二）苏州河的"复活"

苏州河是上海市的母亲河，横贯中心城区，也是上海城市文化尤其是近现代工业文明的发源地。在20世纪70年代末，由于两岸大量生活污水和工业废水直接排入，造成苏州河黑臭问题尤为突出，严重影响两岸居民的生

---

① http://city.eastday.com/gk/20170718/u1ai10725227.html.

活。20 世纪 80 年代初，苏州河污染治理提上了议事日程。

1998 年，苏州河环境综合整治一期工程正式启动，2002 年底全部完成，总投入约为 70 亿元人民币。主要工程包括支流截污、石洞口城市污水处理厂工程、上游支流建闸控制工程、综合调水、河道曝气复氧、环卫码头搬迁及水域保洁、虹口港和杨浦港旱流污水截流、虹口港水系整治、防汛墙改造和疏浚等 10 项。一期整治完成后，苏州河干流基本消除黑臭，水质主要指标逐年向好。其中污染最为严重的武宁路桥断面，氨氮从 1998 年的 12mg/L 以上降至 2002 年的 5.9mg/L，溶解氧增长近一倍，水质基本达到了国家地表水 V 类标准。在水质改善的同时，河道生态系统逐步恢复，下游着生动物种类增加了近一倍①。2003 年 4 月，苏州河环境综合整治二期工程开工，主要工程包括苏州河河口水闸建设、梦清园二期工程、苏州河上游地区——黄渡镇污水收集系统工程、苏州河中下游水系截污、苏州河沿岸市政泵站雨天排江量削减工程、绿化工程、市容环卫工程、西藏路桥改造 8 项。2005 年完成了主体工程建设，投资约 40 亿元人民币。二期整治完成后，苏州河干流水质进一步好转，除氨氮和溶解氧外，其余指标基本稳定达到Ⅳ类，并且上下游之间水质指标差距逐步减小，主要支流也已基本消除黑臭。苏州河环境综合整治三期工程 2006 年开工，工程为期两年，投资约 34 亿元人民币。三期整治主要聚焦底泥疏浚以及沿岸直排污染源的截污。底泥疏浚后，苏州河的水质进一步改善，2008 年武宁路桥断面主要水质指标优于上游来水赵屯断面。

今天的苏州河，两岸居民打开窗户，呼吸着新鲜的空气；河畔两边丰富的生态景观廊道成为市民锻炼身体、休闲娱乐的好去处。原有河边的很多工业旧址厂房经过改造成为上海新的时尚艺术地标，苏州河真的焕发了新的生机。

（三）打造世界级崇明生态岛建设

崇明岛地处长江口，是我国面积仅次于台湾岛和海南岛的第三大岛，也

---

① 朱石清、朱锡培：《苏州河环境综合整治的经验和启迪》，载张仲礼、王泠一主编《2006～2007 年：上海资源环境发展报告》，社会科学文献出版社，2007。

是中国最大的河口冲积岛，总面积为1200.68平方公里。长期以来，受崇明交通相对闭塞、经济基础薄弱、人才吸引力弱等因素制约，崇明全岛并未全面开发，也正因如此，崇明岛生态旅游资源保护良好，发展潜力很大。2003年，"生态绿岛"的发展定位首次提出，这也为崇明岛的建设明确了方向。2006年11月，《崇明三岛总体规划》发布，规划中确立了建设现代化生态岛的总体目标及具体指标；2010年1月，《崇明生态岛建设纲要（2010~2020年）》发布，提出了建设崇明生态岛的六大专项行动领域及保障措施体系；2011年启动实施为期三轮的生态岛建设三年行动计划，2017年《崇明世界级生态岛发展"十三五"规划》的正式出台，标志着崇明生态岛建设迈上了新的征程[1]。

四　结论

改革开放以来，上海城市总体发展定位不断转变，城市功能布局持续优化，在城市高速发展、人口规模快速增加、城市化进程不断加快的过程中，上海的建设用地规模接近底线，资源环境压力不断加大。一直以来，对应于社会经济发展的轨迹，和各阶段所亟须解决的资源环境问题，上海致力于探索符合特大型城市的可持续发展道路，环境保护战略也相应发生了转变。按照需求导向、问题导向和效果导向，通过多年持续高强度的环保投入，以滚动实施环保三年行动计划为抓手，聚焦水、气、土、固体废弃物等领域亟须解决的突出矛盾和主要问题，系统谋划了一批带动性强、具有针对性、能解决突出问题、体现精细化管理水平的重大任务项目，切实解决了一批重大的环境问题。作为超大城市、后工业化城市和经济转型城市的典型代表，上海当前面临着人口、土地和环境等约束更加趋紧的挑战，环境保护形势依然十分严峻，生态环境保护仍处于攻坚期。在《上海城市总体规划（2017~2035年）》中提出到2035年上海将基本建成卓越的全球城市的目标，但当

---

① http://cmb.shcm.gov.cn/html/2018－04/04/content_4_1.htm.

前生态环境质量依然是影响城市整体发展的一个突出短板，与市民日益增长的环境需求和建设全球卓越城市的目标相比还有较大差距。面向 2035 年目标，上海要瞄准国际最高标准、最好水平，以更大力度保护和改善生态环境，坚定不移地走生态优先、绿色发展之路，早日建成令人向往的生态之城。

参考文献

环保部：《京津冀及周边地区部分城市出现持续空气重污染过程》，《环境与发展》2015 年第 6 期。

环境保护部：《开创中国特色环境保护事业的探索与实践——记中国环境保护事业30 年》，《环境保护》2008 年第 15 期。

刘家欣、喻文熙：《产业转型下的环境思路——上海市闵行区环境保护的探索和实践》，《环境经济》2009 年第 Z1 期。

陆福宽：《走环境与经济、社会协调发展的道路——上海环境保护二十年回顾》，《上海环境科学》1992 年第 8 期。

吕淑萍：《上海的经济、社会发展与环境保护》，《中国环保产业》1998 年第 2 期。

吴健：《上海城市空间布局调整的环境效应分析》，《中国人口·资源与环境》，2010年 S1 期。

吴健、黄沈发、王敏、胡冬雯、吴建强、唐浩：《产业与环境协调发展的实证分析——以上海市为例》，《环境污染与防治》2011 年第 9 期。

吴健、胡冬雯、王敏、黄宇驰、吴建强、唐浩：《上海人口变化与资源环境效应分析》，《中国人口 . 资源与环境》2011 年第 4 期。

徐祖信：《2004 年第二轮环保三年行动计划暨本市环境保护工作情况的报告——2004 年 11 月 24 日在上海市第十二届人民代表大会常务委员会第十六次会议上》，《上海市人民代表大会常务委员会公报》2004 年第 7 期。

徐祖信：《吴淞工业区环境综合整治取得重大突破》，载徐祖信主编《上海环境年鉴2006》，上海人民出版社，2006。

朱石清、朱锡培：《苏州河环境综合整治的经验和启迪》，载张仲礼、王泠一主编《2006 ~ 2007 年：上海资源环境发展报告》，社会科学文献出版社，2007。

B.4
上海环保市场发展40年回顾与趋势对策分析

曹莉萍*

摘　要： 环保市场是环保产业得以发展成熟的土壤。在我国环境保护与生态文明建设战略的指引下，上海环保产业虽然早在改革开放初期就已生根发芽，但上海真正意义上的环保市场是在20世纪90年代才初步形成。本文首先回顾上海环保产业及其市场40年的发展历程，明确上海环保产业的内涵与分类；其次，通过调研数据分析上海环保市场发展中存在的问题；最后，基于全球环保市场发展趋势与国外环保市场培育经验，本文认为上海应发挥好"五个中心"建设的城市功能定位，从多方面加快培育符合全球城市特征的环保市场，发挥上海城市码头源与流的作用与服务市场的作用，树立环保市场"上海制造"和"上海服务"的标杆；同时，针对上海环保市场中存在的问题，建议上海在大部制改革要求下整合、明确政府环保管理职能；发挥环保行业协会平台作用，完善环保标准体系；推进环保企业商业模式创新，提高环保市场绩效；倡导公众参与绿色消费，激发本地环保市场需求。

关键词： 环保市场　改革开放

---

* 曹莉萍，博士，上海社会科学院生态与可持续发展研究所助理研究员，主要研究领域为可持续发展与管理、气候治理与低碳发展。

　　上海自新中国成立以来，就是全国的工业中心。基于深厚的工业底蕴、浦东开发开放、城市功能定位的变迁，上海的产业结构在20世纪90年代经历"退二进三"历史性变化。这不仅给上海商品市场的发展带来了蓬勃生机，也为上海的服务市场提供展现活力的舞台，其中环保产品和服务就是上海在全国改革开放大潮中酝酿而生的时代产物。上海自身改革开放给本地环保市场带来了冲击和机遇，上海的环保产业也在改革开放浪潮中经过40年的发展，最终伴随着市场新技术、新产业、新业态、新模式的"四新"动能转换，带着新时代生态文明建设的使命继续前行。因此，回顾上海环保市场40年的发展历程，分析上海环保市场供需在不同阶段中的特征以及当前面临的主要挑战，将会推动上海环保市场更加可持续发展；同时，找准未来上海环保产业发展方向，为环保市场下一个40年的高质量发展奠定基础。

一　上海环保市场的发展历程与阶段特征

　　生态环境保护市场（简称"环保市场"）会因地区社会经济发展水平、自然资源禀赋和生态环境质量的不同而各具特点。上海地区的环保市场相对于国际市场来看是起步较晚，但相对于国内市场来说是起步较早的，从改革开放以来服务于工业的节能环保服务到兼顾生产、生活的低碳服务，再到应对全球气候变暖带来的生态环境破坏和自然资源过度耗损的环境服务及绿色融资服务，上海环保市场由此形成节能环保、碳交易、环境第三方治理、绿色金融四类细分市场，这四类细分市场的发展过程与上海社会经济发展和能源环境压力的阶段性特征密切相关。

（一）传统节能环保产业：从萌芽到初具规模（1978～1990年）

　　改革开放之初，上海肩负保障全国经济供应的艰巨任务，人口数量变化较平稳，以工业为主导的产业结构也推动着能源结构重化发展，并由此带来较多环境污染问题和较大治理压力。在以末端治理为主导的环境战略下，上海的环保市场以提供节能环保服务为主来满足广大工业污染排放主体的污染达标的整治要求。

1. 社会经济特征

改革开放之初，国家对上海的明确定位是我国最大的港口城市和重要的经济、科技、贸易、金融、信息、文化中心[①]。1978年，上海的经济总量为272.8亿元，占到全国的7.42%[②]。之后上海的经济一直呈增长势态，到1990年全市GDP增长至646亿元[③]，1985年其GDP增速更是高达13.4%（见图1）。1978年，上海的财政收入占全国财政总收入的15%，工业增加值占全国工业增加值总额的13%，但国家对上海的基础设施基本没有投入。从全市工资水平来看，这一时期上海职工工资经历了一段通货膨胀期，在1983年年均工资增长率出现了一个大幅提升之后到1987年又有所回落（见图2）。

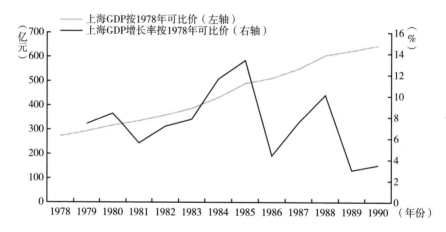

图1 1978~1990年上海GDP变化及增长率

资料来源：本文图表所用数据均来自历年《上海统计年鉴》，下同。

伴随改革开放的推进，在计划经济体制的余温和保供的要求下，自1978年，上海作为1100万人规模的港口贸易城市，其人口保持着相对稳定的增长

---

① http：//www.shanghai.gov.cn/nw2/nw2314/nw2319/nw10800/nw11407/nw12941/u26aw1100.html.

② 本文所有年度社会、经济、环境、能源数据均来自1981~2017年《上海统计年鉴》，下同。

③ 本文GDP相关数据均采用1978年可比价计算，下同。

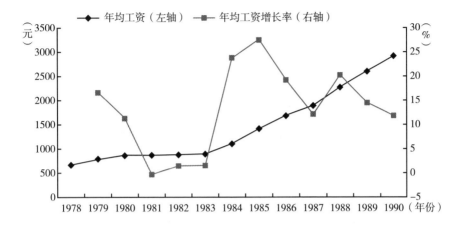

图2　1978～1990年上海职工年均工资变化及增长率

（见图3）。1978年上海市常住人口为1104万人，到1990年为1334万人，城市化率为67.4%。户籍人口是上海人口的主力，这一阶段上海的外来人口较少，1984年外来人口占常住人口比重只有1%；到了1990年外来人口比重也只有3.8%。

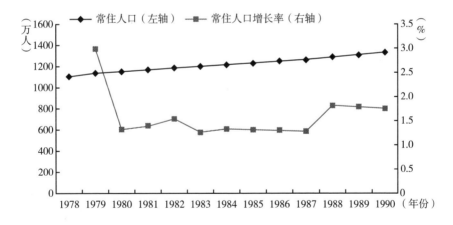

图3　1978～1990年上海常住人口变化及增长率

作为国家确立的工业城市，上海1978～1990年的工业相当发达，不论从工业的增加值还是从业人员数量看，工业已然是上海产业结构中的主导产业，农业的比重有所下降，第三产业中商业所占比重较大，但金融业、交通运输业尚未发展起来，其产业产值和从业人员所占比重较小（见图4）。

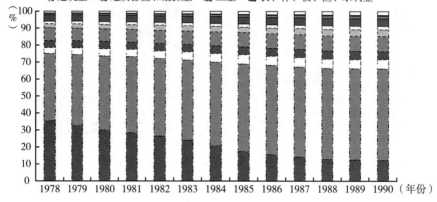

图4 1978～1990年上海各行业从业人员结构

2. 能源与环境压力

以工业为主导的产业加上粗放的经济发展模式，上海这一时期的工业能耗相当高。1980年上海工业能耗占全市能耗总量的77.2%，其中工业用电量占全市用电总量的50%，到1990年上海工业能耗总量仍占全市能耗总量的76.4%，工业用电量占全市用电总量高达83.5%。在能源强度方面，上海工业能耗强度较高，1978年达7.86吨/万元，高于全市能源强度平均水平，1990年下降至5.04吨/万元，但高于全市能源强度平均水平（见图5）。按能源品种划分，在能源消费结构方面，1990年之前，上海的原煤、焦炭等固体传统燃料占主要能源消费品种的46%以上。

由于环境基础设施投入受制、经济结构以重化工业为主、能源结构以传统化石能源为主，上海这一阶段的污染物排放量较高，工业排放污染物成为主要污染源。在大气污染方面，工业废气中的二氧化硫（SO_2）、烟尘等主要污染物的排放量居高不下①（见图6），1990年上海工业废气中排放的

---

① 上海环保局于1983年才开始对全市大气环境进行连续性和系统性监测，因此，1983年之前的上海大气质量指数难以获得。

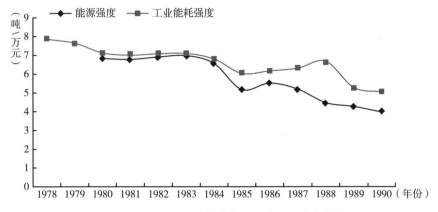

图 5　1978 ~ 1990 年上海能源强度与工业能耗强度

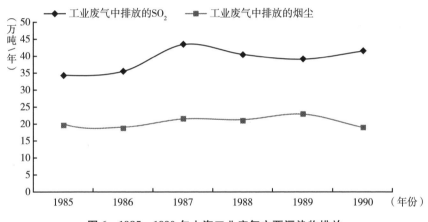

图 6　1985 ~ 1990 年上海工业废气主要污染物排放

SO_2、烟尘分别高达 41.5 万吨、18.93 万吨。在水污染方面,1985 ~ 1990 年,上海工业废水排放量年均高达 14 亿吨,其中所含重金属超标;在固体废弃物方面,1985 ~ 1987 年,上海工业固废产生量增速在两位数以上,1987 年之后,年均工业固废产生量在 1000 万吨以上(见图 7)。

此外,1978 ~ 1990 年上海市区绿化覆盖率均值不到 10%,市区人均公共绿地面积不到 1 平方米(见图 8)。

3. 单纯产品生产的节能环保产业形成最初的环保市场

工业的高能耗、高排放导致城市污染越来越严重,人们的生活质量日益

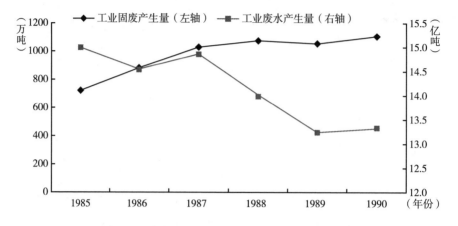

图7　1985~1990 年上海工业固废与工业废水产生量

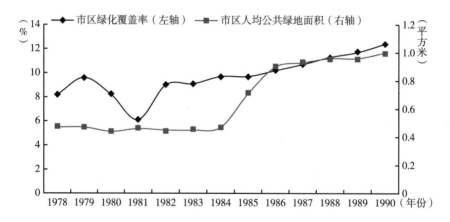

图8　1978~1990 年上海市区绿化覆盖率和市区人均公共绿地面积

下降，农业生产等受到严重影响，急需环境污染的末端治理手段来处理当时的环境问题，化解上海市政府环保压力并还清历史欠账。因此，这一阶段，上海以消除工业企业烟尘、废水重金属污染为环境治理抓手，开始重视传统意义上的城市环境管理服务事业，城市对节能环保产品和服务的需求已经凸显。然而，1978~1985 年，由于节能环保产品和服务的供求双方多是国有企业、事业单位，环保工程多以事业方式开展，基于市场的环保产业形态尚未形成。

　　但到了 20 世纪 80 年代中期，随着上海改革开放的步伐加速，大量中小型民营企业开始出现，节能环保产品研发、生产、工程建设、科技咨询服务等出现明显的专业化分工特征。这些专业化分工与传统的城市环境管理服务相结合，形成类似其他市政管理服务的新型节能环保产品服务外包，如节能环保产品生产、技术研发与科技咨询服务、污染治理工程、资源回收利用、垄断化环境设施运营管理等多领域的节能环保产业。从内容特征上看，处于起步阶段的节能环保产业主要局限于产品生产领域，对于节能环保服务，由于其市场化水平较低，尚未形成行业规模。20世纪80年代末，上海环境污染治理工作集中在水、大气、噪声、固体废弃物四大领域，相应领域的环境治理装备产品生产行业也随着市场经济的开发实现了长足发展，产品市场规模逐渐扩大，上海节能环保产业达到了5亿元的年产值。同时，上海这一阶段的水环境保护政策，即在黄浦江上游实行污染物总量和浓度双控管理为水资源保护市场化机制——排污权交易机制的构建奠定了基础。

（二）环保产业发展缓慢，市场培育困难重重（1991~2000年）

20世纪90年代是上海真正进入自身对外开放的时期，浦东的开发开放为上海的经济注入了活力。上海社会经济的发展为环保市场的发展提供了良好的经济基础，开放的视角也让上海的环保市场内容更加丰富。

1. 社会经济特征

为了能够获得更多资金来更新城市基础设施，上海通过将闵行、浦东地区土地使用权出让这一市场机制来增加财政收入，从而使其在保持经济高速增长（见图9）的同时地方财政收入也大幅增长。1991年上海财政收入增长率为5.11%，1995年为29%，即使在1997年受到亚洲金融危机的影响，上海2000年的财政收入增长率仍保持在15%之上。从全市工资水平来看，这一时期上海职工年均工资增长率在1992年出现了一个大幅提升但是到1996年开始回落，同样经历了一段通货膨胀时期（见图10）。

在国家对于上海"一龙头、三中心"[①] 城市功能定位下，上海吸引的大

---

① 即"长江三角洲和长江流域的龙头，国际经济、贸易和金融中心"。

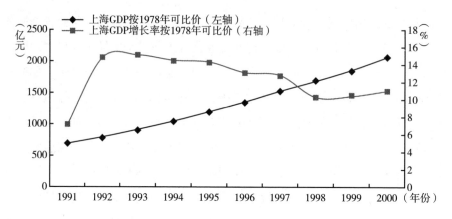

图9　1991～2000年上海GDP变化及增长率

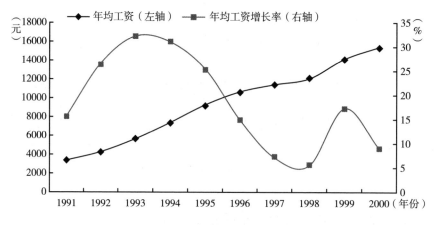

图10　1991～2000年上海职工年均工资变化及增长率

量来沪工作、创业的外来青壮年人口成为城市新增劳动资源的主要来源①（见图11），不仅为上海的经济增长增添了活力，也推进了上海的城市化进程，这一阶段，上海的城市化率不断提高，从1991年的67.6%上升到2000年74.6%。

这一阶段，由于上海经济总量高速增长，其第二产业中的工业、建筑业增加值保持一定的增量，第三产业增加值占比迅速上升（见图12），1999

---

① 叶妮：《基于人口—产业—能源耦合的上海能源需求研究》，硕士学位论文，复旦大学人口学专业，2012。

图11　1991～2000年上海户籍人口与外来人口数量变化

年上海实现了第三产业增加值超越第二产业的结构性转换，第三产业增加值占比为51%，成功取代第二产业的主导地位，成为上海经济增长的核心力量，从而确立了上海以第三产业为主，第一、第二产业为辅的经济发展模式。第三产业的发展有利于上海产业向低能耗、低排放产业结构转型。

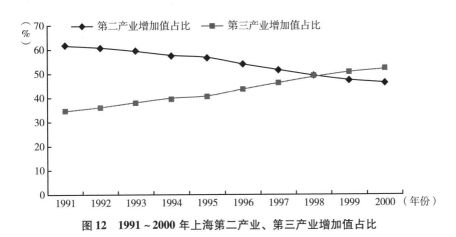

图12　1991～2000年上海第二产业、第三产业增加值占比

2. 能源与环境压力

这一段时期，虽然上海的社会经济获得了高速发展，产业结构也呈现出第三产业发展的低能耗、低排放的优势，但不断积聚的人口和较高的城市化率也催生了一些破坏生态环境的城市病。2000年，上海的汽油、煤油、柴油等燃料油消费比重首次超越固体燃料消费比重（见图13）。其重要原因是这一阶段上海市各项交通客货运周转量呈现大幅提升（见图14），交通能耗大幅增加。交通能耗的大幅增加部分抵消了产业结构升级和能源结构变化带来的污染物减排效应。上海的能耗以及与之密切相关的城市二氧化碳排放总量和人均排放量的增长趋势不断显现出来，2000年上海市能源消费产生的二氧化碳（CO_2）排放总量已经达到12100万吨（含电力碳排），人均 CO_2 排放量达到7.5吨/人（见图15）。

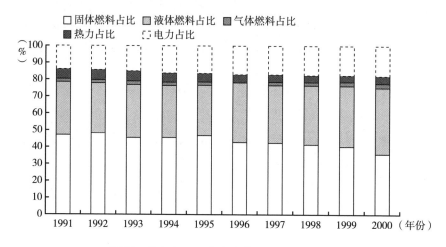

图13　1991～2000年上海主要品种燃料占比

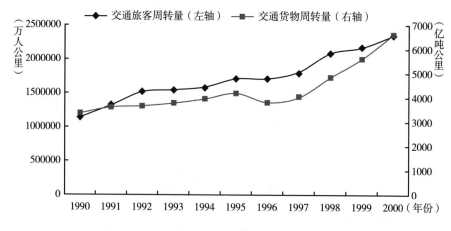

图14　1990～2000年上海交通客货运周转量变化

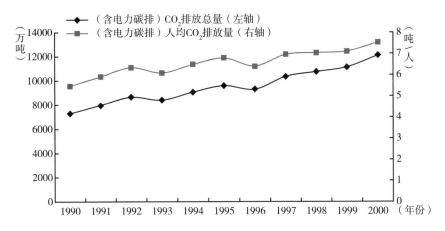

图15　1990～2000 年上海 CO_2 排放总量与人均 CO_2 排放量（含电力碳排）

　　这一阶段，上海分领域环境问题仍主要集中在工业排放污染。其中大气环境污染源主要来自燃煤烟尘、工业废气以及汽车尾气，主要污染物为二氧化硫和悬浮颗粒物，煤烟尘、酸雨等污染特征最为突出（见图16、图17）。水环境污染方面，20 世纪 90 年代中期，上海年均工业废水排放量占全市废水排放总量的 50% 以上（见图18），且废水中污染物化学需氧量排放在 30 万吨以上。在"退二进三"的产业结构调整和倡导"源头治理"与循环经济的环境战略背景下，工业固废产生量在这一阶段保持相对平稳的增长，甚

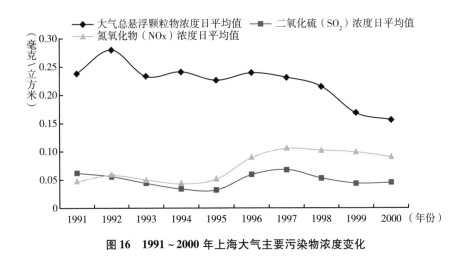

图16　1991～2000 年上海大气主要污染物浓度变化

至在 1995 年后出现过负增长，而城市垃圾产生量增长幅度变动较大，且人均日产垃圾量（含建筑垃圾）增长率一直为正（见图 19）。

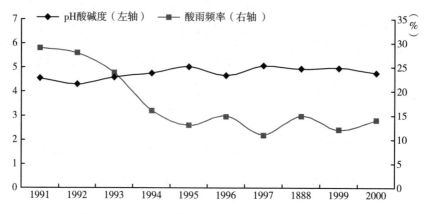

图 17　1991～2000 年上海降水 pH 酸碱度与酸雨频率

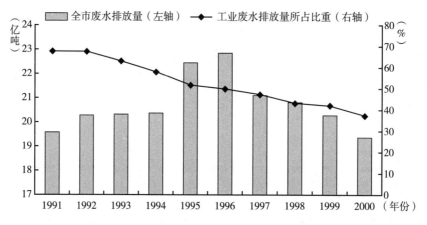

图 18　1991～2000 年上海全市废水排放量与工业废水排放量所占比重

3. 本地市场空间局限与建设滞后，环保产业发展缓慢

上海抓住申办 2010 年世博会的机遇，借此机会对城市卫生、生态环境进行更新、提升。20 世纪 90 年代末，上海环境治理工程以苏州河治理为典型代表开始快速膨胀，但本地环保市场的空间局限性开始凸显，因此，大型工程企业开始寻求新的发展，如在长三角洲等地区开拓市场。这一时期上海转变环境治理战略，注重环境污染源头治理，在大气环境治理方面更加关注

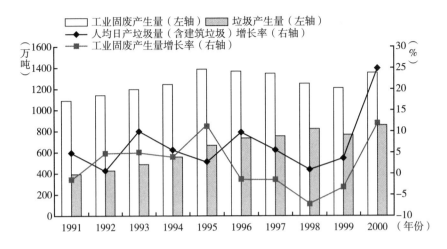

图 19　1991～2000 年上海工业固废、垃圾产生量及增长率

能源效率和能源结构，从燃煤电厂脱硫工程入手，加强 SO_2 污染防治工作力度；在水环境治理方面更加关注苏州河上游来水治理和桃浦工业区污水厂建设、松江污水控制工程。但在垃圾处理方面，1999 年上海生活垃圾处置能力仍存在 170 万吨的缺口。为尽快解决垃圾临时堆场问题，避免新的存量垃圾产生，上海加大环境整治力度，通过规范化的设施建设，环卫收运处置能力建设有了明显的提升。在环保市场建设方面，1998 年，由上海市环保局和虹口区政府共同创办的环保市场开业，这是中国第一家高规格、多功能、多元化的环保专业市场①，根据上海环保"九五"计划，上海每年对环保产业的需求超过 100 亿②。然而，即使在如此巨大的市场需求下，上海的环保产业经历了十多年的发展仍面临着重重困难。一是环保产业规模偏小，技术含量低。首先，从这一阶段的环保投资来看，全市的环保投资不到 GDP 的 3%（见图 20）；其次，从环保事业单位的从业人数来看，1991～2000 年环保从业人员数量年均仅 1 万人左右，1997 年的一份上海环保调查数据显示，全市 572 家环

---

① 王乃敦、刘正坤：《上海环保市场开业》，《中国环保产业》1998 年第 1 期。
② 张龙：《市政府批准实施〈上海市环境保护"九五"计划和 2010 年远景目标〉》，《上海环境科学》1998 年第 4 期。

保企业中没有一家企业产值过亿[1]；最后，从整个环保产业来看，上海市场上普遍存在环保产品质量差、产品单一、人员素质低、经济效益差等情况，在全国市场上处于竞争劣势。二是环保市场建设滞后。虽然上海的第三产业获得了突飞猛进的发展，其要素市场建设走在全国前列，但是专业的环保产品和服务的市场却尚未建立，环保产品和服务多为建筑、商业、卫生服务附属商品。好的环保产品、服务、项目找不到好客户，客户也很难找到专业的环保产品供应商，导致环保交易成本高，许多企业存在环保重复建设。三是环保产品服务标准化程度低，大量非标的环保产品充斥着规模较小的零售市场。四是环保市场缺乏统一的宏观管理机构。虽然上海为了规范环保市场，制定了一系列管理办法，比如环境工程类的设计证书管理办法、环保产品认定制度等，但针对环保市场上的不同行业和所有制环保企业，上海环保局、发改委、科委、经委、农委都有相应的管理权，因此，当时的上海环保产业存在多头管理的乱象。而在环保市场上工商管理局因环保行业标准欠缺无法对环保产品和服务交易价格及可能存在的欺诈行为进行有效管理。此外，由于环保专业人才缺乏、融资机制缺失，上海环保市场的产研转换率较低。[2]

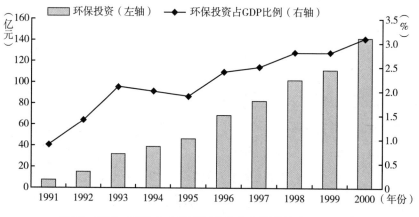

图20　1991～2000年上海环保投资与环保投资占GDP比例

---

①　苏春光：《上海环保支柱产业的现状及发展》，《上海经济研究》1997年第11期。
②　苏春光：《上海环保支柱产业的现状及发展》，《上海经济研究》1997年第11期。

（三）环保产业跨越式发展：环保市场超常规发展（2001 ~ 2010年）

21世纪第一个十年里，上海"四个中心"的城市功能更新定位和世界博览会的举办使得上海社会经济水平、开放程度迅猛提升，这为繁荣上海环保市场打开一扇门。

1. 社会经济特征

进入21世纪，上海的经济获得突飞猛进的发展，上海市2010年的GDP是2001年的3倍，这十年上海的GDP增速基本保持在10%以上，即使在2008年遭遇因美国次贷危机而导致的全球金融危机，使2009年GDP增速受挫下降至8.4%，到2010年上海的GDP增速恢复到10.2%（见图21）。与此同时，2001年《上海市城市总体规划（1990~2020年）》明确了上海建设"四个中心"和社会主义现代化国际大都市的总体目标，2002年，上海正式获得2010年世博会举办权，这一切都为上海高质量发展指明了方向。此外，新世纪上海财政收入大幅增加，增速一度超越30%（见图22），这为城市环境基础设施建设和各项环境污染治理奠定了良好的经济基础。

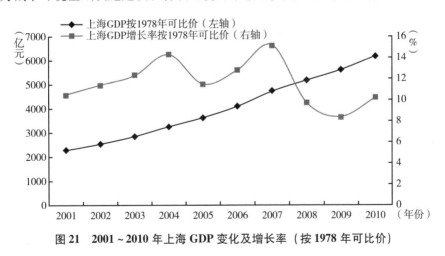

图21　2001~2010年上海GDP变化及增长率（按1978年可比价）

在人口压力方面，到2010年，上海市常住人口已经增长到2302万人，相比改革开放之初人口规模实现了翻番，成为一个真正的热岛城市，此时上

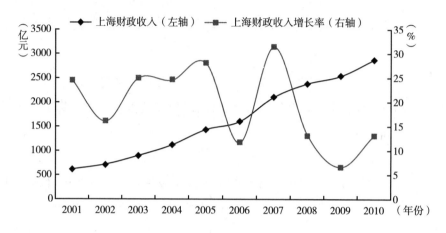

图22 2001~2010年上海财政收入变化及增长率

海的城市化率已经高达88.9%。大量的外来人口也成为上海第三产业发展的主要人力资源保障（见图23）。

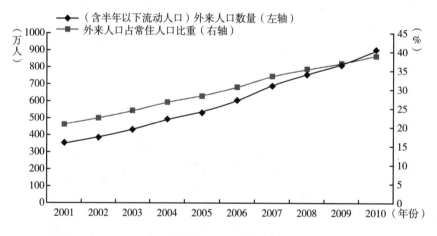

图23 2001~2010年上海外来人口数量与外来人口占常住人口比重

进入第三阶段，上海的产业结构在"四个中心"战略指导下，逐渐形成了以经济、金融、航运和贸易等为核心的现代服务业体系。到2010年，上海的第三产业产值占比达到了57.03%，第二产业产值占比下降到42.31%；从分行业的从业人员数量上也凸显了这一特征（见图24），以服务经济为主的产业结构为上海低碳发展和"两型社会"构建提供了良好的基础。

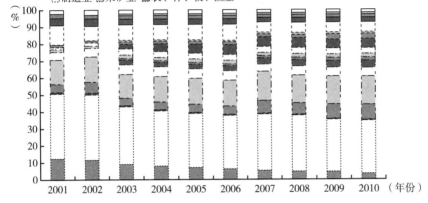

图例：
□公共管理、社会保障和社会组织 ■文化、体育和娱乐业
■卫生和社会工作 ■教育 □居民服务、修理和其他服务业
■水利、环境和公共设施管理业 ■科学研究和技术服务业
■租赁和商务服务业 □房地产业 ■金融业
■信息传输、软件和信息技术服务业 ■住宿和餐饮业
□交通运输、仓储和邮政业 ■批发和零售业
■建筑业 ■电力、热力、燃气及水的生产和供应业
□制造业 ■采矿业 ■农、林、牧、渔业

图24　2001～2010年上海各行业从业人员结构

2. 能源与环境压力

在能源结构方面，分种类能源结构中原煤、焦炭等固体燃料的比重不断下降，汽油、柴油等液体燃料成为主要消费能源（见图25），2010年液体燃料占主要品种燃料的比重为46.7%，其主要原因是民用车辆拥有量的大幅增长，2010年上海民用车辆保有量达到310万辆，是2001年的3倍。而分部门能源消费结构不断优化，因能源利用效率，尤其是工业能效的提高（见图26），工业能源消费量比重不断下降，但交通运输业能源消费量比重呈现上升趋势（见图27）。

这十年，上海的环境污染治理在大气领域取得了较显著成效，2010年大气总悬浮颗粒物浓度、二氧化硫浓度下降至0.079毫克/立方米、0.029毫克/立方米，分别比2001年下降21%、33%（见图28）；但是由于全市机

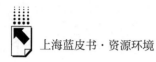
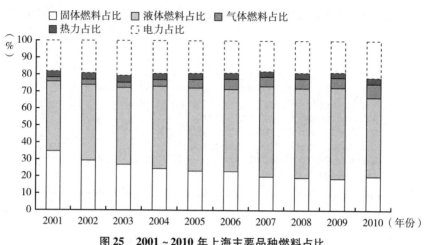

图25 2001～2010年上海主要品种燃料占比

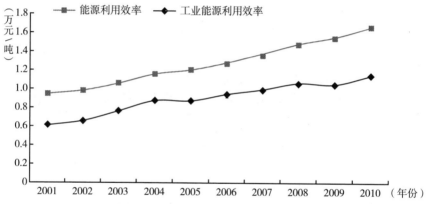

图26 2001～2010年上海能源利用效率与工业能源利用效率

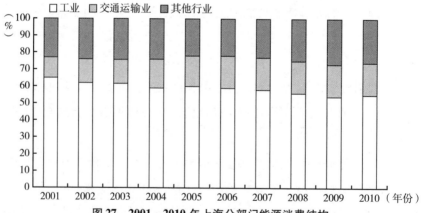

图27 2001～2010年上海分部门能源消费结构

动车数量增加，大气中一些污染物如 NO_x、NO_2、CO 的浓度居高不下（见图29），同时，传统大气环境问题，除酸雨污染外，烟尘、降尘等污染风险相对下降（见图30）。此外，$PM_{2.5}$、挥发性有机物、臭氧、恶臭等新型大气环境问题却凸显出来。

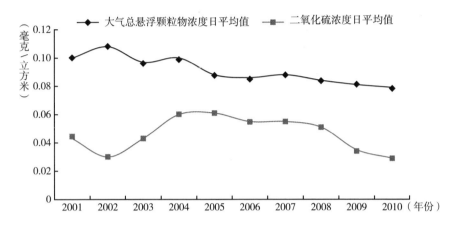

图28　2001～2010年上海污染物大气总悬浮颗粒物、二氧化硫浓度变化

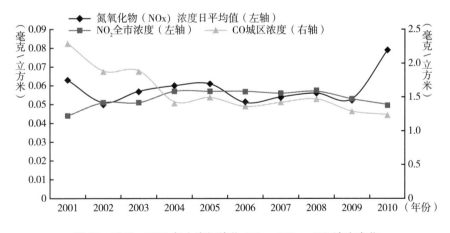

图29　2001～2010年上海污染物 NOx、NO_2、CO 浓度变化

在水污染治理方面，上海延续上一阶段的工作继续削减工业点源污染，工业废水排放量和工业废水中的化学需氧量（COD）排放量迅速下降（见图31），从全市废水 COD 排放量与工业废水 COD 排放量相关性分析（见

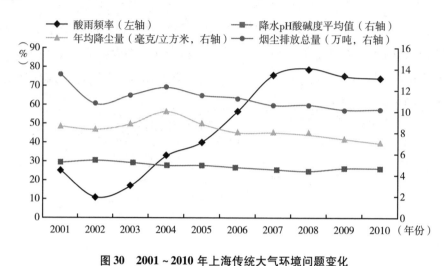

图30　2001～2010年上海传统大气环境问题变化

图32）可以看到，全市废水 COD 污染治理归功于工业废水 COD 治理。但是非工业废水排放量急速上升，到 2010 年，全市非工业废水排放量为 21.15 万吨，占全市废水排放量的 85.21%。

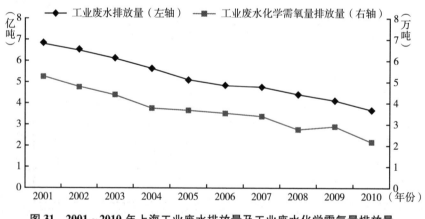

图31　2001～2010年上海工业废水排放量及工业废水化学需氧量排放量

在固废污染方面，这十年间，工业固废和生活固废排放量相对稳定（见图33）。随着老港处置场经过改造后重新投入使用，新建黎明应急堆场，以及焚烧厂的建成投产，至 2002 年时，上海生活垃圾的日处置能力为 10500 吨，分别由老港废弃物处理场的 7500 吨、黎明应急堆场的 1500 吨和

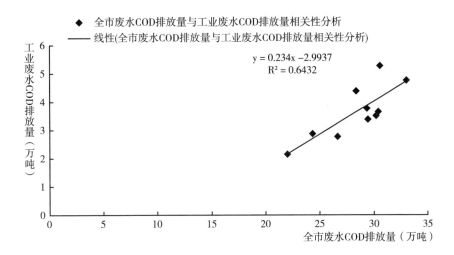

图32　2001～2010年上海全市废水COD排放量与工业废水COD排放量相关性分析

江桥与御桥两座垃圾焚烧厂的1500吨组成，但是相比于日均生活垃圾产生量，上海仍存在2295吨的缺口，需要更多市场化治理主体参与到全市固废污染治理工作中来。

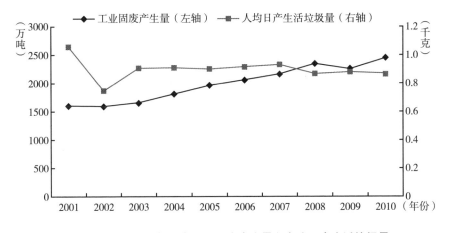

图33　2001～2010年上海工业固废产生量和人均日产生活垃圾量

3. 提供整体解决方案的环境服务逐渐成为环保市场新主角

进入21世纪，上海国民经济与社会发展"十五"规划要求将环保产业培育为国民经济的支柱产业。这是上海提高城市绿色竞争力的重要举措和环保相关产业发展的重大机遇。因为，环保产业是高辐射、低制约产业，分析上海 2007 年投入产出表，在上海市场上环保产业与化石工业、金属冶炼及制品业、其他第三产业、机械工业以及自身之间具有较高的向前、向后拉动效应，即上海节能环保产业的发展对当地经济发展的拉动影响十分显著；同时，环保产业与交通运输设备制造业、文教卫生服务业具有显著的较强前向关联关系，即节能环保产业具有直接或间接的投资促进作用。[①] 这一时期，上海的环保产业进入超常规发展阶段，首先摒弃了单纯从末端治理或源头治理和以环保产品为核心的环保产业商业模式；其次，为了适应 2009 年提出将上海打造成"四个中心"[②] 和顺利举办 2010 年上海世博会的要求，环保产业通过跨越式发展转变成具备全过程管理视角的环保服务产业。上海发展环保服务产业的意义包含环保产业化（污染治理产业化与生态环境产业化）与产业环保化两方面的内涵要求[③]，并开始细分为四类市场，即面向末端污染控制的市场、面向清洁生产技术的市场、面向绿色清洁产品的市场、面向环境功能服务的市场。其中面向末端污染控制市场逐渐趋于饱和，其他三类则逐步成为环保产业的主流。最显著特征是，在上海市环保产业中服务型产业的比重日益增加，设施运营和资源再生利用的技术服务的实力和市场份额均占重要地位，这在一定意义上意味着上海环保产业正处于向多样化的环保服务型产业转型的过渡阶段。这一阶段，在上海环保市场上已经出现专业地提供整体解决方案的环境污染第三方治理服务行业，上海将这些服务型环保产业集中布局，建设了相应的环保科技产业园区，通过科技、产业、资金、政策的高度整合，推进上海环境保护相关产业的跨越式发展。

与此同时，这一阶段上海已经实施了 4 轮环保三年行动计划，为推进二

---

① 栾贵勤、欧东旭、陈文巧：《上海节能环保产业对国民经济影响分析》，《科技与经济》2013 年第 6 期。
② "国际经济中心、国际金融中心、国际贸易中心、国际航运中心"，出自《上海市城市总体规划（1999~2020 年）中、近期建设行动计划》。
③ 诸大建、戴星翼：《超常规发展上海的环境产业》，《上海改革》2002 年第 4 期。

氧化硫削减战略和重点流域水污染治理工作，这两方面的市场需求越来越大，资金投入也随之增强。具体情况如图 34 所示。

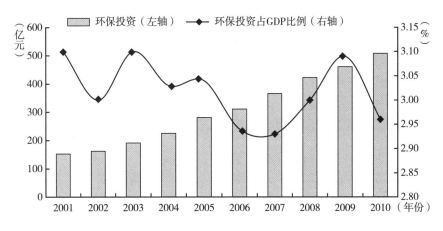

图 34　2001~2010 年上海环保投资与环保投资占 GDP 比例

通过分析 1995~2012 年上海环保产业发展影响因素发现，影响上海环保产业发展的主要因素是第二产业 GDP、进出口总额、废水排放总量这三个指标。[1] 这也间接说明上海环保市场供给受资金投入、环保技术和设备先进水平的影响，上海的环保市场需求更多地集中在水污染治理领域。2009年，上海开始推行饮用水源保护区生态补偿机制，但以行政转移支付手段为主，不涉及市场化的交易。

（四）环境治理市场化机制和绿色金融创新：市场可持续发展（2011~2020年）

进入 21 世纪第二个十年，上海正朝着实现"四个中心"和社会主义现代化国际大都市目标继续深化。然而，高速的经济增长模式已经不适合上海成为全球城市这一更高目标，换挡、稳增长成为这个时期上海经济发展的关键词。

---

① 欧东旭、陈文巧：《上海节能环保产业发展影响因素分析及预测》，《资源开发与市场》2014 年第 7 期。

与此同时，国际上对于温室气体减排的呼声越来越强烈，上海在环境污染治理过程中需要和全球城市共同应对气候变暖的挑战。因此，落实排污许可证管理制度，推进试点碳交易、排污权交易，发展应对气候变暖的适应和减缓技术，并创新市场化环境治理机制和绿色金融是上海环保市场可持续发展的动力。

1. 社会经济特征

2011 年，上海进入后世博时代，全市的 GDP 增长率和人均 GDP 增长率趋向平稳，2016 年都在 7%（按 1978 年可比价计算）左右（见图 35）。告别以往经济高速发展期，这一阶段，上海作为"一带一路"倡议（2013 年提出）、长江经济带战略（2016 年确定）的桥头堡、龙头城市，以及自由贸易试验区（2013 年成立）试点城市，需要以创新的发展模式来实现其未来发展目标。因此，为了适应稳增提质的经济发展"新常态"，2018 年上海政府在原有"四个中心"城市核心功能定位的基础上增加一个"科创中心"，变成"五个中心"定位。同时，上海需要构筑四个战略优势，形成"上海制造""上海服务""上海购物""上海文化"四大品牌。

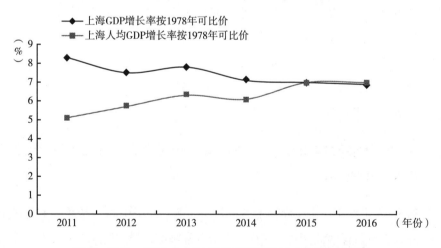

图 35　2011～2016 年上海 GDP 增长率和人均 GDP 增长率

在人口规模控制方面，2017 年，国务院批复同意新的《上海市城市总体规划（2017～2035 年）》，提出"坚持规划建设用地总规模负增长，牢牢守住人口规模、建设用地、生态环境、城市安全四条底线……到 2035 年，上海市常住人口控制在 2500 万左右"①。这一政策结束了上海外来人口迅猛增长的时代，2011～2016 年，上海每年外来人口规模占常住人口比重一直维持在 40% 左右（见图 36）。在产业结构优化方面，上海依托自贸试验区和科创中心两大战略，努力营造法治化、国际化、便利化的营商环境，吸引和发展质量高、效益好、绿色、可持续的产业；同时，积极培育战略型新兴产业，在产业部门、项目准入、商业模式等方面加强统筹。从各行业从业人员数量占比看，环境管理服务业从业人员明显增加，2016 年该行业从业人员数量占第三产业的 2.4%。

图 36　2011～2016 年上海外来人口数量与外来人口占常住人口比重

2. 能源与环境压力

通过产业结构调整、能效提升、需求侧管理（如合同能源管理）等多方面举措，上海能源消费总量增长明显放缓。上海抓住能源供需矛盾趋缓、清洁能源供应充足和新能源政策集中出台的有利时机，大力推进能源结构调整。其中，煤炭占一次能源消费比重下降约 14%，天然气、外来电、本地非化石能源消费比重分别提高约 4%、6%、0.5%②。但是，上海市碳排总量和人均碳排量仍在不断增长（见图 37），2016 年人均 CO_2 排放量高达

---

① 国务院：《国务院关于上海市城市总体规划的批复》，《城市规划通讯》2018 年第 1 期。
② http：//www. shanghai. gov. cn/nw2/nw2314/nw2319/nw12344/u26aw51932. html.

10.54 吨/人（含电力碳排），温室气体减排压力较大。同时，上海的交通运输业能源消费量不断上升（见图38），2016年交通运输、仓储和邮政业能源消费量占比上升至20%，而且其能耗强度远超第三产业平均能耗强度并远高于全市平均水平0.42吨/万元，也高于工业能耗强度0.79吨/万元。

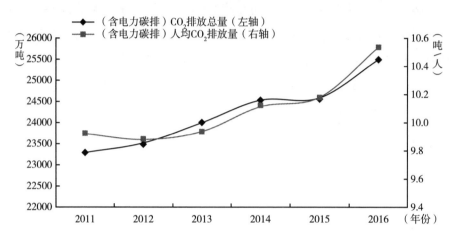

图37　2011～2016年上海 CO_2 排放总量和人均 CO_2 排放量（含电力碳排）

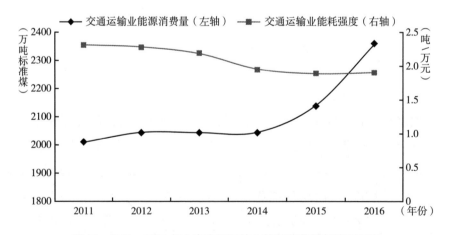

图38　2011～2016年上海交通运输业能源消费量与能耗强度

在环境污染治理方面，经过第五、第六轮环保三年行动计划，上海的传统大气环境问题得到较好治理，大气环境质量得到了明显改善。但是，新的大气环境治理挑战持续增加。PM$_{2.5}$及主要由其造成的雾霾成为现阶段上海较为严重的大气环境问题;上海部分地区由于垃圾处置量增长和处置设备管理不善,恶臭扰民投诉不断;在夏天高温条件下,臭氧污染已然成为常态。从2013年开始,上海采用新的大气污染物指标后,环境空气质量优良率明显下降(见图39),2016年全市环境空气质量优良天数仅为276天,当年环境空气质量优良率为75.4%。在水环境改善方面,上海市水环境质量稳中有进。2011~2017年的《上海市环境状况公报》显示:2011~2013年通过对全市15个区县42条河道共计58个断面的水环境质量考核,水质总体与上年持平,郊县水质好于中心城区。2014~2017年,黄浦江、苏州河、长江口等重点河道的水质亦呈现持续改善趋势(见表1)。

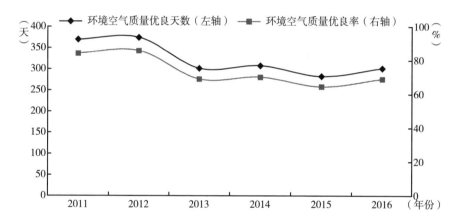

图39 2011~2016年上海环境空气质量优良天数和环境空气质量优良率

表1 2014~2017年上海重点河道水质情况

年份	河道	水质类别					主要污染物较上年变化	
		Ⅱ类	Ⅲ类	Ⅳ类	Ⅴ类	劣Ⅴ类	氨氮	总磷
2014	黄浦江6个断面	0	1	5	0	0	降20.2%	降6.3%
	苏州河7个断面	0	0	0	0	7	降25.6%	降10.7%
	长江口7个断面	0	7	0	0	0	降41.7%	持平
2015	黄浦江6个断面	0	3	3	0	0	降16.7%	降14.9%
	苏州河7个断面	0	0	0	0	7	降27.7%	持平
	长江口7个断面	0	7	0	0	0	降21.6	持平

续表

年份	河道	水质类别					主要污染物较上年变化	
		Ⅱ类	Ⅲ类	Ⅳ类	Ⅴ类	劣Ⅴ类	氨氮	总磷
2016	黄浦江 6 个断面	0	6	0	0	0	降28.6%	降22.3%
	苏州河 7 个断面	0	0	0	1	6	降27.1%	降44.2%
	长江口 7 个断面	4	3	0	0	0	升7.2%	降16.6%
2017	黄浦江 6 个断面	0	5	1	0	0	降38.0%	降6.7%
	苏州河 7 个断面	0	0	0	3	4	降15.9%	持平
	长江口 7 个断面	0	7	0	0	0	降19.4%	升19.7%

资料来源：2014～2017 年《上海市环境状况公报》。

3. 市场化机制和绿色金融服务助力环保市场可持续发展

这一阶段，上海注重通过制度建设和市场机制推进环境污染治理，在水污染治理方面，突出表现在生态补偿机制的落实，但仍以纵向的转移支付手段为主（见表 2），多元主体的市场化生态补偿机制，如环太湖、沿黄浦江水权交易在上海环保市场上尚未正式建立。但是，为防范环境污染突发事件造成生态环境破坏，上海保险业早在 20 世纪初就试点环境污染责任保险业务，但是在市场推广过程中，由于损失保险范围存在争议，缺乏科学的事后评估机制和法律标准，市场接受度较低。2013 年，国家环保部和保监会联合出台环境污染强制责任保险试点工作的指导意见，并在包括上海在内的 15 个试点省市重金属和石油化工等高环境风险行业推行环境污染轻质责任保险。

表 2　饮用水源保护区生态补偿

年份	市级财政拨付的补偿资金（亿元）	在一般公共预算收入中占比（%）
2011	6.3	0.18
2012	6.3	0.17
2013	6.3	0.15
2014	6.3	0.13
2015	7.4	0.13
2016	8.8	0.14
2017	9.75	0.25

资料来源：上海市水务局信息公开；《上海统计年鉴 2017》。

但是，如同市场化生态补偿机制一般，环境污染强制责任保险市场的发展，需要明确界定责任主体、赔偿标准、赔偿方式等一系列法律要素，上海环境保险市场的准备尚未充分。

在全球应对气候变暖的背景下以及国际气候谈判推进下，中国积极减排温室气体的压力传导到定位为全球城市的上海。作为超大型城市之一，针对CO_2这一主要温室气体减排，2011年上海已然成为我国7个碳排放交易试点城市之一。同时，中国政府承诺，到2017年将排污权交易方案推向全国[①]。上海在2008年建立了能源环境交易平台（其实体为"上海能源环境交易所"，简称"环交所"），开始酝酿和筹备建设碳现货交易市场和排污权交易市场，并于2012~2014年出台一系列先行政策制度文件支持上海碳交易市场的运行和管理，包括《上海市2013~2015年碳排放配额分配和管理方案》《温室气体排放核算方法与报告指南（试行）》《上海市碳排放核查第三方机构管理暂行办法》《上海市碳排放核查工作规则（试行）》等。2014年，上海环交所出台了碳排放交易机构投资者准入规则[②]。截至2017年，上海环交所已经引入近300家机构投资者入市。2016年12月，上海碳配额远期交易作为全国首个采用中央对冲清算模式的碳金融衍生品试运行正式启动。自此，上海碳市场中形成两类交易产品，分别为现货产品（包括上海市碳排放额，简称"SHEA"；中国核证资源减排量，简称"CCER"）与远期产品（上海碳配额预期，简称"配额远期"，产品代码为SHEAF，目前共有8个协议产品）。从2013年1月26日至2017年12月31日，上海碳市场共运行935个交易日，SHEA与CCER现货累计成交8887.47万吨（见表3）。配额远期协议成交41706个，成交量为417.07万吨。2017年，上海碳市场现货交易良好运行，现货产品总成交量位居全国9个碳市场首位；配额远期交易由于2017年1月12日才正式上线，2017年上半年较活跃，下半年由于全国市场政策不明确、交投逐渐清淡（见表4）。在除了碳排交易之

---

① http：//zmjzzx. mca. gov. cn/article/xwzx/zcfg/201701/20170100888474. shtml.

② http：//www. cneeex. com/detail. jsp？main_ colid = 222&top_ id = 218&main_ artid = 6773.

外的排污权交易市场方面，虽然上海于2013年开放了排污权交易平台并制定了试点方案，截至2015年底，尚未有排污权交易①。

表3　2017年上海碳市场现货交易统计

交易品种	交易方式	2017年		2013~2017年	
		成交量（万吨）	成交额（万元）	累计成交量（万吨）	累计成交额（万元）
SHEA	挂牌交易	246.18	8581.06	936.25	20977.99
	协议转让	750.21	14607.09	1757.51	22196.05
	小计	996.39	23188.15	2693.76	43174.04
CCER	挂牌交易	9.19	161.69	1950.20	34263.75
	协议转让	2591.40	4827.39	4243.51	13772.53
	小计	2600.59	4989.08	6193.71	48036.28
合计	挂牌交易	255.37	8742.74	2886.44	55241.74
	协议转让	3341.61	19434.48	6001.02	35968.58
	小计	3596.98	28177.22	8887.46	91210.32

资料来源：《上海碳市场报告2017》。

表4　2017年上海碳市场远期交易统计

产品号	协议号	协议个数（个，双边）	成交数量（吨，双边）	成交额（万元）	备注
SHEAF	SHEAF022017	1340	134000	423.20	于2107年2月23日下线
	SHEAF052017	3274	327400	1019.86	于2107年5月24日下线
	SHEAF082017	15180	1518000	5548.14	于2107年8月25日下线
	SHEAF122017	14508	1450800	5400.92	于2107年11月24日下线
	SHEAF022018	2800	280000	1106.00	—
	SHEAF052018	2800	280000	1134.00	—
	SHEAF082018	—	—	—	—
	SHEAF112018	—	—	—	—
合计		39902	3990200	14632.12	—

资料来源：《上海碳市场报告2017》。

与此同时，碳减排、污染物减排服务已经成为上海环保市场上重要的新兴环保服务行业。这一行业为环境污染治理细分领域提供专业的整体解决方案，通过采用不同商业模式催生出合同能源管理、合同环境服务、能源管

① 《排污权交易"试水"近十年叫好不叫座》，《工人日报》2016年6月15日。

家、环境治理超市等第三方治理服务新业态，从而逐渐取代单纯的环保产品生产、技术服务、咨询服务等行业，成为环保市场的新生力量。2017年初，上海环保市场中涉及环境污染第三方治理环保企业约有350家，以小微企业为主，大型企业仅有3家，服务领域主要集中在大气和水环境污染治理细分领域（见图40），且这两个细分市场的行业集中度最高（见图41）。

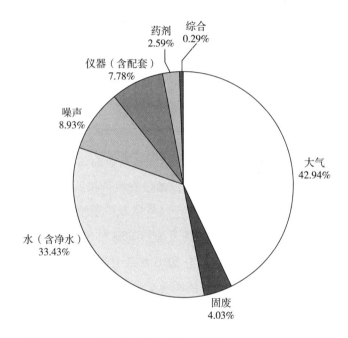

图40　2017年上海环境污染第三方治理企业细分领域分布

资料来源：上海工业环保协会。

伴随着上海碳交易现货市场的逐渐成熟，碳配额远期作为金融市场在绿色领域的重要尝试与其他金融产品一样成为碳市场参与主体分散交易风险、套期保值、规避市场风险的重要金融工具。自碳金融产品相继开发后，以国泰君安、兴业银行、上海银行、建设银行、上海清算所为代表的金融机构以投资方、结算方、清算方等形式更多地参与到交易中，为上海碳市场注入活力。而环境污染第三方治理市场的培育，既需要治理技术创新，也需要商业模式的创新来降低绿色技术创新服务所需的高成本投入，从而激发市场交

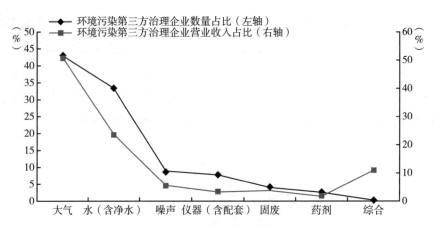

图41　2017年上海环境污染第三方治理企业细分领域集中度

资料来源：上海工业环保协会。

易主体的积极性。那么，环境第三方治理服务商业模式创新也需要来自金融机构对环保产业投融模式的创新支持，如融资租赁模式、PPP项目融资等，同时需要绿色金融自身的创新，如发行绿色债券、发放绿色项目贷款等来支持环境第三方治理服务市场的可持续发展。上海在建设国际金融中心过程中，得益于战略定位的先发优势，于2016年3月试点开展绿色公司债券发行。上海清算所高度重视绿色债券的同业交流与市场培育，为绿色债券市场的发展提供了相关配套服务。同时，各大银行也相应发行了绿色金融债券并配套绿色信贷业务，如上海浦发银行，2016年首次发行规模为200亿元、债券期限为3年、年固定利率为2.95%的绿色金融债券[1]；工行上海分行，截至2017年末，在绿色经济领域的贷款余额超过200亿元[2]；交通银行上海分行2017年进一步加大对节能环保产业、工业绿色转型升级等重点领域客户和项目的支持力度[3]；上海银行近年来也创新绿色金融产品和服务，推广合同能源贷、上海市分布式光伏"阳光贷"等产品，积极参与世界银行

①　浦发：《上海浦发银行首发绿色金融债券》，《上海节能》2016年第3期。
②　工行：《工行上海分行绿色金融"贷"动绿色发展》，《上海节能》2018年第1期。
③　交行：《交通银行上海分行积极推进绿色金融发展》，《上海节能》2017年第4期。

"上海低碳城市示范项目"建设等，以具体实践促进绿色发展，打造绿色银行①。此外，沪上多家企业也参与了绿色金融创新。例如，2015年，亿利资源集团与上海浦东新区人民政府合作成立"绿丝路基金"，创新构建绿色产融网②。2016～2017年申能财务公司与财政部CDM中心（即清洁发展机制委托贷款基金中心）合作，为上海清洁能源服务项目、新能源服务项目等8个项目申请委托贷款，贷款利率比人民银行发布的同期基础利率低15%左右，未来申能财务公司将绿色贷款业务拓展到整个上海自贸区，并创新自贸区绿色金融债③。2017年3月，陆家嘴金融城绿色金融平台在党中央的关注下正式揭牌，这一平台成为上海自贸区绿色发展的新动力。上海自贸区通过区内金融机构不断创新绿色金融服务产品，发展国际绿色金融市场，尤其是碳金融市场，为上海国际金融中心打造"绿色品牌"。

二　新时代上海环保市场发展面临的挑战

进入新时代，上海的环保市场继续朝着可持续方向发展，但在全球经济增长放缓、国际贸易市场动荡的背景下，中国经济的稳速换挡对上海环保市场的发展产生了较大的冲击。如何提升上海环保市场绩效，如何保持环保产业的可持续发展，仍需解决市场发展所面临的四大挑战。

（一）环保法规执行与市场监管不严，环保市场需求不足

作为国际性大都市，上海的环境污染问题主要集中在水、大气、固废（包括建筑、生活垃圾与危废）、噪声、监测技术领域，这五个领域的环保市场发展空间巨大。但是，由于自然资源利用与生态环境保护涉及多个政府管理部门，在执行相关环保法律法规时存在交叉、重叠等管理问题，环境污染治理需求主体存在有法不依现象，这在中央对上海进行环保督察时集中反

---

① 浦东：《上海银行积极打造绿色银行》，《上海节能》2017年第11期。
② 孙萌、宾建成：《上海自贸区绿色金融发展的对策探讨》，《上海节能》2017年第11期。
③ 金琳：《申能财务公司绿色金融创新》，《上海国资》2016年第11期。

映出来。如在水污染防治领域，国家水污染防治行动计划要求城镇污水设施于 2017 年前全面达到一级 A 排放标准，但上海出台的实施方案将完成时间推迟到 2020 年底，使城市污水厂提标改造工作需求滞后。又比如，中央环保督察期间发现上海水务部门未按照国家对油墨、淀粉、纺织染整等行业企业向公共污水处理系统排放的执行标准核发排污许可证，致使有排污许可证的企业不愿增加环保产品和服务的投入，提升其环保污染治理水平。同时，环保部门对上海市参差不齐的环保技术、产品和服务质量监管不严，也导致了排污主体购买环保产品和服务的积极性降低。

（二）在公共环保市场供给方面，政府环保投入相对不足

21 世纪第二个十年，上海市政府在环保资金投入方面逐渐递增，2016 年环保资金投入达到 823.57 亿元，相当于 2011 年的 1.5 倍。但是，从国际经验来看，污染治理投入需要达到 GDP 的 1.5%，才可能实现环境质量基本不恶化；达到 GDP 的 2% ~ 3%，才能实现生态环境质量的稳定好转①。上海环保投入占本市 GDP 的比重基本在 3.0% 以下（见图 42），相对不足的环保投入不仅会影响到整个上海环保科研研发投入，也会使区县以下地方政府获取环保专项转移支付数额趋于减少，生态补偿交易机制的市场准备不够充分。

（三）环保市场缺少龙头企业，小、微环保企业融资难

上海市环境保护工业行业协会统计数据显示：2014 ~ 2016 年，上海地区从事环境污染治理企业共 347 家，营业收入总额达 150 亿元，但仅为上海年均 GDP 的 0.6%。截至 2016 年底，上海地区环境污染第三方治理规模以上环保企业共 190 家，其中营业收入总额在 5000 万以上的环保企业仅 66 家（见图 43）。从环境污染治理供给规模构成来看，上海环境污染服务供给市场仍以小、微内资企业为主，大型企业仅占市场供给数量的 2.6%，其规模与国际大型环保企业规模差距较大②。

---

① 王金南：《把握好生态环境治理的窗口期》，《中国环境报》2018 年 5 月 28 日，第 3 版。
② 曹莉萍：《市场主体、绩效分配与环境污染第三方治理方式》，《改革》2017 年第 10 期。

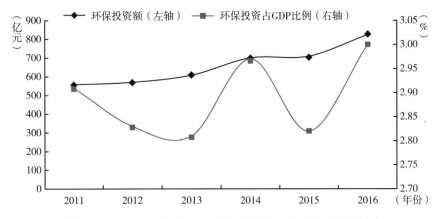

图42　2011～2016 年上海环保投资额与环保投资占 GDP 比例

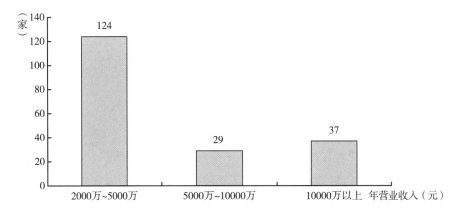

图43　2016 年上海环境污染第三方治理规模以上环保企业数量
（按照年营业收入 2000 万元以上的标准）

资料来源：上海市环境保护工业行业协会。

　　同时，小、微环保企业在环保产品生产、销售方面，具有成本低、营销方式灵活的优势，但若要提供包含环境咨询、技术服务以及后期运维服务的整体解决方案，则需要投入较大的人力、财力、物力。那么，小、微企业即使有先进的环保技术和产品，也因缺乏长期资金保障难以承接这方面的环保业务。而且，既提供环境技术、产品，又提供环境服务的项目，由于回收期长、环境治理效果不确定而难以获得金融机构的青睐。虽然我国已经出台相关政策给予重大环境污染第三方治理项目绿色信贷和税收优惠，但对于那些

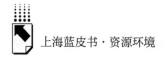

难以获得重大环保项目的小、微型环保服务企业，没有可持续资金来源的保障很难在环境服务市场上拓展新的业务或扩大现有业务规模。

（四）环保市场主体缺乏积极性，绿色金融市场发展缓慢

由于融资难等问题，环保产品和服务市场主体交易积极性不足，同时，能够为环保企业项目提供融资渠道的碳交易及其衍生品市场、绿色技术银行等绿色金融市场主体的参与程度也不高。分析个中原因，主要有以下两个方面。第一，虽然上海金融机构在绿色信贷、保险、债券、证券等方面开展了试点工作，但除了因碳交易产生的碳金融政策体系外，上海尚未出台绿色金融纲领性文件，这会影响如"绿色技术银行"这一类非货币资产融资市场的发展。第二，上海绿色金融市场之间缺乏信息共享和沟通机制。这点尤其表现在本地碳金融市场与我国其他六个试点碳市场之间在制度设计上存在较大差异，与试点碳市场的连接存在较大的制度障碍，如何接轨全国碳市场还存在体制挑战，涉及国家层面、中央和地方层面、政策专家和地方政府层面、行业与政府层面四种利益相关者之间的博弈，在政策不确定的情况下，企业对于购买此类环保产品和服务往往持观望态度，排污权交易也是如此。而对于正在建设中的"绿色技术银行"，除了上述两个原因之外，还存在标准尚未建立和第三方认证的缺失等问题。因此，上海的绿色金融市场与环保市场的发展速度不相匹配，相对滞后。

三 全球环保市场发展趋势与国际经验

全球第三次能源革命、工业4.0的到来使得许多国家的经济发展模式向社会经济与生态环境相协调的可持续发展模式转变。绿色革命背景下，环保产业的商品及服务市场在全球范围内迅速成长。从全球环保市场发展趋势看，有如下三大特点。

第一，环保装备产业成为绿色制造的重要内容。为适应国际环保市场的激烈竞争和发展的新特点，世界各国工业纷纷升级转型，成为有利于改善环

境的"朝阳产业"。美国、日本、加拿大以及欧盟国家等发达国家的绿色环保制造产业产值已经与信息产业并驾齐驱，在绿色产品标识方面，发达国家都制定各具本国特色的绿色产品标志。全球大气、水、固废、土壤、噪声污染防治等领域的环保装备产业链正向着成套化、高端化、系列化方向发展。

第二，绿色技术服务成为环保市场的高端需求。现代社会的环保产品市场已经细分为环保技术服务、环保咨询服务、节能服务等前端治理市场，并形成基于产业链整合的节能环保产业创新模式[1]，从而促进了环保产业的业态转型升级。新业态的产生，如分享经济将使未来环保市场发展需要更加注重融合高科技的环保服务。

第三，绿色金融服务是环保市场可持续发展的动力。新业态带来的商业模式创新不仅给环保服务项目投融资模式创新提供了市场，如碳交易及其衍生品市场、绿色信贷市场，也为技术创新、融资创新、市场培育提供良好的金融基础，如绿色技术银行、湿地缓解银行等。其中，国际碳市场的发展经历了十多年不同的发展阶段，呈现多元化的扩张趋势。不但表现为碳市场在区域、国家、省级以及城市等不同等级的分布和发展，还表现为碳交易覆盖的行业的多样性。《巴黎协定》的签署更扩大了现有碳市场规模，未来国家级或省级的排放交易体系将会是碳市场扩张的主要动力。在碳市场扩张的趋势下，国际碳市场和国家碳市场连接将成为新趋势。

同时，全球各国，如美国、德国、日本的环保产业与环保市场培育经验也为上海环保市场培育与趋势引导提供重要的启示。

（一）美国环保市场培育经验

美国的环保产业的出现始于19世纪城市卫生环境治理需求，并依次经历末端治理、清洁技术研发、绿色产品生产和应用、环境服务业崛起的发展过程[2]。目前，美国的环保市场随着环保产业成熟，形成稳定的国内市场绩

① 李碧浩：《基于产业链整合的节能环保产业创新模式研究》，《上海节能》2011年第11期。
② 刘晨晓：《中美环保产业比较研究》，硕士学位论文，吉林财经大学金融学专业，2015。

效，并在全球市场上占据 1/3 的市场份额。美国环保市场的成熟培育主要有以下三方面的经验。第一，完善的环境保护法律制度促进污染治理设备市场的发展。美国第一部环境法《清洁空气法》和美国环保标准都刺激其环保产业的蓬勃发展。这些法律在制定和执行方面都有完善的制度给予保障。第二，美国将环境研究列为国家优先发展项目，以巨大的人力和财力支持环境项目发展。高水平的环境科研队伍不仅使环境科学成为美国热门学科之一，也使环保新产品在市场上层出不穷，据统计，1994 年美国环保产业产值规模已经达到 8000 亿美元。第三，积极开拓海外市场。环保产业在美国国内市场已几近饱和，但其在国际市场的份额不断增长。美国通过公私合作、扩大发展中国家的环保服务和技术需求；积极参与环保领域的国际谈判与合作，推行贸易自由化理念；制定贸易环境协议提高环保标准，抢占国际环保市场。未来，美国在不断巩固环保产品和服务出口市场的同时，将积极开拓高技术价值的环境保护和污染治理领域市场，如臭氧层保护技术市场、海洋环境污染治理市场和生物多样性保护服务市场等①。

（二）德国环保市场培育经验

与美国环保产业发展及环保技术创新同处于世界领先地位的欧洲，其中德国的环保产业发展也主要取决于德国政府对环保法律的完善、对环保技术的提升以及对公众环保意识的高度重视。在环保法律方面，德国早在 1994年就将环保责任纳入国家基本法，并不断完善环保法及相关法律法规制定，从而促使环保产业有法可依；在环保技术方面，德国也是世界上环保技术最领先的国家之一，尤其在垃圾回收利用和新能源技术开发行业的市场价值最大；在公众环保意识方面，由于德国政府高度重视环境教育与宣传，德国的公众环保意识与环保产业发展是高度融合、共同进步的，地方的环保行业组织会不定期地举办环保类型的比赛，深入宣传环保新技术与服务。此外，德国的环保市场培育也独具特点，包括完善的环保市场监管体系，防止环保市

---

① 刘晨晓：《中美环保产业比较研究》，硕士学位论文，吉林财经大学金融学专业，2015。

场出现垄断等不正当竞争行为；合理的环保资金投入政策形成完善的环境财税体系，保证公共环保项目拥有充足的资金支持；合理运用经济手段，如开征能源税、环保税，发展绿色信贷刺激私人部门的环保需求，同时，针对节能和新能源市场发展制定一系列政府支持、财税补贴、税收优惠等相关政策法规，从而提高了德国环保市场在全球市场的份额①。

（三）日本环保市场培育经验

日本的环保市场起步于 20 世纪 90 年代社会经济模式转型时期，这一时期，日本国家层面高度重视生态环境保护和污染治理问题，并于 2007 年确立了"环境立国"目标，出台环境立国战略。对于环保产业的发展，日本注重市场经济规律和强化市场机制作用，通过将产业环保化，环保市场化来发现环保需求，并设计获得市场认可的环保供给。从而，逐渐改变日本高消费、高排放、高污染的生产消费模式，形成绿色化的社会经济系统，实现社会的经济可持续发展。其中，日本政府在培育环保市场初期扮演引导者、监管者角色弥补因企业垄断行为导致的市场失灵。首先，日本政府鼓励环保企业进行环保技术实验和创新，并将先进环保技术输出到发展中国家。其次，日本政府通过税收、补贴、环境教育、环境标志等政策措施激励公众参与绿色消费，扩大环保市场需求。最后，日本积极开展环保技术研发的国际合作，针对全球环境问题，日本注重环保技术的输出和共同应对，尤其在 CO_2 减排方面，日本积极参与全球气候治理框架，为国际碳减排市场管理制度建设做出贡献。由于日本对于环保产业的定义比较广，目前，与环保相关的市场规模将不断扩大，根据日本环保专家的预测，预计到 2050 年环保相关产业的市场规模将达到 30 万亿日元，并且在环境教育和培训、信息咨询等服务方面的市场将不断扩大②。

---

① 杨丽、付伟：《国外环保产业的发展概况及启示》，《中国环保产业》2018 年第 10 期。
② 贾宁、丁士能：《日本、韩国环保产业发展经验对中国的借鉴》，《中国环境管理》2014 年第 6 期。

四 新时代上海环保市场发展趋势与培育的对策建议

与发达国家相比上海的环境市场发展尚未成熟，上海需要总结发达国家培育和发展环保市场经验的基础上，发挥好"五个中心"的城市功能定位，从多方面加快培育符合全球城市特征的环保市场，发挥上海城市码头源与流的作用与服务市场的作用，树立环保市场"上海制造"和"上海服务"的标杆。因此，上海要在政府、行业协会、企业、公众四个层面做好市场培育工作。

（一）大部制改革要求下整合、明确政府环保管理职能

2018年11月，党中央、国务院正式批准上海市机构改革方案，至此，全国31个省份机构方案在大部制改革要求下全部完成。上海的机构改革进入落实阶段，在环保管理相关职能方面，上海需要重新确认生态环境规划、政策、监督等职能归属，从而便于构建符合上海"五个中心"定位的生态环境绩效考核体系。同时把生产制造特殊品质的环境产品和服务审批权交给按市场要求改组的环保产业协会，形成政府、企业、NGO协会相互制约，保护企业共同利益的市场行动。此外，政府需要在稳定、扩大、规范、发展环保市场方面做出广泛的政策支持。如在环境政策方面，要充分结合"三线一单"实施自然资源和环境保护项目，并发挥上海在长三角区域、长江经济带生态环境保护中的服务市场作用，在上海环交所构建市场化生态补偿交易平台；在经济政策方面，加大环保科技创新投入将上海市的环保投入占GDP的比重提升到3%以上，通过为环保产业提供信贷优惠、税收优惠等财税激励政策，向污染企业征收环境税，优化环保产业布局规划等来稳定、规范、可持续发展环保市场；在社会政策方面，随着公众对高品质生态产品和服务需求不断增加，需要政府不断激发公众参与环境保护的动力，及时反映当前公共环境问题的治理诉求，化解项目建设中遇到的环境相关的邻避矛盾等。

（二）发挥环保行业协会平台作用，完善环保标准体系

要发挥市场在环保产品和服务配置中的作用，调动上海环保市场主体交易、合作的积极性，除了政府在市场建设初期发挥引导和监管作用，还需要环保行业协会搭建沟通、协调平台，配合政府完善环保市场运行与管理规则，及时发布环保企业信息和项目信息，帮助环保市场主体降低交易成本。同时，在行业协会平台上构建环保产业大数据库，为上海发现优秀的环保企业和绿色金融机构，与政府一起将其培育形成国内乃至国际环保市场的龙头企业，并使其环保产品服务成为环保产品制造和环保技术服务的行业标准，让环保领域的"上海制造"和"上海服务"成为中国环保产业的标杆。此外，上海结合中国在"一带一路""南南合作"中的定位和自身国际经济中心的优势，将上海的环保标准输出给更多的发展中国家，并逐步构建上海环保技术产品和服务的海外市场。

（三）推进环保企业商业模式创新，提高环保市场绩效

上海环保市场主体自身需要与时俱进，不仅要吸收国外先进的环保技术和服务理念升级企业自身产品服务技术水平，更要利用上海作为全球城市进行人才培养和科研开发的优势，自主研发世界领先的环保技术和产品，降低企业在开展综合环保项目中的硬件成本。同时，通过长期优质的第三方治理服务增加环境保护和污染治理项目价值，不断提高环保企业的市场绩效。此外，环保市场主体之间要形成长期伙伴关系，也需要环保市场主体与环保相关的融资机构创新商业模式。节能环保企业已经在碳交易及其衍生品市场上通过合同能源管理模式获得能源服务、温室气体减排项目融资。未来，上海要发挥国际金融中心的作用，使环保企业在其他私人环保领域可以继续采用合同环境服务、"环境治理超市"、绿色技术银行等第三方环境治理服务模式，在绿色金融市场获得环保项目融资和技术创新优势，用创新的商业模式保障环保企业具有可持续的市场绩效。

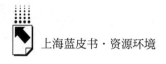

（四）倡导公众参与绿色消费，激发本地环保市场需求

结合国外培育公众参与环保市场的经验，上海要积极做好环境保护的教育与宣传工作，从小培养人们节俭、低碳的消费理念；同时，在国家环境标志制度的基础之上，建立上海绿色标志制度，激发本地消费者购买或者通过"绿色技术银行"等融资机制使用绿色环保产品和服务。此外，公众是环保治理效果最直接感受者，环保产品和服务效果标准需要获得公众的检验，当公众的环保意识和参与环保市场监督的积极性被调动起来后，政府就能适当退出环保市场，改变以往自上而下、低效的市场信息收集决策模式，形成自上而下和自下而上双向信息共享的高效反馈机制，以便于上海政府决策者及时判断本地环保市场的发展方向，为上海环保产业发展创造源源不断的市场需求。

参考文献

曹莉萍：《市场主体、绩效分配与环境污染第三方治理方式》，《改革》2017 年第 10 期。

贾宁、丁士能：《日本、韩国环保产业发展经验对中国的借鉴》，《中国环境管理》2014 年第 6 期。

刘晨晓：《中美环保产业比较研究》，硕士学位论文，吉林财经大学金融学专业，2015。

栾贵勤、欧东旭、陈文巧：《上海节能环保产业对国民经济影响分析》、《科技与经济》2013 年第 6 期。

欧东旭、陈文巧：《上海节能环保产业发展影响因素分析及预测》，《资源开发与市场》2014 年第 7 期。

苏春光：《上海环保支柱产业的现状及发展》，《上海经济研究》1997 年第 11 期。

王金南：《把握好生态环境治理的窗口期》，《中国环境报》2018 年 5 月 28 日，第 3 版。

杨丽、付伟：《国外环保产业的发展概况及启示》，《中国环保产业》2018 年第 10 期。

周冯琦、毛翔宇：《为环保产业发展创造"市场需求"》，《上海经济研究》2006 年第 11 期。

诸大建、戴星翼：《超常规发展上海的环境产业》，《上海改革》2002 年第 4 期。

B.5
上海城市生态空间发展历程回顾与展望

程　进*

摘　要： 生态空间的发展是对日益严峻的城市生态环境的响应，改革
　　　　 开放以来，为改善城市生态环境、满足居民日益增长的生态
　　　　 产品需求，上海城市生态空间经历了酝酿探索、规模扩张、
　　　　 结构优化、功能提升四个发展阶段，形成了布局均衡、结构
　　　　 合理的"环、楔、廊、园、林"生态空间格局。上海正全力
　　　　 建设卓越的全球城市，需要将生态空间与城市品质内涵以及
　　　　 市民需求相结合。上海要进一步提升城市生态空间发展水平
　　　　 仍面临相关挑战，如生态空间建设管理的制度不全、生态空
　　　　 间供给需求的分布不均、生态空间规模增长的潜力有限。借
　　　　 鉴世界城市生态空间发展趋势，上海需要构建政府主导、市
　　　　 场运作、公众参与的多样化制度创新，推动不同类型和功能
　　　　 生态空间的融合发展，创新城市生态空间规模扩张的方式路
　　　　 径，优化生态空间的组成要素，推进生态保护红线绩效管理，
　　　　 推进上海城市生态空间规模和功能持续提升。

关键词： 城市生态空间　规划　演进

随着城市化进程的深入和城市规模的扩大，传统的城市结构以人和经济

---

* 程进，上海社会科学院生态与可持续发展研究所博士，主要研究领域为环境绩效评价、低碳
绿色发展、生态文明与区域环境治理。

社会要素流动为中心构建，这导致人与自然的距离不断疏远，城市生态空间布局与居民生态需求间的矛盾越来越突出，提高城市的宜居性成为世界城市发展的共同议题。不论是早期的田园城市，还是近年来成为热点的绿色城市、生态城市，拥有合理规模的生态空间均是实现其城市发展目标的基础条件。城市生态空间作为重要的生态基础设施，是城市空间结构的重要组成部分，生态空间的规模、结构和布局均是影响其生态服务功能和生态产品供给的关键因素。

改革开放四十年是上海城市生态空间不断发展的四十年，"一双鞋、一页报、一张床、一间房"形象地反映了上海人均绿地面积的变化历程。上海新一轮城市总体规划提出要建设令人向往的生态之城，完善市域生态空间格局仍是新时期上海城市建设的重要内容之一。因此，有必要分析改革开放以来上海生态空间建设与管理的发展历程，总结影响上海城市生态空间发展的关键因素和面临的挑战，为新时期上海城市生态空间发展提供参考。

一 生态空间的发展是对日益严峻的城市生态环境的响应

2010年颁布的《全国主体功能区规划》将国土空间划分为城市空间、农业空间、生态空间和其他空间四类。国土资源部于2017年发布的《自然生态空间用途管制办法（试行）》，将生态空间定义为具有自然属性、以提供生态产品或生态服务为主导功能的国土空间[1]。因此，生态空间是有别于城市空间和农业空间的一类地域单元，具体到城市生态空间，是指城市地表人工、半自然或自然的生态单元所占据的并为城市提供生态系统服务的空间[2]。城市生态空间不以经济效益为目标，主要功能是提供生态产品和生态系统服务，具备公众可获得性，因而城市生态空间主要包括绿地、林地和水

---

① http：//www. chinalawedu. com/falvfagui/820/jx1705044934. shtml.
② 王甫园、王开泳、陈田：《城市生态空间研究进展与展望》，《地理科学进展》2017年第2期。

域等土地利用类型。

城市化进程不断加快，对生态空间产生两方面影响。一方面，快速城市化对原生的生态空间产生破坏，随着城市规模的扩大，原有的农业用地和生态用地不可避免地转化为建设用地，如"十二五"末，上海建设用地占陆域面积比重已达45%，逼近生态承载力的极限。在第一次至第二次湿地调查的十多年间，同口径比较下，上海市近海与海岸湿地资源减少545平方公里，湖泊湿地减少17平方公里，城市生态空间不断受到挤压，虽然通过人工生态空间建设弥补一部分损失，但生态空间在规模和功能方面都受到削减。另一方面，城市化进程也是推动城市生态空间快速发展的重要动力。随着城市化水平的逐步提升，改善人居环境日益受到重视，建设大量的绿化园林工程成为城市建设的重要内容之一，如随着城市的发展，上海城市绿地面积也由2000年的1.26万公顷增加到2017年的13.3万公顷。随着城市的发展，城市经济水平和科技水平也随之上升，持续、快速发展的城市经济也是城市生态空间发展的根本动力，城市化进程中积累的资金和技术也为更好地发展生态空间提供了保障。可见，城市生态空间的发展历程与城市化进程是密切相关的，生态空间的发展是对日益严峻的城市生态环境的一种响应，分析一个城市的生态空间发展历程，有助于了解城市经济社会发展与生态建设之间的作用关系，对进一步改善城市生态环境、满足居民日益增长的生态产品需求具有重要意义。

二 上海市生态空间发展历程

改革开放以来，上海城市空间发生了翻天覆地的变化，城市生态空间也随之快速演化，形成"环、楔、廊、园、林"的城乡生态空间体系。

（一）酝酿探索阶段：1978~1990年

新中国成立之后，上海一直是我国的工业中心，国务院在对1986年版上海城市总规的批复中，将上海的城市性质定位表述为我国最重要的工业基地之一，因此改革开放初期上海仍承担着为全国提供工业品的重任，经济建设是城市的主要任务，生态空间建设还没有得到足够重视，城市绿地等生态空间建设进展缓慢。

出于历史的原因，改革开放初期上海城市基础设施严重滞后，这其中就包括城市生态空间。1978年，上海市区绿化面积为761公顷，人均公共绿地面积为0.47平方米，与城市的发展水平和市民的绿化需求相比，此时上海的生态空间规模和人均拥有量显得微不足道。此后的十多年间，上海每年新增绿地面积在200公顷左右波动，城市绿化覆盖率增长缓慢，到1990年绿化覆盖率仅为12.4%（见图1），总体上处于低水平状态。

此时期，上海城市生态建设以扩大观赏性绿地规模为主要举措，城市绿化滞后，总体上还没有形成一个系统、明确的生态空间建设框架，与国际接轨的现代城市生态空间建设处于摸索阶段。

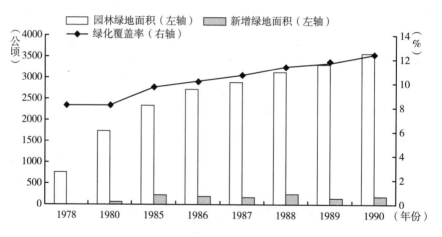

图1　1978～1990年上海市园林绿地变化情况

资料来源：《上海统计年鉴2004》。

（二）规模扩张阶段：1991～2005年

1991年，上海将生态景观园林规划与实施列为"八五"国家科技攻关项目，开始从纯游憩观赏转向构建城市生态绿地系统，推进城乡一体的生态空间建设，开启了城市生态空间规模扩张的新阶段。由于城市建设对生态用地的占用明显，上海改变了传统的"见缝插绿"式城市绿地建设方式，推行"规划建绿"。该时期内，上海制定实施多项城市生态空间建设相关规划和政策制度，2002年公布的《上海市城市绿地系统规划（2002～2020）》，从整个市域范围出发，按功能进行规划布局，提出城乡一体化、平面与垂直结合的立体绿化思路，推进各形态生态绿地功能更加明确和多样化，不断改善城市生态环境质量。该时期上海先后制定了《上海市金山三岛海洋生态自然保护区管理办法》（1997）、《上海市闲置土地临时绿化管理暂行办法》（2000）、《上海市崇明东滩鸟类自然保护区管理办法》（2003）、《上海市九段沙湿地自然保护区管理办法》（2003）等与生态空间建设相关的政策法规，这些政策法规的出台和实施，推动了城市生态空间建设与保护的法制化管理进程，有力推动上海市生态空间的发展。

此后，上海按照"项目带动＋规划引领"的思路不断扩大城市生态空间规模。上海以大型公园绿地为抓手，补上城市生态空间基础设施的缺口，先后启动并完成陆家嘴中心绿地、延中绿地、上海大观园、上海植物园、共青国家森林公园、东平国家森林公园、佘山国家森林公园等一批城市生态空间建设项目，1998年正式提出建设崇明生态岛的设想。该时期内，建成区绿化覆盖率由1991年的12.7%增加至2005年的37%，人均公共绿地面积由1991年的0.83平方米增加至2005年的8.85平方米，城市居民生态休憩需求得到很大改善。每年新增绿地面积也在快速增加，1991年新增绿地面积仅214公顷，2002年之后每年新增绿地面积都在2000公顷以上（见图2）。该时期上海打造的生态空间格局可以概括为"环、楔、廊、园、林①"，1995年，上海正式启动环城绿带建设，目标是在外环沿线建设环绕市区的大型绿化带，从根本上改变上海生态空间格局。2000年延中绿地开始动工，

---

① 环：在上海内环、外环和郊环的两侧或一侧造林；楔：在中心城规划8块楔形绿地；廊：在主干道两边建绿地，让绿色走廊成为往市中心输送新鲜空气的通道；园：在中心城区消除500米半径内公共绿地服务盲区，每区至少建一个10万平方米以上的绿地；林：在郊区大面积造林。

这是国内首次在特大型城市中心城区"拆房建绿"的重大创新举措，并开创了我国中心城区大型公园绿地全开放的先河，成为现代城市生态空间建设的典范。

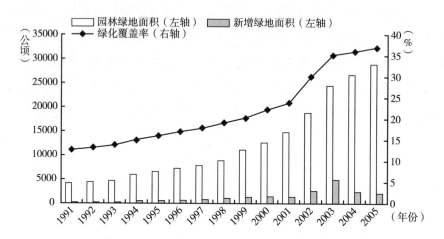

图2 1991~2005年上海市园林绿地变化情况

资料来源：《上海统计年鉴2006》。

（三）结构优化阶段：2006~2017年

经过前一阶段的快速扩张，上海市生态空间体系已初步形成，生态空间规模扩张趋于平稳，如建成区绿化覆盖率由2009年的38.1%增加至2016年的38.8%（见图3），增长速度明显放缓，上海市生态空间建设进入结构优化阶段。

一是优化城市绿化方式的组成结构。上海根据城市绿化的新情况和新趋势，制定了《上海市绿化条例》（2007）、《上海市屋顶绿化技术规范》（2008）等政策法规，通过完善立体绿化专项政策，推进城市立体绿化等新型绿化模式取得进展。

二是优化城市生态绿化的品种结构。建设市级"春景秋色"示范工程90个，在此基础上推广应用200多个色叶与观花乔灌木品种，仅2010年就在园林绿地中推广应用500万株色叶和观花乔灌木，打造春季繁花、夏荫浓绿、秋季色叶、冬阳落地的城市绿化景观，重点突出春季和秋季的景观特色，提高生态景观质量。

三是优化城市生态绿地的空间结构。该时期内重点推进绿地、林地、湿地的功能整合，以外环、郊环为主要环城绿带，建设郊区新城、新市镇绿环，并开始布局建设郊野公园，改变了一直以来生态空间以点、线为主的零散分布格局，规划形成全新的布局均衡、结构合理的生态空间体系。

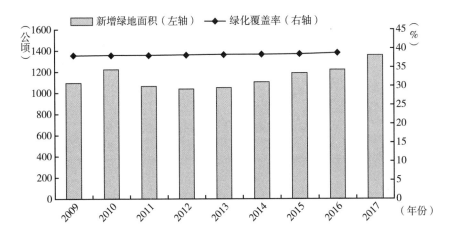

图3　2009～2017年上海市园林绿地变化情况

资料来源：《上海统计年鉴2006》。

（四）功能提升阶段：2018年以来

上海生态空间建设经过四十年的大发展，开始从规模扩张和结构优化转向功能提升。从国家战略来看，"生态保护红线"作为国家战略，已正式写入《环境保护法》和《国家安全法》，2018年底前要形成生态保护红线"全国一张图"，按照山水林田湖是一个生命共同体的理念，协调各类生态空间用途管控，城市生态空间管理需要响应国家战略要求。从上海自身发展定位来看，2018年1月，上海正式发布新一轮城市总体规划，到2035年，上海将基本建成卓越的全球城市，令人向往的创新之城、人文之城、生态之城，上海城市发展定位的升级，给生态空间建设提出了新要求和新任务。

为响应国家战略，2018年6月，《上海市生态保护红线》正式发布，划定了包括生物多样性维护红线、水源涵养红线等在内的六类生态保护红线，共计2082.69平方公里。后续工作将围绕确保生态保护红线"生态功能不降低、面积不减少、性质不改变"展开，加强生态安全管理（见表1）。市区公园、郊野公园、绿地及河湖水网等虽然没有纳入生态保护红线范围，但同样实施分级分类保护和管理，维护其生态系统功能和生态服务价值。

为了与全球城市目标定位相匹配，上海将构建"双环、九廊、十区"①的生态空间体系，建设崇明世界级生态岛。黄浦江两岸45公里公共空间全线贯通，实现了城市生态生活与滨江空间的融合互动，将生态空间建设与城市品质内涵、文化功能和市民需求相结合，提升城市生态空间功能。

表1 上海市各区在各类型生态保护红线中的比重

单位：%

行政区	生态保护红线面积	陆域红线面积	长江河口及海域红线面积	自然岸线长度
崇 明 区	56.6	57.6	56.5	48.1
浦东新区	41.0	0.0	42.8	39.8
奉 贤 区	0.5	12.8	0.0	6.6
金 山 区	0.5	0.0	0.5	3.1
宝 山 区	0.3	4.0	0.2	2.4
青 浦 区	1.0	24.1	0.0	—
松 江 区	0.1	1.2	0.0	—
闵 行 区	0.0	0.2	0.0	—
嘉 定 区	0.0	0.0	0.0	—

资料来源：http://www.shanghai.gov.cn/nw2/nw2314/nw2319/nw12344/u26aw56305.html。

三 上海市生态空间面临挑战

对照上海建设创新之城、人文之城、生态之城的发展目标，上海城市生

---

① 双环：外环绿带和近郊绿环；九廊：宽度1000米以上的嘉宝、嘉青、青松、黄浦江、大治河、金奉、浦奉、金汇港、崇明9条生态廊道；十区：宝山、嘉定、青浦、黄浦江上游、金山、奉贤西、奉贤东、奉贤—临港、浦东、崇明10片生态保育区。

态空间在规模和功能上还存在不足，进一步提升城市生态空间发展水平仍面临相关挑战。

（一）生态空间建设管理的制度不全

生态空间规划目前在国家层面尚无统一的编制体系和标准规范，各地区在推进生态空间建设与管理的体制机制、管控模式和政策保障上处于探索阶段[①]，上海同样存在这样的问题。虽然 2017 年国家出台了《自然生态空间用途管制办法（试行）》，重点明确生态空间与其他类型空间的转用管理以及生态空间内部用途转化的规则与要求，该办法的实施还需要与国家空间规划改革、生态保护红线划定等做好衔接，还有待进一步完善。

已有的生态空间建设相关制度标准还未能涵盖当前和未来一段时期内生态空间建设的主要专业领域，主要与土地利用密切相关，对生态资源和生态服务等方面的关注不够，难以真正反映城市生态空间结构和功能的重要性。对于长期存在的生态空间重建设轻管理、重投入轻产出的问题，还没有制定完善的城市生态空间绩效考核管理制度体系，使得城市生态空间建设与管理效率提升缺少制度约束和标准依据。

（二）生态空间供给需求的分布不均

上海市各城区生态空间在数量、总量上均有较大的差距，就城市绿地面积而言，上海市郊区绿地面积要远远大于中心城区，表现为中心城区生态空间总量不足、规模较小，并未与人口分布和经济活动形成合理配比。城市生态空间很大程度上局限于按道路、河流或建筑物的周际规划绿地，而未能按人口稠密程度、环境质量等来规划绿地整体布局，这种分布格局难以充分满足城市居民日益增长的生态休闲需求。

上海各城区生态空间供给需求的分布不均衡，可以通过人均公园绿地面积及公园平均游客人次的空间不匹配得以体现（见表 2）。由于中心城区土

---

① 汪云、刘菁：《特大城市生态空间规划管控模式与实施路径》，《规划师》2016 年第 3 期。

地资源有限，中心城区可供开发为公园绿地等开放式生态空间的土地数量少，上海的公园绿地主要集中在郊区。2016 年，中心城区人均公园绿地面积仅为 3.9 平方米，远低于上海市的平均水平（7.83 平方米）。但中心城区由于人口密集，居民对公园绿地的休闲游憩需求旺盛，2016 年，中心城区单个公园平均游玩人次达到 180 万人次，其他区单个公园平均游玩人次仅为 40 万人次，城市生态空间分布与人口的空间分布不匹配，中心城区和郊区生态空间供需不平衡，这为提升城市居民生态需求整体满足水平带来挑战。

表 2　2016 年上海市各区单位公园面积游客人数和人均公园绿地面积

行政区	单位公园面积游客人数（人次/平方米）	人均公园绿地面积（平方米）	行政区	单位公园面积游客人数（人次/平方米）	人均公园绿地面积（平方米）
黄浦	44.12	2.63	奉贤	5.71	4.18
普陀	36.23	12.01	闵行	3.71	9.69
虹口	34.49	1.93	浦东	3.62	6.75
长宁	19.99	3.65	宝山	3.25	11.62
徐汇	15.18	6.37	嘉定	3.11	8.49
静安	14.46	2.75	崇明	1.76	5.18
杨浦	8.45	4.95	松江	1.42	6.86
金山	7.14	8.17	青浦	0.49	4.83

（三）生态空间规模增长的潜力有限

在人工生态空间建设方面，自 1998 年以来，上海转变传统的"见缝插绿"城市绿化模式，推行"规划建绿"，结合市政建设、旧城改造、产业转移等，辟出成片土地建设园林绿地，城市园林绿地建设实现了突破性发展。上海建成区绿化覆盖率从 1995 年的 16% 增加到 2016 年的 38.8%。虽然上海的绿化面积逐年增加，但增长的潜力正逐渐变小。经历了绿地和林地的建设高潮后，近几年上海市园林绿地生态空间建设遇到了严重的土地资源瓶颈。图 4 反映了 1995～2016 年上海市新辟绿地面积变化情况，2003 年以前，上海新辟绿地面积总体呈逐年增加态势，城市园林绿地建设不断加速。2003 年之后，由于可供园林绿地建设的土地日益紧张，每年新辟绿地面积总体呈下降态势，大规模新增林地和绿地等人工生态空间的难度较大，增长潜力有限。

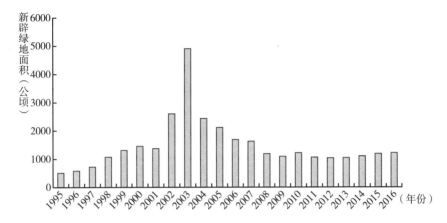

图4　1995～2016年上海市新辟绿地面积变化

资料来源：《上海统计年鉴2017》。

在天然生态空间保护方面，上海分别于1998～2000年和2011～2013年进行了两次湿地资源调查，根据同等类型和同等条件（起调面积依照100公顷以上的标准，近海与海岸湿地依照水深－5米的标准）的比较，上海第一次湿地资源调查显示湿地面积为319714.22公顷，第二次湿地资源调查显示湿地面积为269195.09公顷，湿地资源总量减少了15.80%。特别是近10年来上海近海与海岸湿地资源显著减少，下降了17.85%。主要原因是滩涂湿地围垦、长江上游来水来沙减少以及海岸带侵蚀等①。人工生态空间进一步增长潜力受限，湿地等天然生态空间面积在城市建设压力下趋于减少，完成生态之城建设在对城市生态空间规模增长的任务要求方面有难度。

四　世界城市生态空间发展趋势

世界城市生态空间发展充分体现了人们对自然的向往和对精神世界的追

---

①　孙余杰、薛程：《上海市第二次湿地资源调查综述》，《上海绿化市容》2014年第1期。

求，特别是在政府引导、企业参与、专业人士指导以及公众的参与方面，积累了丰富的理论和实践经验。

（一）生态空间管理注重法制引导

针对性强的政策法规能够有效地规范和引导城市生态空间建设与管理。如《欧洲风景公约》促进了欧洲自然风景的保护和合理利用，并有效提升了风景园林行业的地位。新西兰的《资源管理法》则是解决与自然资源相关的分歧的重要依据，推动了社会各界积极参与自然资源的监督和管理。在城市湿地生态空间保护方面，国外通过严格法律制度强化保护，如欧盟制定了《栖息地法令》《水框架法令》等法律法规，明确规定自然保护地和水资源管理义务应纳入各国有关法律法规之中。美国在《清洁水法》中明确了湿地用途转化开发许可制度、湿地补偿制度，明确了湿地征占用平衡制度等内容。英国、日本有关生物多样性、生态空间保护的法律较为完备，使得城市生态空间建设与管理工作拥有坚实的法制保障。

（二）生态空间建设注重科技支撑

随着城市社会的发展，城市生态空间建设的外部环境越来越复杂，为满足更多的功能需求，发展生态空间的目的已不仅仅是满足审美或者生态服务需求，生态空间建设的内容更为丰富，需要借助更多领域的前沿技术[1]，来提高城市生态空间建设与管理工作的有效性。在许多国家，科技进步带来生态空间建设与管理技术的革新，城市规划、建筑、工程、气候、环保、水利、土壤等学科专家参与到生态空间建设过程中，主要应用的技术包括：一是低影响施工技术，即减少生态空间基础设施建设过程中对自然生态的破坏；二是水资源综合管理技术，如英国可持续城市排水技术、澳大利亚水敏城市建设技术，旨在将城市河道水体、自来水、污水、雨水、中水等打造成

---

① 张绿水、陈荻：《基于模糊综合评价法的城市绿地生态技术应用价值评价研究》，《中国园林》2015 年第 10 期。

一个完整的水循环系统，促进水生态空间可持续利用发展；三是城市特殊生境绿化技术，包括屋顶绿化、垂直绿化，最大限度增加城市绿色生态空间的规模；四是清洁和可再生能源利用技术，将生态空间建设与光伏发电、沼气发电等技术结合，科学利用生态空间。

（三）生态空间形态注重贴近自然

城市是人类活动最为集中的空间单元，城市地上空间受经济开发活动影响较大，原生的自然空间几乎丧失殆尽，生态空间建设不可避免带有人工痕迹。由于未遭受严重破坏的原生自然生态空间具有自恢复能力，能够进行自我调节，改善自身生态系统健康状况，恢复原本具有的各项生态服务功能。城市生态空间主要是改善城市生态环境和满足城市居民贴近自然的需求，因此，采取"近自然"手段开展城市生态空间建设与管理工作成为国外的普遍做法①，尽量发挥生态空间的自我调节恢复能力，减少人工干预在生态空间建设与保护中造成的二次破坏，以追求城市生态空间与经济社会的融合发展。美国、英国等许多国家的城市园林绿地建设中注意本土树种的使用，保护原生森林植被，仿造天然森林群落建造近自然园林绿地，城市河道整治过程中注重还原天然河道坡岸，维护城市生态平衡。

（四）生态空间功能注重多元融合

在世界主要国家，城市生态空间强调融合历史文化、休闲娱乐和运动健身等功能，使城市生态空间更加人性化。如法国采取因地制宜的方式开展城市园林保护，基于城市园林历史文化脉络，充分结合世界园林演变趋势，综合运用现代技术营造新的城市生态空间可持续发展管理方式。典型的有巴黎的绿道和"历史轴线"，将香榭丽舍大街、凯旋门、戴高乐大街等具有厚重历史文化积淀的城市设施与城市公园连为一体，把绿色生态空

---

① 王井、范大整、刘少强：《国外森林城市建设的经验与启示》，《现代园艺》2016 年第 10 期。

间与人文棕色空间充分融合，成为城市建筑与生态环境相结合的典范。俄罗斯莫斯科的城市公园集多种活动于绿色生态环境中，包括节庆活动、博物展览、文艺表演、游戏娱乐等，公众还可以加入公园设施维护和绿化工作。

五　上海生态空间管控机制优化措施

推进上海城市生态空间规模和功能的提升，需要在空间上推进林地、湿地、绿地的融合发展，扩大规模，优化结构，并制定相应的保障制度和配套措施。

（一）制度保障：政府主导和社会参与相结合

制度建设是推进上海市生态空间建设的重要保障，需要根据建设生态空间的阶段和进展，构建政府主导、市场运作、公众参与的多样化制度创新，引导和约束生态空间保护管理行为。

1. 不断完善生态空间管理法规体系

以制定地方生态空间保护管理法规体系为主要任务，其目的在于建立规范科学的生态空间保护管理秩序。

首先，根据上海城市生态空间建设出现的新情况和新问题，不断修订完善地方生态空间保护管理法规体系内容。重点解决垂直绿化等绿化类型面临的瓶颈和障碍，出台相应的鼓励政策和技术标准。根据城市生态空间的多功能性要求，更新城市生态空间建设的设计标准、评价标准和考核机制等，使城市生态空间不仅具有景观美化功能，还兼具预防自然灾害、净化空气等其他功能，兼顾城市的物质循环和生态平衡，通过兼顾城市多种功能的设计来提高生态空间的用途。

其次，制定生态空间融合发展的综合规划，有效衔接绿地、湿地、林地等专项规划，打破传统的规划分割，明确生态空间融合发展的目标、任务和标准，明确城市生态空间保护与管理的程序、行为准则，并将新出现的一些生态空间类型体现在生态空间规划之中。制定促进城市生态空间与区域自然保护协同发展规划，将上海生态空间纳入更大区域的自然环境网络。

最后，制定生态空间数据采集标准，监测生态空间的污染物去除率、不同品种植物生长情况、温室气体吸收率等数据，通过先进的数据模拟技术，为设计和建设多元功能融合的城市生态空间提供数据信息支撑。

2. 构建生态空间建设公众参与机制和市场机制

传统的生态空间建设与管理多强调政府的权力和责任，这与现代城市治理不相适应，应建立全过程的城市生态空间建设与管理的公众参与机制。一方面是加强城市生态空间信息平台建设，强化生态空间保护的信息公开，确保公众及时获取生态空间建设与管理相关信息，为公众参与创造条件。另一方面是拓宽生态空间保护的公众参与渠道，在一些重大的城市生态空间项目决策、规划、建设和管理过程中，通过调研、访谈等方式，了解公众的生态需求，征求公众意见和建议，发挥公众在生态空间建设与管理中的作用。

在生态空间建设的市场机制方面，以政府投资为主体的公益性质的生态空间建设模式在上海已面临巨大瓶颈，高额的建设成本使得政府能够投入到生态空间建设的资金愈发有限，生态空间的多元功能融合为构建市场机制提供了机遇。一方面，允许企业或个人在郊野公园等生态保护红线范围外的大型生态空间进行体育、休闲项目开发建设，满足市民生态需求的同时满足其日常游憩、娱乐、餐饮等生活需求，通过项目营利保证生态空间建设、养护与管理的资金需求。另一方面，建立生态空间恢复治理市场化管理机制，引入专业化的第三方开展生态空间的治理和日常管护，提高生态空间恢复治理市场化水平。

（二）空间融合：多种类型和功能的融合

上海需要紧密结合地域特征和城市生态需求，坚持"系统化、精细化、功能化"方向，全力推动不同类型和功能生态空间的融合发展，构建与城市定位相适应的生态空间。

1. 推进生态空间与耕地资源的融合发展

耕地除了具有农业生产功能外，也具有调节环境、维护生态系统平衡的功能。鉴于上海居民生态需求日益增加、土地资源短缺的客观现实，应推进上海市林地、绿地、湿地、耕地的融合发展。一是充分考虑适应全球城市发展的耕地生态空间保护目标，推进农田防护林体系（防护林、片林和植物篱）与生态环境建设，解决农田防护林及片林结构简单、树种单一的群落配置结构问题，优化乡村道路和田间道路的生态景观建设。二是将耕地资源的开发、利用与绿地、林地、湿地的开发保护相统筹，提升耕地的生态景观服务功能，强化耕地的景观、生态服务和娱乐休闲功能，重视乡村和耕地的游憩价值，实现生产、生态功能的融合发展，将耕地由生产性单元功能拓展到生态景观镶嵌体功能，促进耕地与其周围沟渠、林地等生境要素之间的有机整合，提升耕地生态系统的稳定性。

2. 推进生态空间多元功能的融合发展

功能融合是国际上生态空间的发展趋势。以公园和园林绿地为主的城市生态空间是上海市重要的生态基础设施，也是城市空间结构的重要构成，是实现上海卓越的全球城市建设目标的重要空间保障。在城市居民日益增长的美好生活需要驱动下，上海的生态空间不能仅关注生态功能，在其建设与管理过程中还需要推进生态功能、游憩休闲功能、文化娱乐功能、科研功能、人文景观功能、经济功能等多种功能的融合发展，将生态空间打造为城市中最为重要的开放空间，在保障城市生态安全的前提下，发挥生态空间的改善城市生态环境质量、缓解城市热岛效应、提供休闲活动场所等作用，最大化发挥生态用地类型的综合服务价值。

（三）扩大规模：多渠道扩大绿色生态空间

20世纪90年代以来，上海城市生态空间建设经历了缓慢复苏到小步发展，再到快速发展取得突破性进展的历程。随着城市建设用地的大幅增加，可用于绿化的土地面积日趋紧张，需要创新城市生态空间规模扩张的方式路径。

一是完善大型生态空间项目建设。郊区大力推进郊野公园建设，优先选择毗邻新城和大型居住社区的地区，以及交通条件较好的地区，逐步提升郊野公园建设水平，完善郊野公园的配套服务设施，将其作为上海生态之城建设的重要组成部分。在近海与海岸湿地资源大量减少的情况下，适度增加人工湿地面积，在一定程度上稳定发挥湿地资源的生态效应。此外，还可通过栽种适当的湿地水生植物，模仿湿地生态结构，使水景既有湿地风光，又拥有湿地的"自净"能力。

二是推进立体绿化进程。针对中心城区生态空间高度稀缺的特点，以提升各类自然资源的生态服务能力为导向，积极推进立体绿化建设，加快推动开放式的屋顶绿化和垂直绿化。上海市及各区政府共同出资给予屋顶绿化养护经费支持，对具备条件的房屋全面推进屋顶绿化和太阳能屋顶建设，建设利用屋顶的绿色农场，利用空置商务楼宇发展垂直农场，打造立体绿色城市，发挥其美化城市景观、降解大气浮尘、减轻雨洪压力、缓解城市热岛效应的生态环保功能，让城市融入绿色，让城市回归自然。

三是利用废弃地和闲置地打造生态景观。结合城市更新和城市现状值土地挖潜，将城市废弃地纳入整治范围，在住宅区周边规划建绿的一些道路与小区之间或者沿河的狭长地块，提高城区绿化率和品质，打造多样化绿色生态体系。优化自然生态资源的空间分布，构建以河流和道路为骨架，以公园、绿地为支撑，中心城区绿地、绕中心城区绿带、近郊区郊野公园、远郊区的湿地公园、生态保育区以及生态间隔带等相互贯通衔接的生态空间系统。

（四）结构优化：优化生态空间的组成要素

城市生态空间具有重要的碳汇功能，在当前全球气候变化大背景下，最大化发挥城市生态空间的生态和碳汇功能，亦成为生态空间建设与管理的主要目标之一，实现该目标则需要优化生态空间的要素组成结构。

一是优化城市园林绿化品种结构。提升城市园林绿地的碳汇功能要因地制宜选择植物品种，合理规划混交方式和生物产量，以新建生态空间的园林绿化品种优化为主要任务，提高生态空间的固碳能力。上海市新建生态空间物种结构的优化，从增加碳汇的角度考虑，固碳释氧能力较强的植物成为园林绿化的首选树种，如针叶树一般被认为要比阔叶树碳汇能力慢得多。生态空间品种结构优化主要与日常更新维护相结合，采取循序渐进的方式，避免为优化而优化造成的浪费。对于无特殊绿化品种要求的生态园林绿地，原则上均应完成绿地植物品种的优化改良，以提高生态空间的固碳释氧能力。

二是优化生态绿地群落结构。绿地群落结构也影响到绿地系统的碳汇能力。研究显示，现有群落的郁闭度提高到 0.6 的水平，上海城市森林的碳贮量和年碳固定量增加 28.2% 和 22.6%，郁闭度提高到 0.8 的水平，碳贮量和年碳固定量的增幅达到 52.0% 和 83.2%[1]。因此，上海市在新建生态空间时需要综合考虑植被群落的结构优化，同时对既有生态空间逐步进行植被群落结构的改良。根据立地条件，选择不同树种，进行团块、带状或根据地形进行不规则混交，营造多样化的园林绿地类型和多树种、多层次搭配的景观结构，提高生态空间的碳汇能力。

三是优化生态空间的形态结构。改变传统的以物质形态规划为主、追求人工秩序和功能分区的生态空间结构建设，探索面向自然的城市生态空间规划方法，借鉴国外近自然的生态空间发展模式，在规划和建设过程中加强对生态系统整体性和生态过程健全性的保护和恢复，强调城市生态空间的生态适应性。

（五）绩效管理：推进生态保护红线绩效管理

根据"性质不改变、面积不减少、功能不下降"的管理要求，上海需要构建差异化的生态保护红线考核体系，将考核结果作为提升生态空间管控水平的重要依据，为我国 2020 年基本建立生态保护红线制度提供地方实践经验。

一是严格生态保护红线管控，确保生态用地只增不减。加强具有全球生

---

① 马涛：《上海林地和绿地碳汇发展困境与对策》，《中国城市林业》2011 年第 2 期。

态保护意义的沿海沿江滩涂湿地保护，持续推进崇明世界级生态岛建设，打造长三角绿色生态廊道的重要节点。落实杭州湾、淀山湖、崇明岛等跨省界生态保护红线的规划对接、战略协同、专题合作，总结跨界生态保护红线管理的对接协调经验。

二是制定生态红线绩效考核制度。明确生态保护红线绩效考核的考核主体、考核对象、考核内容。搭建包括绩效计划制定、绩效计划实施、绩效评估、绩效反馈提升等在内的生态保护红线绩效管理流程。重点是将考核结果与改进生态保护红线管理工作相结合，改变重评比、轻诊断，重奖惩、轻改进的管理流程，促进被评估责任主体持续改进生态保护红线管理工作。

三是建立生态保护红线监测平台。摸清市内各类生态保护红线的权属、规模、生态特征等基本信息，建立上海市生态保护红线基础数据库。对生态保护红线实施动态监测、定期评估，将监测评价数据作为开展生态保护红线绩效考核的主要依据。建立生态保护红线信息社会化查询服务系统，提高生态保护红线管理监督的公众参与水平。

参考文献

王甫园、王开泳、陈田：《城市生态空间研究进展与展望》，《地理科学进展》2017年第2期。

许恩珠、李莉、陈辉：《立体绿化助力高密度城市空间环境质量的提升——"上海立体绿化专项发展规划"编制研究与思考》，《中国园林》2018年第1期。

徐毅、彭震伟：《1980~2010年上海城市生态空间演进及动力机制研究》，《城市发展研究》2016年第11期。

杨博、郑思俊、李晓策：《生态空间承载城市未来发展宏图——以上海市生态空间规划及美丽乡村建设为例》，《园林》2017年第9期。

B.6
上海参与区域环境合作历程回顾

胡静 戴洁 王强 黄蕾 李月寒*

摘　要： 长三角区域环境保护协作萌芽于区域经济合作与发展框架，
迄今已将近 20 年，尤其是 2014 年初、2016 年底分别建立长
三角区域大气、水污染协作机制以来，区域环境质量明显改
善。2018 年 11 月，习近平总书记在首届中国国际进口博览会
上正式宣布长三角区域一体化发展上升为国家战略，长三角
区域一体化发展迎来了前所未有的机遇。然而，当前长三角区
域环境保护协作还存在诸如实施推进机制有待深化、信息共享
机制尚不充分、跨界管理仍显薄弱、顶层设计还需对接等问
题。未来长三角区域环境保护协作应如何进一步深化优化？作
为长三角一体化发展的桥头堡，上海应如何充分发挥牵头引领
作用，带动长三角区域一体化高质量发展？本文将在回顾上海
参与区域环境合作历程的基础上，对上述问题开展探讨。

关键词： 长三角　环境协作　一体化发展

　　长三角区域（安徽省、江苏省、浙江省和上海市）是我国东部沿海经
济最发达的地区，已成为我国经济增长速度最快、经济总量最大的区域，并
跻身世界第六大城市群。但与此同时，高密度的人口聚集、高强度的能源消

---

* 胡静，上海市环境科学研究院高级工程师；戴洁，上海市环境科学研究院工程师；王强，上
海市生态环境局；黄蕾，上海市生态环境局；李月寒，上海市环境科学研究院。

耗等已为该区域带来了一系列的环境问题，区域正面临污染物排放总量大、环境资源承载力有限等一系列挑战，亟须从产业升级、能源转型、交通优化等相关领域携手并进、寻求突破，促进环境与经济协同发展，探索具有中国特色的区域生态环境共建、共享、共治之路。

当前，长三角区域一体化发展正迈入一个崭新的"黄金时期"，面临着前所未有的发展机遇。2016年6月，《长江三角洲城市群发展规划》获国务院批复①，明确要推动区域生态共建环境共治，具体包括共守生态安全格局、推动环境联防联治、全面推进绿色城市建设、加强环境影响评价等。2018年11月，习近平总书记在中国国际进口博览会开幕式发表演讲时提出，将支持长江三角洲区域一体化发展上升为国家战略，为新时代上海及长三角区域的新发展开辟了更为广阔的空间。

通过回顾上海参与长三角区域环保合作历程，总结经验教训，以深化、完善区域环境保护合作机制为契机，可积极推动长三角区域率先实现更加高效的对内开放，为长三角区域在更高起点上推进高质量一体化发展和全方位多层次高水平的对外开放战略夯实基础，同时也为其他类似区域协作机制进一步提升效率效能提供参考借鉴。

一 上海参与长三角区域环境保护合作历程

（一）长三角区域合作历程回顾

1. 探索阶段——20世纪80年代框架性合作模式

1982年，国务院决定建立上海经济区，这是国内第一个跨省市的综合经济区，由上海、苏州、无锡、常州、南通、杭州、嘉兴、湖州、宁波、绍兴十个城市组成。1983年，国务院决定在上海成立"国务院上海经济区规划办公室"，负责制定区域发展规划，长三角区域合作雏形逐步形成。1984

---

① http：//www.ndrc.gov.cn/zcfb/zcfbghwb/201606/t20160603_806390.html.

年，该经济区扩展为上海、江苏和浙江两省一市；1986年，安徽、江西等省市也被囊括入内；1987年进一步扩展至福建以及除山东以外的整个华东地区。但到1988年，上海经济区规划办被撤销，长三角区域第一次合作无疾而终①。

2. 发展阶段——20世纪90年代对话性合作模式

1992年，为了加强城市间的沟通与交流，上海、南京、苏州、无锡、常州、扬州、镇江、南通、杭州、嘉兴、湖州、宁波、绍兴、舟山14个城市自发组织形成长江三角洲协作办（委）主任联席会议制度，至1996年共召开五次会议。1997年，新成立的泰州市加入，加之上述14个城市，共15个城市通过平等协商，升格形成长江三角洲城市经济协调会②。首次会议于扬州召开，确定区域经济合作由旅游专题和商贸专题作为突破口率先开展，分别由杭州市、上海市牵头，会议还审议通过了《长江三角洲城市经济协调会章程》③。由此，"长三角经济圈"的概念第一次形成并被提出。

3. 提升阶段——21世纪战略性合作模式

进入21世纪后，2001年上海市会同江苏、浙江共同发起并建立常务副省长参加议事协调的机制——"沪苏浙经济合作与发展座谈会"制度，两省一市每年轮流召开一次座谈会，沟通协商合作领域及合作内容。2004年，两省一市进一步建立了党政主要领导座谈会制度，由党政主要领导每年会晤商议长三角区域合作的要求及重点领域④，并成立了"交通、能源、科技、环保"四大专题合作组。2008年，国务院颁布了《关于进一步推进长江三角洲改革开放和经济社会发展的指导意见》，长三角合作与发展上升为国家战略。2009年通过了《长三角地区合作与发展联席会议制度》和《长三角

① 郁鸿胜：《"十二五"期间长三角区域合作与发展的战略重点研究》，《城市观察》2011年第2期。
② 李晓西、卢一沙：《长三角城市群空间格局的演进及区域协调发展》，《规划师》2011年第1期。
③ 陈平：《长江三角洲地区合作六项专题硕果累累》，《长三角》2006年第1期。
④ 赵峰、姜德波：《长三角区域合作机制的经验借鉴与进一步发展思路》，《中国行政管理》2011年第2期。

地区重点合作专题组工作制度》，正式形成"三级运作、充分结合、务实高效"的区域合作机制，同年安徽省正式加入长三角合作机制。2011年，国务院批复《长江三角洲地区区域规划》，长三角地区三省一市共同设立"长三角合作与发展共同促进基金"。2013年3月，李克强总理指出，长三角应率先打造"经济升级版"，充分发挥带动示范作用。2016年，国务院正式批复《长江三角洲城市群发展规划》，要求上海市、江苏省、浙江省、安徽省政府及相关部门联手打造"具有全球影响力的世界级城市群"。2018年3月，长三角区域合作办公室正式在上海成立，开展实体化运作，牵头编制《长三角地区一体化发展三年行动计划（2018~2020年）》。随后，三省一市人大、政协分别开展立法协同、监督协同等工作。2018年11月，上海召开首届中国国际进口博览会，习近平主席在开幕式上宣布，支持长江三角洲区域一体化发展并上升为国家战略。长三角区域的合作由此迈入了全新的历史阶段。

（二）长三角区域环境保护合作历程回顾

伴随着区域经济合作的不断深化，长三角区域的生态环境协作治理工作也在不断推进，尤其是近十年，协作力度不断加大，协作内涵不断拓展。在区域一体化发展合作大框架下，区域环保协作率先垂范，为努力改善区域环境质量，加快推动社会经济与生态环境的协调发展发挥了重要支撑作用。

1. 经济合作发展框架下的区域环保协作萌芽期（2002~2007年）

2002年，长三角区域两省一市政府在苏浙沪经济合作和发展会议首次提出建设"绿色长江三角洲"，以优化发展环境为突破口，进一步深化区域经济合作。2003年，两省一市确定"联合实施长江三角洲近岸各省市积极开展污染控制和综合防治工作"等①。2004年，两省一市于杭州通过了国内第一份关于区域环境合作的宣言——《长江三角洲区域环境合作倡议书》②，

---

① 胡佳：《跨行政区环境治理中的地方政府协作研究》，博士学位论文，复旦大学行政管理专业，2010。
② 孙长青、张仁开：《长三角区域环保科技合作与协同创新对策研究》，《科技管理研究》2008年第8期。

明确长三角地区应率先建立区域环境合作对话机制、信息交流机制和相互合作机制；同年签订《苏浙沪长三角海洋生态环境保护与建设合作协议》。在此基础上，2005年于南京召开了长三角第五次经济合作与发展座谈会，计划下一步建立长三角海洋灾害预警防范体系和重大海洋环境污损应急体系。另外，两省一市共同完成了《长江中下游水污染防治规划》，并正式成立"长三角地区城镇饮用水安全保障科技联盟"等。

2. 以世博会保障为契机的区域环保协作启动期（2008~2013年）

2008年，《长江三角洲地区环境保护合作协议（2009~2010年）》在苏州签订，两省一市交流了各自在推进污染减排、太湖治污等方面的经验与做法，并明确在提高区域环境准入和污染物排放标准等方面开展紧密合作，推进长三角环境保护一体化进程[①]。同时还确定了建立两省一市环境保护合作联席会议制度，并设立联席会议办公室，推进合作协议的具体落实。

2009年4月，两省一市的生态环境保护协作正式启动，并于上海召开长三角区域环境保护合作第一次联席会议。上海、浙江、江苏分别牵头开展加强区域大气污染控制、健全区域环境监管联动机制以及创新区域环境经济政策三项工作。在国家环境保护部和科技部的支持下，上海联合江苏、浙江，借鉴北京奥运会环境质量保障工作经验，共同编制了"2010年上海世博会长三角区域环境空气质量保障联防联控措施"，积极探索区域大气污染联防联控工作机制，成功保障了2010年上海世博会的空气质量。浙江牵头研究建立长三角危险废物监管联动工作平台，统筹利用区域危废处置资源，开设应急处置"绿色通道"，规范跨省转移。制定了《长三角地区跨界环境污染纠纷处置和应急联动工作方案》，强化信息互通和协调联动。自2009年起，长三角地区正式建立跨界环境污染纠纷处置和应急联动机制，每年由不同的省（市）担任长三角地区跨界应急联动轮值主席，牵头推进相关工作。江苏牵头制定出台《长三角地区企业环境行为信息评级标准》，自2010年

---

① 闫艳、李玉芳、高杰：《推进长三角环境保护一体化进程 苏浙沪签订区域环保合作协议》，《中国环境报》2008年12月18日。

起，于每年世界环境日向社会统一公布"绿色"和"黑色"企业名单。同时，积极推进"绿色保险"制度并开展环境污染责任保险试点①。与此同时，随着安徽 2009 年正式加入长三角合作机制，环保方面的合作也得以相应开展。

在前期合作的框架下，为进一步加强跨界环境应急联动，2010 年 9 月，浙、皖两省签订"浙皖跨界联动方案"，随后，三省一市共同签订"跨界联动协议"，并于 2013 年 5 月进一步签订了《长三角地区跨界环境污染事件应急联动工作方案》，该方案为处置长三角区域跨界环境污染纠纷和应急联动的重要成果②。与此同时，区域环保协作机制进一步加强，2012 年 5 月，"长三角地区环保合作联席会议"在浙江省龙泉市召开，并通过《2012 年长三角大气污染联防联控合作框架》协议，提出在长三角重点控制区域率先启动 $PM_{2.5}$ 监测和数据发布。

3. 以改善环境质量为目标的区域环保协作发展期（2014 年至今）

2013 年以来，国家《大气污染防治行动计划》和《水污染防治行动计划》分别出台，明确要求在京津冀、长三角、珠三角建立区域大气和水污染防治协作机制，加强污染联防联控。基于长三角区域大气环境质量联防联控的迫切需求，同时也基于 2010 年上海世博会大气环境质量保障的成功经验，2014 年 1 月，长三角区域大气污染防治协作机制在上海正式成立，并召开第一次工作会议③。会议通过了《协作小组工作章程》，讨论了《长三角区域落实大气污染防治行动计划实施细则》，确定了"协商统筹、责任共担、信息共享、联防联控"的工作原则，建立了"会议协商、分工协作、共享联动、科技协作、跟踪评估"的工作机制。协作小组组建经中央批准，并形成部省联动机制，同时常设办事机构实体化运作，每年协商制定工作重点，并跟踪落实。2014 年 9 月，区域大气污染防治协作小组办公室印发了三省一市联合制定的《长三角区域空气重污染应急联动工作方案》，努力建

---

① 《长三角环保一体化近日起步》，《节能与环保》2009 年第 1 期。
② 黄丽娟：《长三角区域生态治理政府间协作研究》，《理论观察》2014 年第 1 期。
③ http：//www.sepb.gov.cn/fa/cms/shhj//shhj5281/shhj5282/2014/09/87641.htm.

立健全长三角区域空气重污染预警和应急的联动机制。2016年4月，长三角区域率先实施船舶排放控制区。

2016年12月，长三角区域大气污染防治协作小组第四次工作会议暨长三角区域水污染防治协作小组第一次工作会议在杭州召开①，标志着长三角区域在大气污染协作的基础上，又进一步延伸至水污染防治协作。会议明确了在做好大气污染联防联控的基础上，加强区域水环境协同治理，落实《水污染防治行动计划》，重点推进跨界临界饮用水水源地水质安全，完善水环境相关信息共享机制，对接区域排放标准等。

2018年，长三角区域一体化发展行动计划中将环保专门列为重要章节。同年10月在上海召开长三角区域大气污染防治协作小组第七次工作会议暨长三角区域水污染防治协作小组第四次工作会议，会议审议通过《长三角区域大气和水污染防治协作小组工作章程》（修订草案），并对区域秋冬季大气污染综合治理攻坚行动、重污染天气应急联动等工作进行了重点部署②。会议成果还包括长三角区域环境保护标准协调统一工作备忘录签署、长三角区域生态环境联合研究中心揭牌、长三角区域生态环境协作专家委员会成员聘任等。长三角环保协作在机制保障、信息共享、标准统一、科技协作等方面进一步得以深化。

（三）上海在长三角区域环保协作机制建设中发挥的作用

2010年上海世博会区域空气质量的联合保障为长三角区域环保协作机制的建立奠定了良好的基础。按照中央有关决策部署，遵照"协商统筹、责任共担、信息共享、联防联控"的协作原则，长三角区域相继于2014年初和2016年底建立了区域大气污染防治和水污染防治协作机制。协作小组组建经中央批准，组长为中央政治局委员、上海市委书记，副组长为三省一市政府主要领导和原环保部部长；同时常设办事机构实体

---

① http：//www.jshb.gov.cn/jshbw/xwdt/slyw/201612/t20161209_382678.htm.

② http：//www.sepb.gov.cn/fa/cms/shhj/shhj5281/shhj5282/2018/10/100568.htm.

化运作，两个机制机构合署、议事合一，下设办公室，负责决策落实、联络沟通、保障服务等，日常工作由上海市生态环境局承担。自协作机制成立以来，在国家相关部委大力支持下，上海市积极发挥龙头带动作用，江苏省、浙江省、安徽省各扬所长，坚持"协商统筹、责任共担、信息共享、联防联控"的原则，努力推动区域生态环境保护共商、共治、共享。

一是形成会议协商机制。原则上每年召开一次协作小组工作会议，研究决策重大事项，由三省一市轮流承办，会议有关情况向党中央、国务院报告。原则上每年召开两次办公室全体会议，协商部署重点工作，以及召开各个层级上以讨论各类具体工作为主的办公室专题会议。自协作机制成立以来，长三角地区三省一市已召开7次污染防治协作小组工作会议、8次办公室全体会议和30余次各类专题会议，为加强生态环境联防联控和区域合作的顶层设计搭建了良好平台。

二是落实分工协作机制。协作小组办公室组织制定印发年度及阶段性协作工作重点等文件，各成员单位分工落实，陆续出台了船舶排放控制区建设、机动车异地协同监管、太浦河水资源保护省际协作等专项协同治理方案。三省一市落实污染防治的主体责任，并根据分工推进工作，国家部委等成员单位则负责落实国家、区域层面行业协调和保障任务。

三是探索信息共享机制。重点是推进生态环境保护相关规划政策、标准技术、环境质量等监测数据、污染源信息等共享。组建长三角区域空气质量预测预报中心，推进监测数据实时共享，每日发布区域空气质量预测预报信息。世博会保障期间，联合预报区域空气质量变化、污染传输路径，为精准施策和执法督察提供了坚实保障。搭建区域高污染机动车环保信息共享平台，已收集约440万辆车辆信息。

四是创建科技协作机制。以区域大气污染防治为切入点，2014年以来，牵头联合承担科技部"长三角区域大气污染联防联控支撑技术研发与应用"等重大研究课题，组建"国家环境保护城市大气复合污染成因与防治重点实验室"。近期又牵头组建长三角生态环境协作专家委员会、长三角生态环

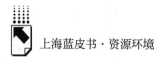

境联合研究中心，推动区域污染防治重大问题联合攻关，支持科学决策、有效施策。

二 长三角区域污染防治协作机制建设 取得的阶段性成果

（一）机制建设取得的阶段性成果

在三省一市的共同努力下，长三角区域污染防治协作机制不断推向深入，在前期工作基础上，近期还审议通过了《长三角区域大气和水污染防治协作小组工作章程》（修订草案），签署了《长三角地区环境保护领域实施信用联合奖惩合作备忘录》和《长三角区域环境保护标准协调统一工作备忘录》，并在生态环境部支持下，完成了饮用水水源地和大气污染防治执法互督互学第一阶段工作，顶层机制不断完善、协作内容不断深化、跨界联动不断加强。

1. 区域大气污染防治协作取得的阶段性成果

至 2017 年底，区域已提前全面完成 30 万千瓦及以上燃煤机组超低排放改造，累计完成燃煤锅炉炉窑清洁能源改造 9 万余台。实施 VOCs 治理 1.3 万家。建立长三角机动车信息共享平台，共同开展高污染车辆限行执法，累计淘汰黄标车和老旧车辆 322 万辆。2016 年 4 月 1 日起，长三角区域核心港口（上海港、宁波－舟山港、南通港、苏州港）的靠泊船舶率先实施换用低硫油等，2017 年 9 月 1 日起沪苏浙所有港口全面实施相关排放控制措施，2018 年 10 月 1 日起上海港、宁波－舟山港、南通港、苏州港实施驶入排放控制区船舶换烧低硫油。区域累计新增高低压岸电设施 700 余台套。着力推进秸秆综合利用，焚烧火点数逐年大幅下降。

2. 区域水污染防治协作取得的阶段性成果

2016 年以来，区域全面实施河长制、湖长制，大力推进重点流域治

理、黑臭水体整治和水源地保护。推进 127 座城镇污水处理厂完成一级 A
提标改造、畜禽养殖场取缔或整治 11 万户和"十小"企业取缔。以跨界
临界水源地风险防控为重点，探索构建太浦河水资源保护省际协作机制，
印发《太浦河流域水质预警联动机制——水质预警联动方案（试行）》，
并修订《太浦河流域跨界断面水质指标异常情况联合应对工作方案》①。
完成长江经济带入河排污口核查，加大太湖流域水生态修复和内源治理力
度，促进河湖休养生息。深化新安江流域生态补偿试点，启动石臼湖苏皖
协同治理。

（二）对区域环境质量改善发挥的重要作用

长三角区域大气和水污染防治协作机制成立以来，区域大气和水环境质
量改善作用明显，2017 年，长三角 25 个城市（原"大气十条"考核城市）
PM$_{2.5}$平均浓度为 44 微克/立方米，较 2013 年下降 34.3%（见图 1）。三省
一市国考断面中优良水质较 2015 年增加 10.8 个百分点，劣 V 类断面较 2015
年减少 4.3 个百分点（见图 2、图 3）。

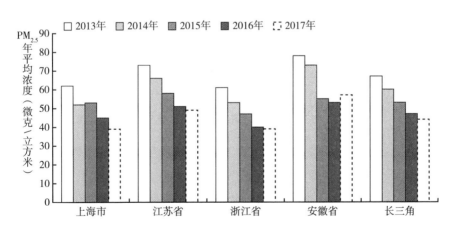

图 1 2013～2017 年长三角区域大气环境质量改善情况

---

① http：//xh. xhby. net/mp3/pc/c/201806/02/c487862. html.

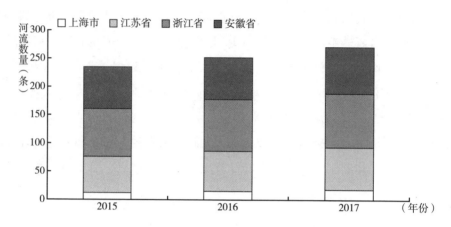

图2 2015～2017年长三角区域水环境质量改善情况（Ⅲ类及以上国考断面）

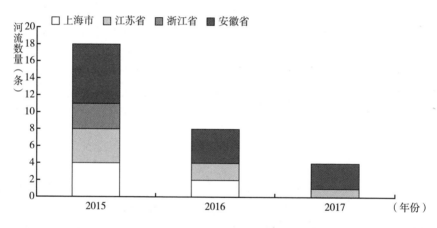

图3 2015～2017年长三角区域水环境质量改善情况（劣Ⅴ类国考断面）

三 长三角区域污染防治协作机制存在的主要问题

（一）实施推进机制有待深化

一方面，协作机制尚未全面下沉。当前区域的互动、对话更多停留在三省一市的省级环保主管部门层面，可能导致跨区域治理的利益主体诉求未能得到充分、客观的反映，尤其在省市交界区域，不仅需要省级层面的牵头协调，更需要市、区（县）、街（镇）层面的充分参与。另一方面，协作机制中不同地区管理条线不统一。三省一市高污染机动车治理的牵头部门各不相同，航运、港口、铁路建设等归属不同管理部门。三省一市铁路建设的牵头单位均不一致，在共同推进水铁联运结构优化方面沟通机制也不顺畅。太湖流域水葫芦联防联控机制已初步建立，以水务（水利）部门为主，但上游省市部分地区水葫芦打捞责任主体是绿化市容和城管部门，联防联控也需进一步完善。

（二）信息共享机制尚不充分

大气方面，区域机动车污染信息共享不及时。目前信息共享主要停留在黄标车、老旧车层面，且由公安部门定期抄送信息给环保部门，再由环保部门在共享平台录入信息，个别省级高污染机动车的环保信息平台尚未建立，对国三柴油货车具体数量排摸更新通过传统手工方式进行，无法满足公安部门实时联动监管执法需求。水方面，流域水环境信息共享平台建设有待加强。目前不能及时获取流域内各省（市）水环境监测数据及有关水环境综合治理工作进展情况，尤其在流域发生突发水污染等事件时，需要更为及时和准确的信息通报，提高突发水污染事件的及时处置和快速响应能力。另外，污染源监管信息对接共享机制还需健全。部分重点污染源监管、排污许可证管理、环保信用评价等信息平台以面向国家和省级管理部门为主，未对基层提供数据接口，系统对接共享存在困难。

（三）跨界环境管理仍显薄弱

一方面，跨界区域环境管理权责未能落实。部分省际界河河道监管治理主体尚未明确，河道整治及长效管理方案有待细化。同时跨界流域上下游水功能区和水质目标也有待进一步统筹优化。另一方面，跨界区域监管标准和要求不统一。如崇明区大力推进世界级生态岛建设，其推广的高效低毒低残留环保型农药和生物农药标准严于崇明岛北部江苏省管辖地区。又如部分跨界水域及航道由各省（市）海事部门依据交通部相关规定分别管辖，监管要求尚未完全对接，水道交通和船舶安全存在隐患，给水源地环境安全带来风险。另外，跨界区域应急联动及事故责任追究不明确。区域资源环境一体化管理机制尚未真正形成，区域内已多次发生非法转移倾倒固废事件。目前在长江上下游区域，普遍缺少专业的防污应急队伍、危化品泄露应急库以及应急联动方案，给水源地管理带来风险隐患。跨界流域的污染事故发生后，缺乏明确的责任追究机制。

（四）顶层规划设计还需对接

一方面，区域层面环保一体化尚未实现区域能源、产业、交通城镇化等发展重大战略层面的紧密融合对接。上游地方政府布局产业规划时较少考虑下游地区的利益，有些地区特意将化工、石化、造纸、印染、制药、农药、皮革、电镀等污染严重的产业布局在地区边界，存在上游排污、下游取水的情况①，特别是在省界就更难以协调。在减少集装箱陆路转运方面，存在着铁路对外通道布局不完善，铁路货运场站布局和产业布局不适应，铁路和港口、公路等运输方式衔接不紧、信息交互不畅等问题，缺少通过区域层面物流体系的布局来统筹考虑。另一方面，不同地区间发展与利益问题还需统筹考虑。区域各地区间的利益协调问题日益突出，缺少灵活政策补偿手段，尤其在涉及区域重大环保民生工程方面，需要区域层面共同出谋划策，建立合作共赢的环境政策体系，在更大平台上实现优势互补、利益平衡。

四　进一步完善长三角区域环境保护协作机制的对策建议

（一）理顺实施推进的沟通协调机制

针对区域污染防治重点工作如高污染机动车管理、船舶污染防治、流域

---

① 陈晶莹：《长江经济带建设与水资源立法探析》，《上海金融学院学报》2015年第3期。

治理等，长三角地区各管理部门与区域污染防治合作办、区域合作联席办应紧密沟通、密切配合，经由合作办或联席办牵头，主动开展跨行政区域沟通，打通不同区域主管部门沟通渠道；同时，推进协作机制进一步下沉，形成市、区（县）、街（镇）各个层面跨区域联防联控机制，尤其鼓励跨界区域主动突破行政边界限制，积极谋划跨界污染联防联控的突破口和实施路径。

（二）加快完善区域信息共享机制

大气方面，完善区域主要污染物排放清单的更新和共享机制，全面实现区域空气质量监测超级站数据的实质性共享。提高区域机动车环保信息共享时效性，加快推动由老旧机动车、黄标车定期信息共享扩展为在用机动车实时信息共享。加快建设区域非道路移动源数据库，统一规范申报制度。水方面，完善重点流域水环境综合治理信息共享平台建设，整合环保、水务、安监等方面相关信息，为推进水环境治理及应对突发水污染事件提供基础。同时，加强与国家有关部门的信息对接，提高各个条线数据共享的全面性、及时性和有效性。

（三）推动建立区域联合监管常态化机制

及时总结重大活动环境质量联防联控保障经验，扎实推进《长三角地区2018~2019年秋冬季大气污染综合治理攻坚行动方案》，促进重大活动"临时管控措施"向"常态监管机制"转化，在现有大气及水源地互督互学专项行动的基础上，进一步深化长三角区域污染防治协作的制度化建设，选择跨界示范区域开展联合监管先行先试，探索组建省、市、区三级联合执法队伍，有效落实一体化联动机制。

（四）深化流域协作机制

尽早启动研究并建立长江危化品信息共享及应急联动机制，提升区域水环境事故应急处理能力。共同研究并科学论证以新一轮太湖流域综合治理为代表的重大流域协作政策和项目，加强协商沟通，全面系统评估重大水利项目对典型流域水质和生态环境的影响。针对区域重难点问题如流域上下游发展与利益问题，可借鉴新安江生态补偿试点工作成功经验，深化推广跨界流域上下游横向生态补偿机制，并辅以智力支持、产业互补、生态共建、发展共享等互利共赢机制，推动单一"输血式"经济补偿手段向"造血式"综合补偿手段转变，努力形成上下游联动一体化发展的新局面。

（五）加快推动区域政策标准协同

积极争取国家层面部委支持，借助落实秋冬季大气污染综合治理攻坚行动、跨界水源地环境风险预警、危险废弃物跨界非法转移、近岸海域污染联动协同防治等治理要求，以跨界区域为试点示范，由点及面，逐步推进区域生态环境治理政策法规及标准规范的融合统一。依托长三角区域生态环境联合研究中心建设，研究并构建区域主要污染物统一环境监测技术规范、分析方法等，为实现区域统一产业准入要求、环保监管要求奠定基础。同时整合优化区域现有绿色交易机制，优化区域环境资源配置，并通过加强跨区域环保信用联合惩戒与金融、工商等部门的联动，为推进构建区域绿色金融市场奠定基础。

（六）强化区域顶层规划设计融合

紧抓长三角区域一体化发展国家战略机遇，以区域污染防治协作的薄弱环节和重点问题作为突破口，高瞻远瞩，抓紧研究并出台区域一体化绿色发展顶层设计规划，突出源头绿色防控，促进资源优化配置，明确区域能源、产业、交通等未来的布局和规划走向，推动沿江、沿海、环太湖和环杭州湾等重点地区协同优化绿色发展，打造区域绿色物流综合交通体系，统筹区域天然气供应、废弃物处置等基础设施规划，同时研究出台相关保障措施，探索形成合作共赢的环境经济政策体系，为切实推动长三角地区更高质量的一体化发展提供有力支撑，同时为更好引领长江经济带发展，更好服务国家发展大局做出表率。

（七）加强上海引领示范作用

充分发挥上海资源优势，率先开展与江浙相关区域的跨界城镇整合和统筹研究，牵头制订跨行政边界的空间一体化联动发展策略，从各个独立的城市节点或城镇体系向一体化大都市区发展转变；主动谋划区域能源、产业和交通发展等整体战略，探索建立基于区域环境质量改善要求的战略规划；针对跨界区域水利港航、环境基础设施等项目探索建立规划共商、设施共享机制；积极参与长三角科技创新圈、G60 科创走廊等合作平台建设，推动制定区域产业准入负面清单，牵头搭建产业对接平台，加快推动区域产业链整体提升。定期梳理、总结经验模式，推动区域合作由项目协同向共同行动纲领、再向共同行为准则转变，为全国其他区域提供示范和借鉴，并为国家层面进一步完善区域生态环境治理政策法规体系贡献长三角力量。

B.7
上海产业绿色转型发展历程回顾及建议

陈 宁*

摘 要: 产业绿色转型是指一个国家或地区通过结构调整、布局优化、环境治理等途径,在产业持续发展的同时将对资源环境的不利影响降到最低的过程。改革开放后,上海通过产业结构战略性调整、产业布局优化、工业集中区与环境综合整治、工业节能减排等路径,持续地、分阶段推进产业绿色转型。上海的产业绿色转型既符合全球城市产业发展与产业转型的趋势,又探索出了符合自身市情的转型发展道路。经过40年的调整和治理,上海产业绿色转型取得了显著的效果,实现了工业污染物排放与工业发展脱钩,产业节能减排的成效助推城市环境质量改善,产业绿色转型的同时也实现了产业高质量发展。未来应着眼于将产业发展对资源环境的影响降至最低,结合国际产业转型的趋势,以全产业链和全生命周期的思维统领产业绿色转型;探索提升能源效率的新模式;与国际先进制造模式接轨;促进环境技术创新。

关键词: 上海 产业 绿色发展 改革开放

联合国工业发展组织(UNIDO)对绿色产业(Green Industry)的定义是着眼于可持续的、经济的未来,产业在不断发展的同时不对资源环

---
* 陈宁,上海社会科学院生态与可持续发展研究所博士。

境产生损害。本报告借用这一定义，认为产业绿色转型是指一个国家或
地区通过结构调整、布局优化、环境治理等途径，在产业持续发展的同
时将对资源环境的不利影响降到最低的过程。产业绿色转型已经成为经
济竞争力和可持续发展的核心决定因素。上海产业绿色转型的历程由来
已久，改革开放后，上海分阶段地持续推动产业绿色转型，取得了显著
的成效。

一 上海产业绿色转型的历程回顾

改革开放以来，上海通过产业结构战略性调整、产业布局优化、工业集
中区域环境综合整治、工业节能减排等途径，不断推动产业绿色转型。上海
产业绿色转型措施并不是一成不变的，而是根据经济社会条件及产业资源环
境负荷的特征进行动态的调整，走出了一条具有上海特色的产业绿色转型的
道路。

（一）产业结构战略性调整

UNIDO 发布报告认为，产业从以低生产率部门为主转向以高生产率部
门为主，能够通过形成有利于高生产率部门的活动分布来促进总体生产力绩
效，或者说结构变化是生产力增长的源泉[1]。对于上海而言，产业结构调整
不仅是产业增长的源泉，也是产业绿色发展的主线。

改革开放初期，上海第二产业在国民经济体系中占绝对主导地位，其占
GDP 的比重在 70% 以上。进入 20 世纪 80 年代后，上海开始重视发展第三
产业。1985 年上海市政府《关于上海经济发展战略的汇报提纲》中指出要
以发展第三产业为主，实行发展第三产业为全国服务的方针[2]。到 1990 年，
第三产业占 GDP 的比重提升到 30.94%，第二产业占 GDP 的比重下降至

---

① https：//www.unido.org/inclusive - and - sustainable - industrial - development.

② 周振华、熊月之、张广生、朱金海、周国平：《上海：城市嬗变及展望·中卷——中国城市
的上海（1979~2009）》，格致出版社，2010。

64.68%。但整体来看，20世纪90年代，上海产业发展仍然保持"二三一"的主基调。

1992年，上海确定实施产业结构战略性调整，将产业发展战略从"二三一"调整为"三二一"，即优先发展第三产业，积极调整第二产业，稳定提高第一产业。"三二一"的方针使产业结构从20世纪80年代主要是第二产业内部产品结构调整，转向20世纪90年代三次产业的战略性调整及工业内部行业、产品、技术和组织结构的战略性调整。工业发展从过去主要依靠传统工业转向主要依靠支柱产业和高新技术产业[①]。整个90年代，上海第三产业的增长率始终领先于第二产业，环比增长率较第二产业平均高9.36个百分点。第三产业与第二产业之间增长率的部门差异以及相对价格水平的重大变化，使第三产业从1999年起超过第二产业，成为上海GDP中所占份额最大的部门。2000年上海三次产业比重达到1.61：46.27：52.12，超额完成预期目标。

进入21世纪后，上海第十个五年计划纲要提出到2020年把上海建设成为"四个中心"，成为现代化国际大都市。"四个中心"建设主要侧重于产业功能，并特别强调现代服务业发展的重要性[②]。第十个五年计划提出深化"三二一"战略，上海第三产业占比进入了快速上升期，从2001年的52.38%提高到2017年的68.97%，而第二产业则降至30.7%。2001~2007年第二、第三产业占比处于胶着状态，"十一五"规划确立了上海市生产者服务业的发展方向，"十二五"规划继续把生产者服务业作为推动产业转型升级的战略重点。第三产业开始进入持续快速上涨阶段，与服务经济相适应的新兴产业体系逐步建立起来（见图1）。

改革开放至今，不仅三次产业结构发生了巨大的变化，工业产业内部行业结构也呈现出剧烈的差异（见表1）。1978年，上海工业总产值中纺织业的比重达到24.31%，几乎占到1/4。其后的黑色金属冶炼及压延加工业、

---

① 蒋以任：《上海工业结构调整》，上海人民出版社，2002。
② 干春晖等：《上海改革开放40年大事研究 卷六·产业升级》，格致出版社，2018。

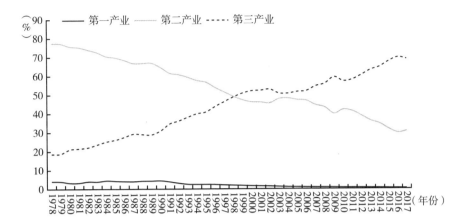

图1 1978～2017年上海三次产业占比

资料来源：上海市统计局：《光辉的六十载——上海历史统计资料汇编》，中国统计出版社，2009；《上海统计年鉴》。

化学原料及化学制品制造业占工业总产值的比重均超过6%。可见改革开放初期上海基本上处在工业化中期的阶段，轻工业和资本密集型原材料产业产值占工业总产值的比重近40%，交通运输设备制造业、专用设备制造业及普通机械制造业也具有一定的地位。进入21世纪后，上海已快速呈现工业化中期向工业化后期过渡阶段的产业特征，先进制造业的代表电子及通信设备制造业已经处在上海工业行业的领先地位。交通运输设备制造业、电气器械及器材制造业、普通机械制造业，以及钢铁和化工为代表的原材料行业构成了上海工业的主体。到2016年，交通运输设备制造业、电子及通信设备制造业成为上海工业的两强行业，创造了近40%的工业总产值。而黑色金属冶炼及压延加工业则已经从前六大工业行业中消失。

从1978年到2016年，上海工业行业CR6从53.01%上升至66.65%，工业行业CR3从39.32%上升至47.78%，表明上海工业内部领先行业的集中度在不断上升。未来代表先进制造业的交通运输设备制造业、电子及通信设备制造业、通用设备制造业、电气器械及器材制造业、专用设备制造业，代表战略性新材料制造业的化学原料及化学制品制造业仍将在上海工业中占据重要地位。

表1 1978~2016年主要年份上海工业行业总产值前六位行业及其占制造业总产值比重

单位：%

排序	1978年		1990年		2000年		2010年		2016年	
	行业	比重	行业	比重	行业	比重	行业	比重	行业	比重
第一位	纺织业	24.31	纺织业	13.44	电子及通信设备制造业	12.01	电子及通信设备制造业	21.12	交通运输设备制造业	22.3
第二位	黑色金属冶炼及压延加工业	8.76	黑色金属冶炼及压延加工业	11.83	交通运输设备制造业	11.66	交通运输设备制造业	15.72	电子及通信设备制造业	17.16
第三位	化学原料及化学制品制造业	6.25	化学原料及化学制品制造业	7.25	黑色金属冶炼及压延加工业	8.96	通用设备制造业	8.41	化学原料及化学制品制造业	8.32
第四位	交通运输设备制造业	4.8	交通运输设备制造业	6.56	电气机械及器材制造业	6.95	化学原料及化学制品制造业	8.02	通用设备制造业	8.28
第五位	专用设备制造业	4.57	电气机械及器材制造业	5.73	化学原料及化学制品制造业	6.65	电气机械及器材制造业	6.89	电气机械及器材制造业	6.86
第六位	普通机械制造业	4.32	电子及通信设备制造业	5.01	普通机械制造业	5.26	黑色金属冶炼及压延加工业	6.05	专用设备制造业	3.73
合计	53.01		49.82		51.49		66.21		66.65	

资料来源：上海市统计局：《光辉的六十载——上海历史统计资料汇编》，中国统计出版社，2009；《上海统计年鉴》。

改革开放后到 20 世纪 80 年代，上海工业结构的不合理不仅是上海经济发展中的深层次矛盾之一，也是工业污染治理的突出矛盾。因而产业结构调整是绿色转型的主线，而绿色转型是产业结构调整的核心目标。

1982 年 4 月，上海经济问题座谈会讨论上海"六五""七五"期间的经济和社会发展战略，提出建立节能型经济结构是实行目标调整的基本条件，应发展少耗能、少污染的电子工业、石化工业，促进经济社会协同发展①。1985 年由国务院批转的《关于上海经济发展战略的汇报提纲》明确提出，加快"四少两高"（耗能少、用料少、运量少、三废少；技术密集度高和劳动密集度高）工业的发展，促使粗放型工业结构向密集型工业结构转型②。

20 世纪 90 年代，根据党的十四大提出的把上海建成"一个龙头、三个中心"的战略要求，1992 年中共上海市第六次代表大会做出上海进行产业结构战略性调整的决定，随后确定了上海将要大力发展的六大支柱产业，包括汽车制造业、电子及通信设备制造业、电站成套设备制造业、石油化工及精细化工制造业、钢铁制造业、家用电器制造业六个工业门类③。上海市主要党政领导分头挂帅，按六大支柱产业分别成立了领导小组，集中力量实施了一批发展壮大支柱产业的大项目④。六大工业支柱产业成为带动上海经济发展和产业转型升级的主导力量。"九五"期间，上海继续壮大和发展了这六大工业支柱产业，其产值占上海工业总产值的比重从1994 年的38.56%上升到"九五"期间的平均50.46%。

进入 21 世纪后，随着产业的发展和市场环境的变化，上海原来六大工业支柱产业在产出规模、增长速度等方面有所减弱。"十五"期间，上海对原六大工业支柱产业进行调整，用现代生物医药业代替竞争优势已不明显的家用

① 干春晖等：《上海改革开放 40 年大事研究　卷六·产业升级》，格致出版社，2018。
② 干春晖等：《上海改革开放 40 年大事研究　卷六·产业升级》，格致出版社，2018。
③ 杨公朴：《上海工业发展报告：工业产业结构调整、优化、升级》，上海财经大学出版社，2003。
④ 杨公朴、夏大慰：《上海工业发展报告：五十年历程》，上海财经大学出版社，2001。

电器制造业，用剔除生铁和普通钢材后的精品钢材制造业代替钢铁制造业，用电子信息产品制造业代替电子及通信设备制造业，用成套设备制造业代替电站成套设备制造业，从而形成了"六个重点发展的工业行业"（见图2）。经过此次工业支柱产业的调整后，这六个重点发展工业行业一直沿用至今。

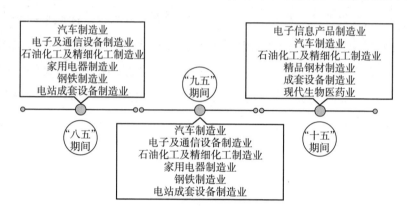

图2　上海工业支柱产业的动态调整示意

资料来源：笔者整理。

　　上海持续的产业结构调整获得了积极的产业和环境效益。从20世纪80年代以来，上海累计关停"三高一低"项目6400多项，平均每年800项，铁合金和平板玻璃、皮革鞣制等高污染高耗能行业已在上海的工业目录中消失。据测算，上海产业结构调整共计减少能源消费量超过830万吨标准煤，相当于上海全市居民一年半的用电量；通过结构调整少排放的 CO_2、SO_2、NO_x 等，相当于再造100个大型公园；为了保护水源地，上海对水源地所在地区104家重点企业进行处理，每年减少污水排放18.7万吨，大幅降低水源地环境负荷[1]。

（二）工业布局优化

　　工业在国土空间的合理布局是城市经济发展和环境保护的重要前提，要实现工业资源消耗、污染排放与资源永续利用、环境自净之间的平衡，保障

---

① 干春晖等：《上海改革开放40年大事研究　卷六·产业升级》，格致出版社，2018。

工业生产的稳定和生活质量的不断改善，合理的工业布局是关键。工业布局优化既是上海市城市功能定位和比较优势变化的必然结果，也是产业绿色转型的必然路径。改革开放以来，上海工业布局的优化在中心城区和郊区同时展开（见图3）。

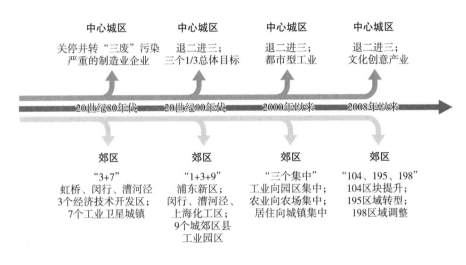

图3 上海工业布局优化历程示意

资料来源：笔者整理。

改革开放初期，上海产业绿色转型的突出矛盾是工业集聚于中心城区，市区内的工业以工业点、工业街坊和工业区3种形态分布，并沿内环线两侧分布，工厂与民宅犬牙交错。当时的工业企业主要是劳动密集型产业，产出效率低但污染负荷沉重，并发了环境、交通、居住等一系列问题，对中心城区的承载能力造成了巨大压力。

20世纪80年代，上海理论界开始反思上海的城市发展模式，1985年国务院转批的《关于上海经济发展战略的汇报提纲》、1986年国务院批复的《上海市城市总体发展规划》成为这一时期上海产业布局调整的理论基础和行动指南。20世纪80年代中心城区产业布局调整主要是关停并转"三废"污染严重的制造业企业，协助部分有条件企业进行改造，搬迁到近郊工业区或卫星城镇。20世纪80年代，上海搬迁或治理污染严重的工业企业超过

100 家，污染治理工程达 2500 多个，中心城区污染问题得到了一定的改善①。但中心城区传统制造业过分集聚的问题没有得到根本改善。

20 世纪 90 年代初，中共上海市第六次代表大会指出了上海中心城区产业布局优化的新思路，即"退二进三"，第二产业向郊区扩散，第三产业向中心城区集中。根据不同的土地地租级差对区域内工业企业进行改造，并制定了"三个 1/3"的总体产业布局调整目标，即 1/3 关停并转，1/3 由工业转到第三产业，1/3 进行保留并发展成为都市工业。还制定了分期分批向郊区疏散工业企业的规划，为第三产业腾出发展空间，即所谓的"腾笼换鸟"。在中心城区"退二进三"战略指导下，全市工业开发进入城郊模式，城郊由原先分散布局、自发开发转向相对集中、连片开发。"九五"期间上海提出了"1 + 3 + 9"工业区建设和发展要求，除了其中"1"是指浦东新区，代表一个行政区，"3"和"9"都是工业园区或开发区。此外上海城郊还有大量的区级工业区，工业园区的分散布局没有实质性改变②。

2001 年国务院批复的《上海市城市总体规划（1999 ~ 2020 年)》明确了郊区要坚持"三个集中"。2003 年《上海市城市近期建设规划（2003 ~ 2007)》首次提出要把建设的中心从中心城区转向郊区。"三个集中"战略首要的是"工业向园区集中"，2005 年"十一五"规划明确全市建设六大产业基地。在"三个集中"的战略引导下，上海对工业园区进行清理整顿之后，基本形成了以六大产业基地为龙头、市级及以上开发区为支撑、各类工业集中区和生产者服务业为补充的空间布局③。

近年来，上海面临着严峻的土地、环境等要素瓶颈制约，必须对工业发展和土地规划统筹实行集约化、精细化、绿色化管理，才能保障工业可持续发展。2009 年，上海"两规合一"制定了"104 区块提升、195 区域转型及 198 区域调整"的产业布局调整措施。简单来说"104 区块"是上海的国家

---

① 干春晖等：《上海改革开放 40 年大事研究　卷六·产业升级》，格致出版社，2018。
② 周振华、熊月之、张广生、朱金海、周国平：《上海：城市嬗变及展望·中卷——中国城市的上海（1979 ~ 2009)》，格致出版社，2010。
③ 干春晖等：《上海改革开放 40 年大事研究　卷六·产业升级》，格致出版社，2018。

级或市级工业区块，重点提升这些区域的能级；"195区域"是指在上海城市集中建设区以内的约195平方公里的现状工业用地，主要用于推进存量工业用地整体向研发用地、住宅用地、公共服务用地和公共绿地转型；"198区域"是指规划集中建设区外的约198平方公里的现状工业用地，这一区域大力推进现状低效工业用地减量化。这一产业布局举措将有力地推动现有"高能耗、高污染、高风险、低效益"的工业用地转型，或转型成为高产出、低消耗的工业用地，或直接改变为生态用地或耕地。

2016年上海市经信委发布的《上海市工业区转型升级"十三五"规划》提出进一步加强104区块、195区域、198区域的统筹优化联动机制，构建"产业基地-产业城区-产业社区""零星工业用地"的"31"产业园区空间布局体系，对"31"之外的工业用地逐步调整和转型。

经过改革开放40年工业布局优化的实践，上海工业布局调整的目标基本实现（见表2）。中心城区"退二"完成，传统制造业企业向郊区工业园区集中。中心城区工业总产值所占比重由1985年的62.8%降至2016年的6.95%，中心城区工业企业职工所占比重由1985年的71.5%降至2016年的5.16%。

表2　上海中心城区工业相关指标

年份	中心城区工业企业		中心城区工业总产值		中心城区工业企业职工	
	数量（家）	占比（%）	数量（亿元）	占比（%）	数量（万人）	占比（%）
1985	5397	50.6	593.43	62.8	214.4	71.5
1995	4748	30.8	1059.53	31.6	181.17	54.6
2005	1835	12.42	1797.71	11.4	35.49	13.37
2016	—	—	2165.46	6.95	11	5.16

资料来源：1985~1995年数据来自杨公仆、夏大慰：《上海工业发展报告：五十年历程》，上海财经大学出版社，2001；2005~2016年数据来自《上海统计年鉴》。

（三）工业集中区域环境综合整治

改革开放初期，由于传统制造业密集分布于中心城区，工厂与民宅混合布局，导致当时中心城区污染问题十分严重，成为制约经济社会发展的突出矛盾。上海从 1985 年起开始了工业集中区域的环境综合整治工作，作为改善城市环境质量的实事[①]。

20 世纪 80～90 年代，上海先后集中开展了长宁区新华路街道环境整治、和田路和田工业小区综合整治、桃浦工业区污染治理、吴淞工业区环境综合整治。1986 年开始，历经 8 年的新华路街道环境整治共完成各类治理项目 407 项，治理投资 4.5 亿元，取得了显著的治理效果。新华路区域大气中主要污染因子指标甚至优于上海市区的平均水平[②]。1994 年上海市政府宣布新华路地区完成环境综合整治任务。和田工业小区环境综合整治从 1987 年开始，历时 8 年，总投资 10.8 亿元，迁建污染工厂 14 家，动迁居民 2300 多户，和田路地区环境质量大为改善，总体环境质量水平已与市区一致。1995 年 6 月，上海市政府宣布和田地区完成环境综合整治任务。桃浦工业区污染治理项目从 1987 年正式启动，经过土地动迁改造、锅炉改造集中供热、新建污水处理厂、新建变电站、道路改造、河流绿化等举措，前后历经十年，总投资 10.7 亿元。1997 年，上海市政府宣布正式摘除桃浦工业区重污染地区的帽子[③]。但当时桃浦工业区环境整治的效果仍不稳固，1999 年，上海编制了桃浦工业区环境综合整治后三年继续整治计划，加强对区内污染企业的监督管理和环境基础设施建设；1999 年上海成立了高规格的吴淞工业区环境综合整治领导小组，以时任上海市委副书记、常务副市长为组长，时任副市长、时任宝钢集团总经理为副组长，编制完成吴淞工业区环境综合整治规划，明确了分阶段的实施目标[④]。

2000 年 4 月 8 日，上海市召开人口资源环境工作会议，发布《关于加强本市环境保护和建设的实施意见》，要求全面启动、整体推进环境保护和建设三年行动计划。自此，工业集中区域的环境综合整治都纳入了各轮《上海市环境保护和建设三年行动计划》中，作为工业污染防治的重要任务。第

① 《上海环境保护志》编纂委员会编《上海环境保护志》，上海社会科学院出版社，1998。
② 《上海环境保护志》编纂委员会编《上海环境保护志》，上海社会科学院出版社，1998。
③ 上海市环境保护局：《1997 年上海市环境状况公报》，上海市环境保护局，1998。
④ 上海市环境保护局：《1999 年上海市环境状况公报》，上海市环境保护局，2000。

一轮、第二轮行动计划以桃浦工业区环境整治、吴淞工业区环境综合整治为主；第三轮行动计划全面实施推进吴泾工业区环境综合整治；第四轮行动计划继续完成吴泾工业区环境综合整治，开始推进石化集中区域污染治理工作；第五轮行动计划推进南大地区环境综合整治；第六轮行动计划要求继续推进高化、桃浦、南大、吴淞区域调整转型，推进金山化工区环境综合整治；第七轮行动计划要求继续推动桃浦、南大、吴泾、吴淞的结构调整，开展新一轮金山地区环境综合整治，启动高化地区环境综合整治。各工业区环境综合整治均由上海市政府发布环境综合整治规划、实施计划纲要、配套政策意见及实施方案等系列文件，为工业区环境综合整治制定目标和指导依据。成立工业区环境综合整治办公室，作为上海市政府设在工业区的办事机构。工业区所在区县级政府制定环境综合整治实施方案。在实施过程中，一般由区级环保局牵头，区相关职能部门共同参与，工业区所在乡镇全力配合。环境综合整治主要措施一般包括：对企业进行技术改造和污染治理，关、停、并、转低效益重污染企业，完善工业区市政基础设施，强化工业区环境管理等（见图4）。

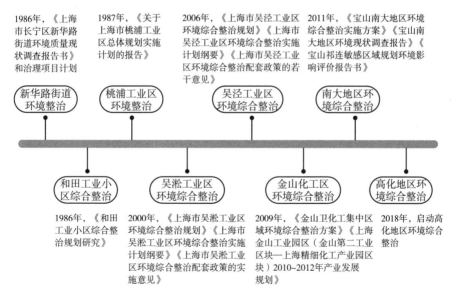

图4 上海历次工业集中区域环境综合整治示意

资料来源：笔者整理。

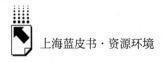

（四）工业节能减排

如果说工业集中区域环境综合整治更多地体现为针对重点区域的工业企业进行的集中治理，那么本部分的工业污染治理则是对全市工业污染源的治理历程与措施。

20 世纪 70 年代至改革开放初期，上海的烟尘污染较为严重，市区降尘平均值在 25.7 吨/月·平方公里，大气污染以煤烟型为主[1]。1981 年开始，上海实施了烟囱不冒黑烟的试点工作，在黄浦"两街一场"、静安区、原南市区率先创建"无黑烟区"，试点取得经验后，全面推进无黑烟区建设。到 1985 年 12 月全市实现基本无黑烟。同时，重点针对电力、冶金、水泥三大行业的污染源进行治理，推广应用机械炉排、抽板顶升、旋风、布袋和静电除尘器等设备[2]。1989 年全市除宝山区外，其余各区县均达到国家规定的控烟区要求。在工业粉尘方面，20 世纪 80 年代主要针对以冶炼为主的工业窑炉粉尘进行治理，宝钢一期工程工业窑炉广泛采用先进的布袋、静电除尘设备，大大提高了工业窑炉治理技术装备水平。工艺废气方面，通过企业的技术改造，采用吸附、吸收为主的净化处理方法，工艺废气污染得到改善。此外，从 1982 年开始，上海通过发放生产许可证的方式，对电镀、热处理、锻造、铸造等行业的工业废气进行专项治理。

1992 年是全国全面实施环境保护计划被列入经济、社会发展年度计划的第一年。环境质量指标、污染治理指标、城市综合整治指标及自然保护指标被纳入经济社会发展年度计划。当时的上海市计划委员会把上述指标下达执行，环保部门要求工业部门将上述四类指标进一步分解到工业企业[3]。按照国家新的锅炉排放标准，上海再次全面更新锅炉的除尘设备，广泛采用多管旋风除尘器和湿式水膜除尘器，加强锅炉的运行管理。烟尘控制区二期工

① 周振华、熊月之、张广生、朱金海、周国平：《上海：城市嬗变及展望·中卷——中国城市的上海（1979~2009）》，格致出版社，2010。
② 《上海环境保护志》编纂委员会编《上海环境保护志》，上海社会科学院出版社，1998。
③ 上海市环境保护局：《1992 年上海市环境状况公报》，上海市环境保护局，1993。

程建设中淘汰了冶金行业两个工艺极端落后、污染严重的土烧结，上海烟、粉尘治理的成效显著。

1998 年上海开始全面推进"一控双达标"工作，指国家规定的 12 项主要污染物排放总量控制在规定范围内，工业污染源排放达到国家和上海市地方标准，城市环境质量达到国家标准。为了实现这一目标，上海颁布了《上海市污染物排放许可证管理规定》，针对 SO_2 和 COD 这两项常规污染物指标，采取了严格控制燃料煤和燃料油的含硫量，以及加强环境基础设施建设的举措。到 2005 年，全市电力行业燃料煤的含硫率控制在 0.7% 以下（见表 3），其他行业基本控制在 1% 以内。

表 3　1990～2005 年上海火电厂燃煤硫分和 SO_2 排放情况

参数	1990 年	1995 年	2000 年	2005 年
燃煤平均硫分/%	1.1	0.96	0.55	<0.7
SO_2 排放总量/kt	163.4	279.8	170.9	295
SO_2 排放量/g·(kW·h)$^{-1}$	9.3	7.9	3.6	4.4
千吨燃煤 SO_2 排放量/t	18.5	15.8	8.4	9.7

资料来源：吕敬友、徐小明：《上海火电厂控制 SO_2 排放的举措》，《电力环境保护》2008 年第 10 期。

"十一五"期间，上海市控制大气污染物排放的主要措施包括：针对硫化物，主要是安装烟气脱硫装置和继续使用低硫煤；针对氮氧化物，安装脱硝装置和采用低氮燃烧技术。2005 年底，宝钢自备电厂 2 号机组脱硫装置投入运行拉开了烟气脱硫的序幕，此后外高桥热电厂、上海石化热电二站等大型机组脱硫装置相继建成投运。2007 年，上海市发布了更严格的地方排放标准《锅炉大气污染物排放标准》（DB31/387 - 2007），2007 年之后新建的电站锅炉，SO_2 和 NO_x 的排放限制要达到 200 毫克/立方米，意味着到 2010 年，全市所有燃煤电厂机组都要实施烟气脱硫才能达标，而新建设备还要脱硝。

"十二五"期间，上海全面实施电力、钢铁行业的烟气脱硫、脱硝和除尘改造，制定全市电厂氮氧化物排放控制方案，持续推进燃煤锅炉和工业窑炉污染治理，大力推广清洁能源，推进全市 20 吨以上燃煤锅炉除尘达标改造或清洁能源替代。同时，开始加强重点工业行业的挥发性有机物（VOCs）的污染控制，在上海石化、高桥石化、上海赛科、华谊四大化工企业试点开展VOCs总量控制。

2015年开始，上海着眼于全面落实"气十条""水十条""土十条"的要求，推进工业污染治理工作。大气污染治理方面，主要工作包括：落实煤炭消费总量控制，2017年，全市除公用燃煤电厂和钢铁窑炉外，已基本实现无燃煤[1]；发布《燃煤电厂大气污染物排放标准》（DBB31/963–2016），2017年全面完成燃煤电厂超低排放改造任务，并同步完成石膏雨治理；进一步加强工业源VOCs治理。2015年，上海发布了一批控制VOCs的地方标准，其中针对工业源的有4项，分别是汽车制造业（涂装）、印刷业、涂料油墨及类似产品制造工业、船舶工业[2]。在"十二五"时期四大化工企业VOCs试点的基础上，宝钢集团纳入实施VOCs综合治理的范围，并在6个化工细分行业的重点企业实施VOCs控制措施。土壤污染治理方面，开展工业企业场址土地环境调查评估，并有序开展土壤污染治理修复。

2018年发布的上海第七轮环境保护和建设三年行动方案指出，未来三年上海大气环境保护工作以实施$PM_{2.5}$和臭氧（O_3）协同控制为核心，实施煤炭和能源总量双控，削减钢铁、石化产业用煤总量，实施燃油燃气锅炉氮氧化物排放深化治理，全过程深化工业大气污染防治。

二 上海产业绿色转型的效果

经过40年的调整和治理，上海产业绿色转型取得了显著的效果，实现了工业污染物排放与工业发展脱钩，工业节能减排的成效助推城市环境质量改善，产业绿色转型的同时也实现了产业高质量发展。

---

[1] 上海市环境保护局：《2017年上海市环境状况公报》，上海市环境保护局，2018。
[2] 上海市环境保护局：《2015年上海市环境状况公报》，上海市环境保护局，2016。

（一）产业发展与能源环境脱钩

改革开放以来，上海产业绿色转型的直接效果是实现了工业污染物排放与工业发展脱钩（见图5）。但不同类型的污染物之间存在着比较明显的差别：工业水污染物排放的脱钩历程较早，从1998年开始，工业COD排放量与工业增加值脱钩，此后工业COD排放量始终是稳定的单边下降趋势。而工业大气污染物排放的脱钩历程相对曲折，工业SO_2排放量在1997年前后和2005年前后出现过短暂的快速增长。2007年，上海部署全市范围大规模烟气脱硫，并发布了严格的锅炉排放地方标准，此后工业SO_2排放量出现明确的快速下降趋势。从2008年开始，工业SO_2排放量与工业增加值实现稳定脱钩。

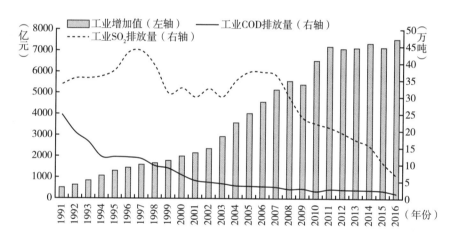

图5 1991～2016年上海工业增加值与工业污染物排放脱钩

资料来源：《上海统计年鉴》。

改革开放至今，上海产业发展与能源消费强度呈现相对脱钩的格局（见图6），但仍未实现能源消费总量的绝对脱钩。从2000年以后，上海单位工业增加值原煤消耗量的下降速度开始快于单位工业增加值工业终端能耗的下降速度。2015年以后，伴随《上海市煤炭减量替代工作方案（2015～2017年）》《上海市2018～2020年煤炭消费总量控制工作方案》的出台和实施，全市煤炭消费总量有望在 2020 年前后达到峰值，从而实现产业发展与煤炭消费总量的绝对脱钩。

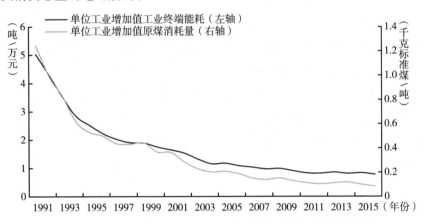

图6　1991~2015 年上海单位工业增加值消耗的终端能耗和原煤

资料来源：《上海统计年鉴》。

（二）产业绿色转型为城市环境质量改善做出贡献

改革开放以来，上海产业绿色转型的最大效果是为城市污染物总量控制与城市环境质量做出了显著贡献。1991~2016 年，工业 SO_2 减排相对于全市 SO_2 减排的贡献度达到 66.99%；1996~2016 年，工业 COD 减排相对于全市的贡献度约为 84.34%。工业污染物排放量占全市污染物排放总量的比重也发生了显著变化：2016 年，上海工业 COD 排放量占全市 COD 排放量的比重为 11.42%，仅为 1996 年的 1/4；工业 SO_2 排放量占全市的比重则高达91%，而 1991 年这一数据为 71%，这得益于全市范围内"无燃煤区""基本无燃煤区"区划的实施。

产业绿色转型不仅为全市节能减排做出了显著贡献，也与城市环境质量的改善直接相关。以工业 SO_2 为例，工业 SO_2 排放量的走势与大气中 SO_2 平均浓度的走势高度一致（见图7），在 2007 年达到排放高点之后迅速下降，2010年上海 SO_2 排放量相比 2007 年下降近 40%，同期大气中 SO_2 浓度下降47.27%。工业 SO_2 排放量和大气 SO_2 浓度之间呈现显著的正相关关系（见图8）。

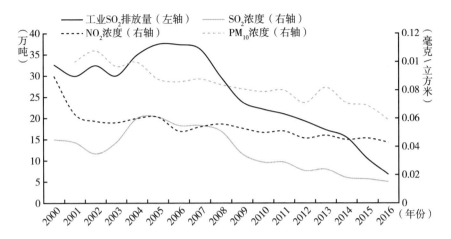

图7 2000年以后上海工业 SO₂ 排放量与大气中主要污染物浓度

资料来源：《上海统计年鉴》。

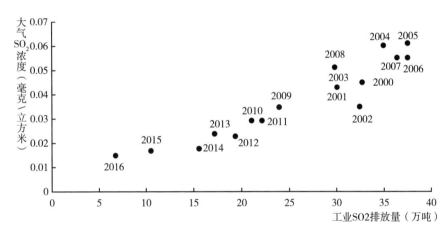

图8 2001~2016 年上海工业 SO₂ 排放量与大气 SO₂ 浓度相关关系

资料来源：《上海统计年鉴》。

同时，我们也注意到 SO₂ 排放量与其他大气污染物浓度包括 NO₂、PM₁₀ 在趋势上也基本类似（见图7），表明工业污染物减排具有一定的协同效应。另外，大气中 NO₂ 浓度是 SO₂ 浓度的近3倍，工业氮氧化物排放仍有较大的减排空间，也因此在上海第七轮环保三年行动计划中，将油气锅炉氮氧化物排放治理纳入重要议事日程。

考察工业空间分布对大气环境质量的影响，可以发现上海工业空间分布格局与主要大气污染物浓度的分布已不存在高度相关性。用单位面积工业总产值的数据代表工业密集分布程度（见图9），$PM_{2.5}$、SO_2、NO_2浓度代表环境空气质量，浦东新区的工业密集程度是奉贤区的3倍多，而这两个区的$PM_{2.5}$浓度处在相同水平。松江区的工业密集程度是金山区和青浦区的2倍有余，而这三个区$PM_{2.5}$浓度也处在相同水平。此外，金山区尽管布局了上海石化、上海化工区等重点能耗企业，但其SO_2浓度却是全市最低的。

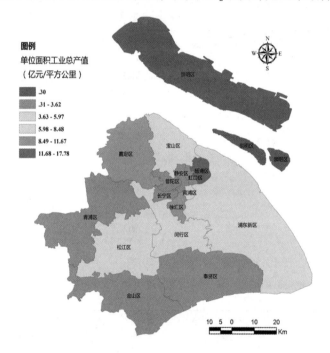

图9　2017年上海工业空间分布

资料来源：《上海统计年鉴2017》。

（三）产业绿色转型推动产业高质量发展

党的十九大报告指出，我国已由高速增长阶段转向高质量发展阶段。而产业的高质量发展是实现经济高质量发展的重要内容和关键支撑。产业高质量发展的重要标志是各类生产要素得到更集约的使用，取得更高的效益。从这个角度上看，产业绿色转型促进了各类资源利用更高效，是高质量发展的表现。同时，我们发现，上海产业绿色转型的结果与表征高质量发展的经济指标在趋势上具有一致性（见图10）。以工业 SO_2 排放量为例，2000 年以来，上海工业 SO_2 排放量与规模以上工业从业人员走势基本呈正相关，与规模以上工业企业利润率基本呈负相关，表明上海工业绿色转型对于工业高质量发展具有推动作用。尤其是 2008 年以后，伴随 SO_2 排放量的快速下降，上海规模以上工业从业人员数量开始进入持续下降通道，而工业利润率则呈始出现缓慢上升。

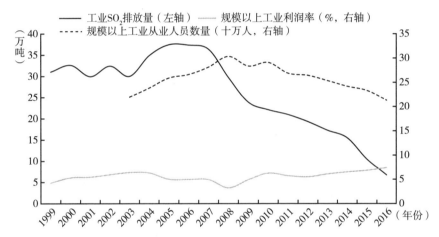

图 10　1999 ~ 2016 年上海工业污染物排放量、规模以上工业利润率及
规模以上工业从业人员数量

资料来源：《上海统计年鉴》。

三　国际产业绿色转型的趋势

上海要建设具有国际影响力的全球城市，上海未来的产业转型必须对标国际产业绿色发展的前沿趋势，才能不断提高产业的国际竞争力。从全球范围来看，产业绿色转型是促进可持续发展的优先事项，而不断降低生产的资源环境强度是实现工业可持续发展目标的关键。

（一）产业绿色转型是促进可持续发展的优先事项

最近的全球趋势让一些观察人士错误地得出结论：工业已不再是经济的关键部门。一种普遍的观点是，在过去的数十年里，工业的重要性一直在下降，与"后工业化"社会的出现恰好吻合。联合国工业发展组织（UNIDO）在2018年发布的《全球工业发展报告》中认为这一说法的实证证据通常基于工业创造的名义增加值占名义国内生产总值的比重。从表面上看，在全球层面以及特定国家中，相对于其他部门，工业产值出现下降，反映出去工业化趋势。然而，这一结论是从生产角度得出的。当需求成为关注的焦点时，重要的不是工业名义增加值占名义 GDP 的比重，而是创造出性能更好、更廉价的新工业品。UNIDO 提供的经验证据强调了工业的重要性，首先，工业能够以相对于经济中的其他部门有所下降的价格提供不断增加的商品品种；其次，工业技术创新和提供"大众化"环保商品是应对环境挑战并实现环境可持续性良性循环的关键所在；最后，工业发展通过提供每个人都负担得起的新产品品种和产品质量，改善消费者福利，进而对其他可持续发展目标的实现起到潜在促进作用①。因而，联合国承认工业的重要性，将工业部门的发展作为其新的可持续发展目标清单中的优先事项，促进包容性和可持续的工业化，促进创新，建立有弹性的基础设施②。

（二）降低生产的资源环境强度是实现工业可持续目标的关键

UNIDO 在2017年发布的《结构转型以促进包容性和可持续的工业发展》报告指出，解决工业化对资源和环境的影响是可持续工业化的重要组成部分。在所有国家的工业部门中，除了低收入经济体之外，其他国家生产的资源环境强度（每单位产出的环境影响）都呈现下降的积极趋势。从1995年开始，高收入和中高收入国家的二氧化碳强度明显呈下降趋势。但

---

① https：//www. unido. org/resources – publications – flagship – publications – industrial – development – report – series/industrial – development – report – 2018.

② https：//www. unido. org/sites/default/files/files/2018 – 06/EBOOK_ Structural_ Change. pdf.

是 UNIDO 也警告说虽然全球工业企业在降低生产的环境影响方面取得了一些进展，但产出的扩大也增加了全球包括碳排放在内的污染物排放量。因而必须加快努力进一步降低生产的资源环境强度，并尽可能地广泛采用先进的污染治理技术。多样化的国家经验表明，降低生产的资源环境强度以及在各国之间有效传播的技术创新将是确保实现长期工业可持续发展目标的关键。特别是低收入国家在应用环境密集度较低的生产技术方面仍远远落后于其他国家。工业内部细分行业的经验多样性凸显了以部门为目标的环境政策在鼓励脱碳和更有效的污染物管理方面的潜在作用①。

（三）循环经济再发现成为全球性的前沿论题

联合国环境规划署（UNEP）指出，人类的生活方式超过了地球的资源承载力和环境容纳废物的能力，解决方案是资源生产率的突破性提高。在生态合理性的基础上提高资源生产率是一个紧迫的问题。当前重新思考循环经济的实现形式和经济社会环境价值已经成为全球性的前沿论题。包括重新思考如何制造工业产品，并在其使用寿命结束时如何采用新循环经济模式对其进行处理，以期能带来突破性的环境、社会效益。通过循环经济新理念改造引发的制造革命将推动新材料使用量节约 80%～99%，行业的温室气体排放量减少 79%～99%②。艾伦麦克阿瑟基金会估计，到 2025 年，广泛采用循环商业模式可以每年节省 1 万亿美元的材料成本。

（四）提高工业能源效率是绿色转型最重要和最具成本效益的手段

根据国际能源署（IEA）2018 年发布的报告指出，到 2040 年，能源效率的提高可能使世界的能源价值翻倍。但从全球范围来看，能源效率改善的幅度在下降。美国能源效率经济委员会指出，2011 年全球能源强度下降了 2.5%，但 2017 年的改善速度放缓至 1.7%，而中国没有改善。从全球范围

---

① https：//www.unido.org/sites/default/files/files/2018－06/EBOOK_ Structural_ Change.pdf.

② http：//www.responsiblebusiness.com/news/asia－pacific－news/re－thinking－production－to－boost－circular－economies/.

看，工业部门消耗了全部能源的 80%，该部门的能效提高可以显著降低国家对能源的需求。过去几十年来，工业部门在提高能源效率方面取得了稳步进展，预计未来全球能源效率将会继续呈现改善趋势。在不久的未来，提高能源效率可能是减少能源消耗及温室气体排放的最重要和最具成本效益的手段①。根据 UNIDO 的预测，到 2025 年，全球有可能加快采用节能技术和手段的步伐，这些技术和手段可以将工业部门的能源消耗再减少 15% ~32%。工业部门能源消耗的减少幅度相当于到 2025 年国家能源消耗减少 6% ~12%。②

四　上海产业绿色转型的建议

为了进一步推动绿色转型，将产业发展对资源环境的影响降至最低，本部分针对上海目前产业绿色转型中存在的一些问题，结合国际产业转型的趋势，建议未来上海应以系统思维统领产业绿色转型；探索提升能源效率的新模式；与国际先进制造模式接轨；促进环境技术创新。

（一）以系统思维统领产业绿色转型

产业绿色转型是一项贯穿各领域的工作，涉及环境、经济和社会等复杂因素的相互作用，并且这种相互作用在可持续发展的背景下根深蒂固。上海这 40 年的产业绿色转型过程实质是纠正了历史形成的不利于城市环境保护的产业发展问题，更多地体现为产业外部的动力，如产业结构调整、产业布局优化和环境集中治理。未来应着眼于应用系统思维，将产业绿色转型作为一个明确的目标，在政策上实现更高水平的横向和纵向整合，在产业层面实现全生命周期的绿色转型。

在政策整合方面，与产业绿色转型相关的政策涉及多个部门，在政府机

---

① https：//www. politesi. polimi. it/bitstream/10589/71904/3/Tesi%20Marchesani_ Spallina. pdf.

② https：//www. unido. org/sites/default/files/files/2018 – 06/EBOOK_ Structural_ Change. pdf.

构内部可以通过多种方式实现部门整合。最明显的是发展战略和政策框架的整合，这些战略和政策框架得到机构间工作组、调查委员会、工作组等协调机制的支持。通过在组织结构内建立联席会议，例如生态环境部门，经信委、发改委等经济发展部门，城市规划、供水、市容绿化等城市管理部门也可以实现政策整合。当前上海面临的主要挑战是尚未构建出一套完整的产业转型升级的政策框架。政府可以通过创造适当的需求条件来影响企业的行为，包括取消对环境有害的补贴，提供融资方案，促进全球伙伴关系的建立和贸易的发展，投资资源节约型基础设施，支持当地行动等。再者，将"产业绿色转型"政策的各个方面纳入相关政府资金资助项目的主流。另外，相关部门应对可持续消费和可持续生产制定联合战略和政策框架。

在产业层面，应着眼于实现全生命周期的绿色转型，核心思想以"末端处理""预防""管理""拓展""重塑""协同"为序层层推进，形成良好的产业生态（见表4）。此外，上海应该大力推动环境商品和服务产业发展，这是一个不断发展的多样化的产业，涵盖所有类型的服务和技术，旨在减少负面环境影响或解决各种形式污染的后果。包括传统的材料回收、废物管理和处理公司，废物运输公司，专门从事废水处理、空气污染控制和废物处理设备生产的工程公司；还包括环境和能源综合解决方案提供商，制造和安装可再生能源设备的公司，开发和生产清洁技术的公司，等等。

表4 全生命周期的产业绿色转型视角

流程	核心思想	具体内容
污染控制	末端处理	末端处理技术
清洁生产	预防	修改产品和生产方法 优化流程 减少资源输入和输出 使用替代材料 无毒和可再生
生态效率	管理	系统的环境管理 环境战略和监测 环境管理系统

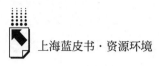
续表

流程	核心思想	具体内容
生命周期思维	拓展	扩大环境责任 绿色供应链管理 企业社会责任
闭环	重塑	重构生产方法 最小化和消除原始材料
产业生态	协同	整合生态系统 环境伙伴关系 生态工业园区

资料来源：OECD，2011。

（二）探索提升能源效率的新模式

前文所述，上海产业发展与能源消耗尚未绝对脱钩。上海工业企业就单位能效而言在全国也并不领先，在2018年国家工信部、国家发改委联合发布的"重点用能行业能效领跑者入选企业名单"中，上海本地工业企业未能入选。此外，上海工业绿色发展"十三五"规划也指出，上海工业项目能效水平有较大提升空间，同时企业实施节能改造的动力不足，节能改造成本上升较快，因而提升上海工业企业的能源效率是一项长期任务。从国际上看，国际能源署（IEA）指出创新融资机制对于提高能源效率投资至关重要。本报告认为上海市提升能源效率可以借鉴美国联邦及各州能效计划的经验。美国地方能源行动网络（SEE）的报告显示，与大多数针对其他部门的计划相比，工业能效计划可以以低成本为社会和公用事业系统节省大量能源。在国家层面，工业部门比其他客户类别节省更多的能源。通过工业计划获取能源节约是保持所有客户能源价格低的最佳方式之一。工业项目节省的电量直接取代了投资更昂贵的发电厂或输配电（T&D）系统升级的需求。如果这些资产没有建成，则不需要以客户费率收回成本，保持低电费并为社区中的所有客户节省资金。为了实现这些好处，许多州、公用事业和计划管理人员都在针对消耗大量能源的客户开展旨在为其制造流程和工厂运营提供动力的计划。这些计划可以促进一系列技术的使用和管理方式的实践，以减少制造部门的能源消耗①（见表5）。

表5　美国能效计划的具体实施步骤

项目	具体内容
清楚地展示价值主张	应该使工业企业正确理解和量化运营成本节约的全部范围以及能源效率投资带来的其他好处
发展长期关系	提供一致的联系人，并与工业客户建立信任，以便联合识别机会和分析节约
提供高质量的技术方案	对每个工厂的核心生产流程和操作问题有专业的了解，以提供高质量的技术建议和支持。这通常意味着聘请具有特定流程专业知识的承包商
提供规定和自定义选项	应为一般项目提供简单的说明性选项，并为需要定制解决方案的更复杂的项目提供自定义选项
适应客户时间表	考虑工业公司的运营计划、资本投资周期和决策过程，以便能效项目与内部驱动因素保持一致
简化申请流程	在满足计划管理需求、保持程序易于理解以及应用程序易于提交以促进参与之间取得平衡
进行有针对性的客户跟踪	应进行持续的客户跟踪，以确保工业客户了解计划产品
利用伙伴关系	寻求与地方各级政府和机构合作，以获得专业知识、客户关系等方面的支持
设定节能目标	应建立并报告中长期节能目标，如以六个月和三年为周期，这可以作为工业客户的投资信号，并为管理者创造确定性
进行监测和验证	应使用地方政府承认的监测和验证（M&V）协议，以评估目标的实现，向管理者展示投资结果，并帮助企业了解其内部投资的影响

资料来源：http：//www. iipnetwork. org/Effective% 20State% 20IEE% 20for% 20Industry. pdf2.

（三）与国际先进制造模式接轨

上海城市总体规划中指出未来上海发展的目标是要迈向卓越的全球城市，产业绿色发展的标准、绿色制造的模式等都应积极与国际接轨，确保所有行业都能不断改善其环境绩效。包括通过更有效地利用资源，逐步淘汰有

---

① 　http：//www. iipnetwork. org/Effective% 20State% 20IEE% 20for% 20Industry. pdf2.

毒物质,用可再生能源替代化石燃料,改善职业健康安全状况,增加生产者责任和降低总体风险,致力于推进旨在减少产品及生产工艺对环境影响的行动。鉴于石油化工行业本身存在的高排放特征,同时也是上海重点发展的工业行业之一,建议参照联合国工业发展组织联合耶鲁大学、德国联邦环境基金会等联合发布的"全球绿色化工倡议"(Global Green Chemistry Initiative),提高上海化工产业部署绿色化工方法和技术的意识(见表6)。许多国家政府已制定法律并建立体制结构,以减少化学品的使用量。领先的化学工业企业已开始采用健全的化学品管理计划,以减少整个工业生命周期中危险化学品的使用。全球绿色化工倡议项目由全球环境基金资助,旨在弥合发展中国家和转型经济体中基于科学的创新与绿色化工的实际应用之间的差距。采取全面、广泛的行动,通过化学品和污染物排放的预防性设计和管理来应对危险化学品带来的挑战。

表6　绿色化工设计十二原则

原则	详细说明
预防废弃物	预防废弃物产生比处理废弃物更好
原子经济	应设计合成方法,最大限度地将该过程中使用的所有材料加入最终产品中
更少有害物	在可行的情况下,应设计合成方法,以使用和产生对人类健康和环境几乎没有或完全没有毒性的物质
安全设计	化学产品的设计要保持应有的功效,同时降低毒性
更安全的溶剂和助剂	使用无害的辅助物质(例如溶剂、分离剂等)
能源效率设计	应该认识到并尽量减少能源的环境和经济影响
利用可再生原料	在技术和经济上可行的情况下,原材料应该是可再生的
减少衍生物	应尽可能减少或避免不必要的衍生物,避免这些步骤需要额外的试剂并且可能产生废物
催化剂	催化剂优于化学计量试剂
可降解设计	产品应设计为在产品功能结束时可降解
预防污染的实时分析	需要进一步开发分析方法,以便在形成有害物质之前进行实时的监测和控制
预防事故	应选择使用的物质及其形式,以尽量减少化学事故的可能性,包括泄露、爆炸和火灾

资料来源：American Chemical Society。

（四）促进环境技术创新

科学和技术在鼓励工业使用可持续的生产模式和经济增长方面发挥着至关重要的作用。由于大多数发展中国家是通过调整和采用已有技术来实现技术进步，政府援助方案应促进新技术的吸收和传播。通过提供信息、示范项目、技术援助计划、劳动力培训计划和技术机构（例如清洁生产中心，卓越中心）的支持，可以实现能力开发和技术转让。政府可以通过科学园区、集群、孵化器、全球网络等基础设施促进知识转移和环境技术的传播。研究与开发（R&D）拨款、减税和风险投资基金资助等支持方案对于推动环境技术的开发和广泛使用非常重要。政府应支持与工业相关的战略研发计划，作为提供科学平台以利用新环境技术的手段。此外，需要一个综合的科学规划来支持产业绿色转型，其中包括环境政策和创新政策之间的一致性①。

参考文献

干春晖等：《上海改革开放 40 年大事研究　卷六·产业升级》，格致出版社，2018。

蒋以任：《上海工业结构调整》，上海人民出版社，2002。

《上海环境保护志》编纂委员会编《上海环境保护志》，上海社会科学院出版社，1998。

杨公朴：《上海工业发展报告：工业产业结构调整、优化、升级》，上海财经大学出版社，2003。

杨公朴、夏大慰：《上海工业发展报告：五十年历程》，上海财经大学出版社，2001。

周振华、熊月之、张广生、朱金海、周国平：《上海：城市嬗变及展望·中卷——中国城市的上海（1979~2009）》，格致出版社，2010。

① https：//www.unido.org/sites/default/files/2011-05/web_ policies_ green_ industry_ 0.pdf.

比 较 篇

Chapter of Comparisons

B.8
全球城市环境污染治理的
国际比较及启示

张希栋*

摘　要：　全球城市除了经济发展水平较高以外，在城市环境治理方面
也走在全球的前列。本文在梳理伦敦、纽约、东京城市环境
治理历程的基础上，总结了全球城市环境治理的经验模式。
全球城市环境治理模式为上海城市环境治理提供了经验借鉴。
上海在城市环境治理过程中，需要完善法律法规体系建设、
加强政府宏观战略引导、完善市场体制机制建设、发挥第三
方的积极作用、以建设卓越的全球城市为契机推动城市环境
治理。

---

* 张希栋，博士，上海社会科学院生态与可持续发展研究所助理研究员，主要研究领域为资源
环境经济学。

关键词： 全球城市　环境治理　国际比较　经验启示

改革开放以来，中国经济发展以大量资源消耗及环境污染为代价，经济可持续发展面临挑战。中国城市在发展过程中出现诸多环境问题，如雾霾天气、垃圾围城、水体黑臭、近岸海域污染等，引起了政府、社会公众的强烈关注。严重的城市环境污染问题要求中国在城市发展过程中，要转变"高消耗、高污染"的经济发展模式，加强城市总体规划，深入推进大型城市精细化环境治理。本文对发达国家全球城市环境治理的历史背景和不同治理模式进行分析，对其在环境治理方面取得的成功经验深入研究，为上海在打造卓越的全球城市过程中提供超大型城市环境治理的建议，从而实现上海打造生态之城的战略目标。

一　全球城市环境治理的背景

西方发达国家经过两次工业革命后，工业发展迅猛，生产力得到极大提升，对能源的消费需求增长迅速。一方面，西方发达国家在经济建设方面取得了巨大的成就，人民生活水平较高；另一方面，城市发展过程中出现的环境污染问题对居民身体健康产生了严重的负面影响。尤其是在工业发展的起步阶段，世界能源消费结构以煤为主，而煤炭的清洁利用技术以及相关的管理手段落后，导致英国伦敦、美国芝加哥在20世纪上半叶遭受了严重的煤烟污染。而环境污染事故频发，对城市居民的健康安全造成威胁，环境污染导致了居民患病人数增加并有持续扩大的趋势。一方面工业发展的起步阶段对环境污染的认识不足；另一方面污染主要来源于煤炭、石油化工行业，城市环境污染仍然处于可控范围之内，因而并未引起城市管理者的重视。

随着城市工业化的逐步推进，环境污染问题越来越严重，英国伦敦是较为典型的例子。伦敦市工业发达，但是工业生产导致的大气污染物排放强度较大，每年均有较长时间的雾霾天气，尤其是冬天城市居民需要取暖，燃烧大量的煤炭，更进一步加重了空气污染。长期累积的城市环境污染最终导致了"伦敦烟雾事件"的产生，这一污染事件使得伦敦居民的健康受到严重影响，据统计，伦敦市民约有4000多人在此次环境污染事件中丧生。城市环境污染的严重性及不可控性让城市管理者意识到必须采取系统的管理措施来应对城市环境污染。

随着学界对城市环境治理理论的深入研究，结合西方发达国家对城市环境治理的实践，人类在城市环境治理方面积累了丰富的经验，为具有后发优势的城市如上海在城市环境治理方面提供了宝贵的经验参考。

二　全球城市环境治理的国际比较

全球城市包括伦敦、纽约、东京等超大型城市。"全球城市"概念于1991年由美国经济学家萨森（Saskia Sassen）在《全球城市：纽约、伦敦、东京》中提出。目前学界对全球城市的界定尚未形成共识，但是一般认为全球城市是全球经济体系在城市层面的空间表达，是协调和控制全球经济活动的中枢，也是国际性的政治、文化中心。全球城市在城市发展过程中遇到诸多环境问题，包括大气污染、水污染以及土壤污染等问题。在面临环境污染问题时，该如何对城市环境进行治理，本节对伦敦、纽约、东京等全球城市环境治理历程进行了总结。

（一）伦敦

1. 环境公害治理阶段（1950～1970年）

随着工业化逐步深化，伦敦的能源产量和消耗量增加迅速，城市的空气污染问题越发严重。面对这一问题，伦敦市制定了相应的环境战略，采取了一系列政策措施。城市环境治理主要包括了控制污染物排放和分区管理这两个方面。

伦敦的空气污染问题主要是烟雾问题，其本质是能源利用问题。因此，伦敦对大气污染物的排放控制主要通过优化能源消费结构来实现，主要是加大对煤气、电力、天然气以及经过处理的固体无污染燃料的使用。对设备进行更新，采用闭路型锅炉，降低了烧煤的空气污染物排放；对商店、房屋等的烟囱进行改造或扩建，提高烟囱的高度；全面禁止排放黑烟；划定烟尘控制区；对壁炉改造产生的费用制定补贴政策。

此外，伦敦在水污染治理、城市垃圾处理以及城市绿化方面也均付诸努力。如在水污染治理方面，伦敦修建了众多污水处理厂，并对污水处理厂进行现代化改造，从而提高污水处理效率；在城市垃圾处理方面，对原本的垃圾处理厂进行改造，提高垃圾处理能力；在城市绿化方面，修建城市绿化带，防止城市扩张。

2. 工业污染治理阶段（1971~1990年）

经过了环境公害治理阶段，伦敦的空气污染问题有所好转，但是伦敦发达的工业对空气环境依然造成了严重的负面影响。面对这一问题，伦敦市主要从改善能源消费结构、调整产业结构、优化城市人口布局这三个方面治理工业污染。

在改善能源消费结构方面，伦敦市提高了清洁能源如天然气、电力在能源消费结构中的比重，同时采取政府补贴的方式帮助居民以及相关企业对锅炉、燃具进行改造，以增加清洁能源的消费比重，从而使得能源消费结构中煤炭的消费比重降低而清洁能源的消费比重大幅上升。在调整产业结构方面，伦敦着力提高生产性服务业的比重，主要是降低制造业的劳动需求，增加银行、保险以及金融等生产性服务业的劳动需求，实现了就业人口从制造业向服务业的转移。在优化城市人口布局方面，伦敦市着力疏散中心城区人口，在城郊地区修建卫星城，完善卫星城基础设施建设并给予补贴以及相关优惠措施，从而吸引城区居民向卫星城转移。

3. 环境标准建设阶段（1991~2000年）

伦敦市经过工业污染治理阶段，市区主要是服务业，工业主要分布在城市外围地区，城市环境污染的压力大大降低。但是也出现了一些新兴的环境污染问题，主要是随着城市发展水平的提升，主要污染源发生了变化，由原本的工业污染源转变为以汽车为代表的移动污染源。

这一时期主要是针对空气质量标准制定相应规则，在标准制定过程中参考欧盟空气质量框架指令，制定了国家的空气质量标准、空气质量目标以及空气质量标准实施的具体措施。如英国的《空气质量标准》对空气污染物如二氧化硫、悬浮颗粒物以及二氧化氮浓度标准的制定均参考了欧盟指导标准。同时还建立了评估反馈机制，1995年出台的《环境法》就要求地方政府对空气质量进行评估，如果不能达标则需要相应地方政府在一定视线范围内采取可行措施改善空气质量。此外，伦敦还建立了空气污染的监测网络体系，为实时空气质量监测提供数据支持。

通过国家层面出台的法律法规，制定了空气质量的相应标准。伦敦市在治理城市汽车尾气污染方面进行了相关探索，如对道路空气质量进行监测，对城市交通进行科学管理，加大公共交通服务供给力度，加强城市绿地建设等。通过一系列措施的实行，伦敦市空气质量明显好转。

4. 低碳城市建设阶段（2001~2011年）

随着全球气候变化问题日益得到重视，发达国家对温室气体减排给予了极大的关注。作为发达国家的一员，英国也在着力推进城市的绿色化、低碳化。2006年，伦敦成立了伦敦气候变化署，显示了气候变化问题在伦敦市环境治理中的重要地位。

为了应对气候变化，伦敦从整体层面制定了城市空间发展的战略规划，将气候变化作为伦敦需要应对的重要环境问题之一。采取的对策主要包括：提高建筑设计标准，降低建筑物排放；提高现有建筑的可持续标准，实现节能减排的目的；增加清洁能源使用，降低化石能源使用，提高清洁能源的使用比重；增加城市公共绿化；对城市建筑进行绿化。此外，伦敦市还继续加强对城市交通的管理，通过创新性的征收拥挤税的政策对城市私家车进行收费以缓解城市交通拥挤问题，同时推行低污染排放区政策，加快污染严重的车辆更新换代。

5. 智慧化发展阶段（2012年至今）

经过了前述几轮的城市环境治理阶段，伦敦市的城市环境质量已经处于较高水平。但是未来，伦敦市的人口将会快速增长，预计到2030年左右，伦敦市人口将会达到 1000 万人左右。那么，伦敦市未来应该从哪些方面着手提高城市环境治理能力呢？对此，伦敦市于 2013 年与 2014 年分别发布了《智慧伦敦规划》《伦敦基础设施规划 2050》，旨在将伦敦建成智慧化的全球城市。具体而言，主要包括城市环境管理更加智慧和城市发展更加绿色这两个目标。

要达到上述目标，需要采取以下主要措施：第一，智慧化资源利用，应用智能电网技术等管理伦敦市水、电、气等资源利用，提高资源利用效率；第二，智慧化垃圾处理，利用数据及现代技术创新，促进垃圾回收利用；第三，智慧化交通管理，推进高新技术应用，如运用 LED 技术对车流进行管理，推广智能交通信号灯的应用；第四，智慧化商业发展，如电子商务等新兴产业带来的拥堵和污染问题，需要创新性地采取激励机制、技术手段、商业模式等消除负面影响；第五，完善基础设施建设，综合考虑气候变化等因素，在建设城市基础设施的基础上还要增加绿色基础设施的建设。

（二）纽约

1. 环境公害治理阶段（1950～1970 年）

1950～1970 年，作为美国最大城市之一的纽约数次爆发严重的雾霾污染问题，对纽约居民的身体健康造成严重威胁。这一阶段，纽约市制定了相应的环境治理战略，采取了一系列政策措施。主要是通过制定法律法规，从整体层面对个人、企业的行为进行规范，然后辅之以具体的政策措施，推动污染物减排。

在法律法规方面：1966 年颁布了空气控制法令，确立了纽约市空气污染控制代码（APCC），规定了相关标准，同时要求逐步取消烟煤使用，升级市政及私人垃圾焚烧炉，并禁止新建建筑安装焚烧炉。在政府政策方面：一方面，对城市采取分区制改革，对城市制造业用地建立绩效标准，包括建立烟雾、粉尘、颗粒物等污染物的排放标准，通过分区制改革对控制环境公害起到了一定作用；另一方面，调整城市产业结构，通过一系列法令的实施，提高了制造业的环保成本，制造业的劳动需求降低，而生产性服务业的劳动需求增加，产业结构得到了重新调整。此外，纽约市在水环境污染治理方面也采取了相应的措施，主要是兴建污水处理厂，提高污水处理能力。

2. 生态环境推进阶段（1971~2000年）

经过了环境公害治理阶段，纽约市空气和水环境质量有所提升，但是依然存在许多生态环境问题。包括空气质量不达标；饮用水水质不达标；汽车污染问题突出；森林、农田、湿地被侵占，生态环境受到破坏。

纽约市从水环境、声环境以及大气环境等方面对城市环境进行治理。一是水环境污染治理。1972年国会通过《清洁水法》，1988年《联邦海洋倾倒法》生效。完善城市管道建设，促进污水收集，加强水质监测、兴建污水处理厂。建立水质监测网络体系，增加水质监测站点以及污染物指标。二是噪声污染治理。1992年，纽约市对噪声进行测量并规定控制标准，1997年又出台《噪声防治法》，对噪声的惩罚力度加大。三是大气污染治理。从国家层面上，美国对空气污染物的排放标准以及空气质量标准进行提升；在纽约市层面，则对能源消费结构进行调整，降低了煤炭的消费比重，增加了天然气、可再生能源的消费比重。

3. 低碳城市建设阶段（2001~2010年）

随着全球气候变化对纽约的影响日益显现，如气温升高、海平面上升、降雨量增加等，纽约市在温室气体减排方面也做出了一些努力。

2001年，纽约市提出"规划纽约2030"计划，其中一个重要目标就是在2030年纽约市的温室气体排放量相比于2005年降低30%。为了达到这一目标，纽约市对空气环境的管制更为严格，包括对燃料油的质量标准提高要求、增加市政车队清洁能源的使用、合理分区降低交通出行需求、增加天然气以及可再生能源的使用等。此外，还加强了对空气质量的监测。通过对街道空气污染状况的测量，总结空气污染物的主要来源。2009年的调查结果表明，以燃料油为燃烧炉原料的建筑物附近污染物浓度偏高，从而使得政府在消除污染物方面有了明确的方向。

4. 弹性城市建设阶段（2011年至今）

经过前述阶段生态环境的治理，纽约市生态环境质量有了相当大的改善，并且达到了较高水平。但受到气候变化影响，自然灾害增多，对城市的社会、经济、环境均带来了严重的负面影响，为了应对这一问题，纽约市开始提出建设弹性城市，从而在面对压力或环境冲击时，城市能够快速恢复各项功能，具有较强的抗灾害风险能力。

纽约弹性城市建设在2007年就已提出，但是直到2013年6月，纽约发布《更加强壮、更富弹性的纽约》，正式开始了综合应对气候变化的弹性城市计划，强调了纽约市对抗自然灾害的能力，主要目标在于提高纽约对可能出现的复杂变化做出准备、响应、修复的能力。主要包括海岸线保护、建筑物、经济、保险、公用事业、液态燃料、医疗卫生、社区准备和响应、通信设施、交通、公共绿地、环境保护、补救、给排水以及其他相关领域。2015年，纽约又发布了《一个纽约——一个强壮、适宜的城市》，深化了纽约应对气候变化的弹性城市建设。主要聚焦于城市社区功能、气候项目推进、土地利用政策等。

（三）东京

1. 环境公害治理阶段（1950～1975年）

二战结束后，受到美国管制、资金缺乏、技术落后以及制度不完善等因素影响，日本在1950年之前经济发展缓慢。随着世界格局逐步变化，1950年后，美苏冷战开始，朝鲜战争爆发，美国对日政策变化，东京工业经济开始高速增长。

随着经济迅速发展，人口和产业开始集中。日本在1958年实施了第一次首都圈规划，并在1959年实施工业控制法，对工业和大学设施等新增项目进行控制。可是缺乏统筹规划，市区内环境状况虽有所缓解，但东京周边地区环境出现恶化。环境公害事件频发，如东京黑烟事件、熊本县的水俣病事件等，对居民的身体健康产生了严重的负面影响。随着东京人口、产业进一步集聚，环境质量整体状况令人担忧。1968年，日本实施第二次首都圈规划。同时由于国际石油供应危机，日本进行能源战略调整，出台了替代石油的法律法规，使得一些企业向日本以外国家转移。这一时期的环境问题依然聚焦于传统产业污染。随着人们对环境问题认识的逐渐深入，各种环境质量标准得以设立并得到改进，环境监测体系逐渐建立，环境管理制度不断完善，东京都公害局于 1970 年成立。日本于 1967 年出台了《公害对策基本法》，尽管在实际发展中，经济增长依然处于主要地位，但是对环境保护与治理的意识逐步得到加强。

2. 综合环境治理阶段（1976~2000年）

这一时期，东京的产业结构呈现知识密集型特点，经济呈现稳定增长的态势。在日本城市化进程中，1973 年左右从向东京圈、大阪圈、名古屋圈"三极"集聚转为向东京圈"一极"集聚。此外，东京工业企业外移，生产性服务业发展良好，使得人口更加趋于集中。因而，东京的环境压力凸显，污染类型也随之出现变化，从工业污染向生活污染转变。

针对新时期城市环境污染的特点，东京对城市环境治理采取的措施主要包括三个方面：强调污染总量控制、加强污染源头防控、进行城市规划调整。一是强调污染总量控制。东京于 1980 年成立东京都环保局，对于东京环境问题从整体层面进行统筹规划，对东京污染物进行总量控制，改善环境质量取得实效，大气环境质量、水环境质量均有所提升。二是加强污染源头防控。以往东京在治理城市污染问题时，主要采取末端治理的方式，但是取得的效果并不理想。1980 年，《东京都环境影响评价条例》发布，对社会经济行为产生的环境影响进行预先评价，审查社会经济行为进行的合理性，有效避免了损害生态环境的经济行为，加强了污染源头防控。三是进行城市规划调整。1976 年与 1986 年东京分别进行了第三次与第四次首都圈规划，其重点均在于调整东京市区过高的人口密度，发展城市副中心，形成新的产业增长点，将东京市区的部分产业和功能转移到城市副中心，缓解中心城区的压力。通过第三次与第四次首都圈规划，东京都人口占整个都市圈的人口比重有所下降，而东京市区附近埼玉县、千叶县以及神奈川县三县的人口比重则有所上升，在东京人口持续增加的背景下呈现出由中心向外围拓展的特点，极大地缓解了东京市区的环境治理压力。

3. 低碳城市建设阶段（2001～2013年）

21 世纪以后，东京第二产业占比缩减至 15% 以内，人口增长放缓，工业用地以及商业用地面积下降。随着国际社会对温室气体排放的持续关注，东京致力于降低温室气体排放，实施低碳能源发展战略。

东京为此做出了不懈努力，主要体现在三个方面。一是进行国际合作。1997 年，《京都议定书》签订。为此，东京除了继续推进原本城市环境治理，还重点加强温室气体减排，实施低碳能源发展战略。二是制定环境规划。东京在城市整体层面上统筹考量，先后制定《十年后东京》（2006）、《东京都气候变化战略》（2007）、《东京都环境基本规划》（2008）、《2020 年的东京都》（2011）等环境规划，这些城市层面的东京环境规划不仅为东京在应对气候变化、低碳化发展方面提供了路径支持，也为东京的大气污染治理、水环境污染治理以及垃圾处理等各类环境污染治理提供了方向。三是建立市场机制。2010 年东京开始构建城市级的碳排放交易体系（TCTP），采取的是总量体系交易的模式，设定不同主体的碳排放总量，再分配给受管控的主体，主体根据配额以及排放情况进行交易。实施碳排放交易体系后，东京参与主体履约率较高，减排取得了明显的效果。

4. 新的可持续发展阶段（2014年至今）

经过了前述几轮的城市环境治理阶段，东京市的城市环境质量水平显著提升。但是随着东京成为 2020 年奥运会承办城市，届时将会有众多的运动员及游客汇聚于此，东京在世界各国人民眼中的形象对于东京至关重要。为此，东京市 2014 年发布《创造未来：东京都长期愿景》，目标是合理应对城市挑战，确保城市可持续发展，将东京建成全球一流的国际大都市。

要达到这一发展目标，东京市主要从四个方面着手。一是能源利用智慧化。在提高清洁能源利用的基础上，采用高效的能源管理措施，如采用家庭能源管理系统、企业热电系统等，将东京打造成为节能城市。二是城市发展生态化。增加城市绿色空间，包括城市绿地、建筑、公共空间等；提高城市污染物治理能力，包括污水处理能力、垃圾处理能力；进一步降低污染物排放。三是提高基础设施保障能力。一方面，完善基础设施建设；另一方面，利用尖端技术对基础设施进行维护。四是优化城市结构。建设紧凑型社区，提高居民就医、购物、教育等的可达性，满足不同年龄个体的生活需求。

三　全球城市环境治理的模式

城市环境治理是一项系统工程，包括城市规划、产业布局、政策导向、法律法规等方面，因而会对城市社会经济发展产生深刻的影响。同时由于不同国家的政治体制、发展阶段、文化背景、战略定位各不相同，在城市环境治理方面采取的模式不尽相同。通过上述对伦敦、纽约、东京城市环境治理的进程分析来看，全球城市环境治理模式归纳起来主要有三个层面，如图1所示。

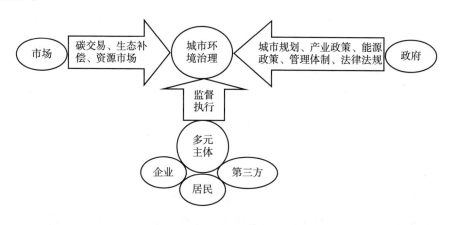

图1　全球城市环境治理模式

（一）政府

在政府层面，通过制定环境法律法规、产业规划、排放标准以及环境政策等对城市环境治理进行统筹考虑，通过政府不同部门及其所属的各级管理部门具体执行，实现对城市环境治理从顶层设计到基层监管的结合。

在城市环境治理层面，政府是环境治理的主体，产生污染的企业或个人是环境治理的客体。政府进行城市环境治理的特点主要表现为三个方面。首先，政府在城市环境治理过程中起主导作用，并且决定了城市环境治理的方向。政府对城市发展过程中面临的问题进行宏观把握，从而制定相应的对策措施，同时为了避免类似问题的再次发生，将会对社会经济主体制定相应的法律法规、环保标准以及行为准则，对产生污染的企业或个人起到约束作用。其次，政府是城市环境治理的具体执行者。政府在制定环境保护相关规则后，将会由相关政府部门的下属部门执行相应的政策。当遇到具体的环境污染问题时，将由相应的政府部门对环境污染的程度、损害进行鉴定，由司法部门对责任人进行惩处，对环境污染事件中的利益相关方进行协调等。最后，政府在城市环境治理过程中存在失效的情形。政府在城市环境治理方面占有绝对的主导地位，但是政府在治理城市环境过程中也可能存在问题，如政府并不掌握环境治理的所有信息、基层政府与上级政府存在矛盾、政府部门权责不清等，导致政府不能有效地推进城市环境治理。

（二）市场

市场在城市环境治理中的作用是配置资源。通过建立完善的市场机制，促进环境治理所需的人力、资金、技术等要素流向对其支付意愿较高的产业部门，让"看不见的手"引导企业、社会公众自发参与城市环境治理。

市场机制通过调动不同企业、个人的积极性来治理城市环境。市场对城市环境治理的作用主要表现在三个方面。首先，市场能够对城市环境治理所需要的资本、技术、人才等要素进行更有效的配置。其次，可充分利用市场机制中企业、公众的风险偏好、供需关系、竞争机制等提高城市环境治理的效率，减小城市环境治理的成本，促进城市环境治理高效、有序、稳步推进。最后，城市环境治理的市场机制运行离不开政府的支持。城市环境治理采取的市场机制措施包括：资源环境税、财政补贴、排放权交易等。一方面市场化的措施需要政府进行顶层设计，合理制定税率、补贴标准以及交易规则等政策；另一方面，市场化手段的顺利实施还要依赖于完善的法律制度保障。

（三）多元主体

城市环境治理不仅依赖于政府，还依赖于企业、居民以及第三方等多元主体。因此，充分调动不同主体治理城市环境的积极性对城市环境治理具有重要意义。多元主体在一定的社会规则下，能够通过调控人们的行为，维护城市环境①。多元主体参与城市环境治理的特点在于主体的"多元"性，但是政府应当作为城市环境治理的主导，引导其他主体在不同层次上共同治理城市环境。政府的作用依然是最为关键的，包括前文分析的政府在城市环境治理中的作用，政府制定的城市规划、产业政策、环保标准等。这些顶层设计对于建立公平高效的市场机制，发挥市场以及多元主体在城市环境治理中的作用具有重要意义。

多元主体对于城市环境治理而言，不同主体发挥的作用各不相同，但是又都能较好相互融合、彼此共生，形成互补。政府主要负责制定宏观政策以及相应标准，此外还包括完善公共基础设施，建立市场机制，纠正市场失灵，制定相应的损害补偿管理办法，对受损害者的利益进行补偿。社会组织如企业协会，通过参考政府的相关文件，制定企业的环境保护标准，在环境污染问题上与政府、企业、社会公众进行沟通，寻求符合绝大多数人利益的对策。社会公众以及第三方机构则发挥其具有广泛性、普遍性的特点，及时发现城市环境治理中的相关问题，充分发挥监督作用。

四 全球城市环境治理对上海城市环境治理的启示

从全球城市环境治理的历程来看，均是经历了经济快速发展阶段的环境污染严重、环境治理能力较低到经济平稳发展阶段的环境污染降低、环境治理能力提升的过程。相比于其他全球城市，上海具有一定的后发优势，如何学习借鉴发达国家全球城市环境治理策略，对上海提升城市环境治理能力具

---

① 邓集文：《试论中国城市环境治理的兴起》，《东南学术》2012 年第 3 期。

有重要意义。

本文梳理了全球城市环境治理的历程，并在此基础上总结全球城市环境治理的模式，认为全球城市环境治理对上海具有以下几点启示。

（一）完善法律法规体系建设

法律法规对于城市环境治理具有基础性的作用，有效约束和规范了社会个体、企业以及相关组织的行为。美国、英国、日本在城市环境治理过程中，均出台了一系列法律法规，规范了纽约、伦敦、东京的城市环境治理行为。一方面，法律法规为城市环境管理提供了标准，对社会主体的行为在何种情况下处罚、给予多大程度的处罚、如何进行处罚、由谁进行处罚均做出了详细的规定，为社会的行为规范划下了法律红线；另一方面，环境保护法律法规需要宣传，政府在普法的过程中，对象是居民，普及的法律是最基本也是必须了解的法律，有助于在全社会范围内提高居民的环境保护法律意识，当外在的环境保护法律法规内化为居民的价值观，整个社会就会形成环境保护的良好风气，城市环境治理难度就会降低。

（二）加强政府宏观战略引导

城市环境治理不仅是治理城市环境问题，而且要站在城市发展的角度，解决如何在保护好生态环境的条件下促进社会经济发展的问题。生态环境保护与社会经济发展并非相互对立，需要政府发挥宏观战略引导作用，减轻城市发展对生态环境的压力，提高城市环境治理能力，促进环境保护与经济发展形成良性互动的发展格局。第一，城市环境治理压力受到城市发展的影响，城市发展越合理，城市环境治理压力越小，反之亦然。因而政府需要在宏观层面上调控城市的发展，在产业结构、社区建设、交通管理以及城市规划等方面制定科学的政策措施。东京在这方面最为明显，如东京先后五次进行首都圈规划，对城市功能进行均等化疏解，显著降低了东京的城市环境治理压力。第二，以城市能源战略转型促进城市环境治理能力提升。如纽约、伦敦、东京在发展过程中均非常重视调整能源消费结构，降低煤炭、石油等高碳化石能源的使用，增加天然气以及可再生能源的使用比重，显著改善了城市空气环境质量。第三，政府需要提高城市环境治理的能力，政府在城市环境治理队伍建设、资金支持以及技术应用等方面要加强支持力度。

（三）完善市场体制机制建设

城市环境治理是一项复杂的系统工程，需要政府、企业以及社会公众相互配合，共同治理城市环境。然而，政府能够在宏观层面上对城市环境治理进行引导，也可以通过构建法律法规树立环境保护的底线，但是如何调动社会主体治理城市环境的主动性也是个问题，而市场机制则能够解决这一问题。一方面，市场机制能够充分发挥"看不见的手"的作用，引导资本、技术以及人才等要素流向对其支付意愿较高的部门，促进城市环境治理要素资源的可得性；另一方面，市场机制能够促进企业将环境因素纳入企业的生产成本函数，在企业生产成本最小化、利润最大化的目标导引下，企业将会做出对环境损害最小的生产运营决策。

（四）发挥第三方的积极作用

城市环境治理不仅需要政府参与，而且需要社会多元主体共同参与，环境第三方由于其相对中立的地位，在城市环境治理过程中具有不可替代的作用。上海作为中国改革开放的排头兵和创新发展的先行者，持续简政放权，着力构建法制型政府，为第三方的孕育和发展提供了有利条件。下一步，政府需要为第三方的有序发展提供良好的制度环境，在一定的规则框架下规范第三方的行为，合理采纳第三方的建议，重视第三方反映的问题，充分发挥第三方联系政府、企业以及社会公众的桥梁作用。此外，第三方也要提高自身的管理水平、技术水平，促进政府治理能力提升，维护社会公众环境权益。

（五）以建设卓越的全球城市为契机促进城市环境治理

站在新的历史时期，全球城市的发展迈入了新的阶段。纽约提出要建设弹性城市、伦敦提出要建设智慧化城市、东京提出要建设新的可持续发展的城市，这些发展计划体现出全球城市的发展趋势，"上海2035"的目标正是建设卓越的全球城市，上海需要以此为契机推动城市环境治理能力提升。具体而言，主要包括以下三个方面。一是资源利用智慧化。应用现代信息技术、数字化管理技术支持类似智能电网技术的大规模应用，促进包括能源在内的各类资源的高效利用。二是基础设施建设绿色化。为应对气候变化带来的自然生态环境风险，要进一步提升上海应对环境风险的能力，建设城市生态水系、雨污分离管网以及绿化带等，将上海建成弹性城市。三是城市环境管理精细化。运用大数据、物联网、云计算、地理信息系统、虚拟现实等对不同城区的不同类型的环境问题提供个性化的解决方案，对城市环境进行科学的管理与监测，提升环境应急管理处置能力，全方位提升城市环境管理能力。

参考文献

曹莉萍、周冯琦：《纽约弹性城市建设经验及其对上海的启示》，《生态学报》2018年第1期。

陈海秋：《转型期中国城市环境治理的模式选择与制度创新研究》，《城市管理与科技》2010年第2期。

邓集文：《试论中国城市环境治理的兴起》，《东南学术》2012年第3期。

刘召峰、周冯琦：《全球城市之东京的环境战略转型的经验与借鉴》，《中国环境管理》2017年第6期。

梅雪芹：《工业革命以来西方主要国家环境污染与治理的历史考察》，《世界历史》2000年第6期。

王林梅：《生态城市建设的国际经验研究》，《学术论坛》2013年第9期。

杨亚男：《西方发达国家城市环境治理模式及其启示》，《商业经济研究》2013年第31期。

B.9
全球城市环境政策与
法规的国际比较及启示

李海棠*

摘　要：　建设卓越的全球城市，不仅是上海经济转型发展的需要，也
　　　　　是我国形成全面开放新格局的重要载体。通过比较主要全球
　　　　　城市环境政策与法规的演进脉络，发现全球城市环境政策与
　　　　　法规的制定有着与经济社会发展紧密相连、注重环境政策与
　　　　　法规的实施与执行以及多部门共同促进全球城市环境治理的
　　　　　共性，同时每个城市根据其经济发展的实际情况，对于环境
　　　　　法治的建设侧重也有所不同。上海环境治理政策与法规发展
　　　　　沿革也可分为起步、发展和成熟三个阶段，每个阶段均制定
　　　　　了不同的环境法规和政策，虽然也取得了一定成果，但与纽
　　　　　约、伦敦、东京、巴黎等全球城市仍有一定差距。因此，上
　　　　　海应从指导思想、制定与完善、实施与执行以及制度保障等
　　　　　方面完善上海环境政策与法规的建设。

关键词：　全球城市　上海　环境政策　环境法规

引　言

2017 年 12 月，随着《国务院关于上海市城市总体规划的批复》（国函

---

* 李海棠，法学博士，上海社会科学院生态与可持续发展研究所助理研究员，主要研究方向为
环境与资源保护法学。

〔2017〕147 号）的正式获批和公布，"卓越的全球城市"这一城市愿景逐渐为人所知，如何迈向卓越的全球城市的思考也成为必要，同时也体现了上海代表国家更高层次地参与国际竞争的历史责任。根据对全球城市指标体系的相关统计，上海在 4 个指数排名中榜上有名，分别为："全球城市目的地指数"（第 16 位）、"全球城市指数"（第 18 位）、"全球城市状态指数"（第 26 位）、"创新城市全球指数"（第 35 位）。① 虽然上海的排名较为靠前，但是环境质量指数表现并不突出。对于建设卓越的全球城市，生态环境仍是其主要短板，与排名位居前列的纽约、伦敦、东京、巴黎等全球城市仍有一定差距。虽然近年来，上海市在环境治理方面的表现较之以前有了很大进步，也取得了比较显著的治理成效；但是整体而言，上海市目前环境与生态保护还处于经济发展的从属地位，环境约束性目标对地方政府还缺乏约束力。通过对主要全球城市环境政策与法规的研究分析，能够为上海全方位谋划环境战略布局、为环境保护与国民经济和社会发展相协调提供经验借鉴，进一步加快上海迈向"卓越的全球城市"的步伐，实现经济、社会、环境的协调发展。

一 全球城市环境政策与法规比较分析

当前，纽约、伦敦、东京、巴黎等世界主要国际大都市均已提出了面向未来发展的战略目标。如纽约提出建设"一个富强公正的纽约"，伦敦提出建设"一个顶级全球城市"，东京提出建设成为"世界一流大都市，即能为居民提供最大幸福的城市"，巴黎提出要"确保 21 世纪的全球吸引力"。上海提出建设"卓越的全球城市"，不仅具备全球领导力、控制力和影响力，还应成为"令人向往的创新之城、人文之城、生态之城"。为实现以上愿景，使上海具有可以与纽约、伦敦、东京、巴黎等顶尖全球城市比肩的城市

---

① 朱敏、冯翔：《全球城市指标体系应用对上海的重要启示》，《合作经济与科技》2018 年第 10 期。

综合环境，首先应当分析全球城市环境政策与法规的演进脉络，在此基础上进行对比分析，为上海建设全球城市环境政策与法规的制定提供经验借鉴，使其既满足超大型城市的基础性、共性要求，也能紧跟时代要求，引领上海环境政策与法规的发展。

（一）全球城市的环境政策与法规演进脉络

以纽约、伦敦、东京、巴黎为代表的全球城市在不同的经济社会发展阶段，总会面临不同的环境污染、资源与生态破坏问题。面对这些严重的环境问题，全球城市在环境治理方面所采取的强有力的主要措施便是制定与经济社会发展相适应的多项环境政策与法规，为城市的环境污染治理提供法律保障，从而实现不同程度的"环境法治"。

1. 纽约环境政策与法规制定及其经济社会背景

梳理 100 多年来纽约市经济社会发展脉络和生态环境保护历程可知，纽约市的环境治理状况与环保法制政策的发展密切相关。20 世纪早期的纽约，人口的迅速增长与制造业的快速发展带来的环境问题首先是固体废弃物的处置。城市滨江临海，大量工业废物和生活垃圾向水体倾倒，造成水环境的急剧恶化。纽约市从 20 世纪初期开始治理水污染问题，历时一个多世纪。其中，制定相关政策法规，并且为政策法规的有效实施以及政府环境治理大力提供资金支持，使得水污染治理最终取得显著成效。例如，在水环境治理中，纽约州通过设立《清洁水法》执行基金，鼓励哈德逊河流域地方政府严格执行《清洁水法》等法规。[1] 纽约市正式治理大气污染问题是从 1952 年开始，治理历程达 60 年。与水环境的改善不同，大气环境的持续改善所需的时间相对较短。总体来看，纽约市的环境治理流程相对固定，首先进行立法，接着成立具体的部门来实施，然后由该部门出台具体的实施项目或计划，并且努力按时完成。

---

[1] 战东森：《城市政府环境治理动力机制研究——以济南市为例》，硕士学位论文，天津商业大学公共管理专业，2016。

纽约市的环境保护历程具体分为四个阶段，每个阶段根据出现的不同环境问题，采取相应的环境保护战略，同时制定严格的环境政策与法规，以保障每个阶段环境问题的解决和自然生态的保护与恢复（见表1）。

表1　纽约市不同发展阶段环境政策与法规制定情况

阶段与时期	主要环境政策与法规	主要环境问题
环境能力建设时期（19世纪末20世纪初至第二次世界大战）	1896年出台法律禁止向纽约港倾倒垃圾；1905年颁布《水供应法》；1916年出台全国第一个分区条例；1929年卫生局组织实施第一个废水处理计划	工业垃圾、生活垃圾被倒入湿地、河流和海洋，造成严重水污染问题
以环境治理为导向时期（第二次世界大战至20世纪70年代）	1966年颁布第一个空气控制法令（Local Law 14），确定纽约市空气污染控制代码；设立排放标准、燃烧及垃圾处理系统排放标准、设备和装置的标准、污染物排放许可	多次发生严重雾霾现象，大气污染问题突出
以环境质量为导向时期（20世纪70年代至20世纪90年代）	①1972年制定《清洁水法》，授权州政府负责设定水质标准和行政许可目标；②《清洁空气法》颁布，要求企业测量排放到空气中的污染物数量，并有计划加以控制和减少排污；③1992年，纽约成为全美第一个对噪声进行测量并明确规定噪声控制标准的城市	多数地区的空气质量不达标，饮用水质量问题严重
以居民健康为导向时期（21世纪以来）	①不断更新中长期规划；②大气环境治理精细化；③绿色基础设施计划、雨水管理	水体受损，雨水径流和沉积物污染严重；颗粒物污染严重；气候变化显著

2. 伦敦环境政策与法规制定及其经济社会背景

伦敦作为一个国际大都市，曾经是一个污染严重的城市，随着一系列环境政策与法规的出台以及制度体系的日渐完备，伦敦的城市环境已经大为改观，一度被污染为举世闻名的"臭河"的泰晤士河也逐渐变成世界上最洁净的城市水道之一。经过几十年的努力，伦敦已变成一个比较清洁的城市。在伦敦环境治理发展过程中，面对伦敦都市区和泰晤士河日益严峻的环境形势，英国颁布了一系列法律法规，规制大气污染和水污染治理，例如1876

年的《河流防污法》、20 世纪 40 年代的《绿带法》、1974 年的《空气污染控制法案》等。

为了推动大伦敦都市区经济社会和环境的协调发展，英国政府多次编制了大都市区战略规划。1937 年，为解决伦敦人口过于密集的问题成立了巴罗委员会。1944 年编制的《大伦敦规划》将大伦敦都市区划分为内圈、近郊圈、绿带圈、乡村外圈四个同心圆，不同区域功能不同。1994 年颁布的《新伦敦战略规划建议书》，除对环境高度关注外，还注重空间规划与产业规划、功能规划相协调。特别是 2004 年颁布的《伦敦规划》是伦敦未来数十年发展的重要规划文件。这些规划有效优化了大伦敦地区的空间布局，引导产业和人口有组织外迁，推动了伦敦城市群在经济、社会、交通、环境等方面的协调发展。[①] 经过多年摸索和实践，伦敦在生态环境治理方面积累了丰富经验，对上海全球城市的发展和环境政策的制定有较强的借鉴作用。

伦敦环境政策与法规的发展演化可以分为以下几个发展阶段（见表 2），从这些阶段可以看出，伦敦环境战略转型呈线性发展，先期基于末端治理解决环境公害问题，然后从源头调整产业结构和能源结构，解决传统的工业污染问题。随着城市环境质量的不断改善，伦敦开始完善环境标准制度体系，从机制和制度上保证城市环境政策与法规的有效实施。伦敦作为一个河口城市，近年来日益严峻的气候变化问题给伦敦城市安全带来很大威胁，因此低碳及适应气候变化成为 21 世纪以来伦敦主要的环境政策与法规的发展方向。这同时也为上海环境政策与法规的制定和实施提供有益借鉴。

3. 东京都环境政策与法规制定及其经济社会背景

东京都对环境保护的认识是一个逐渐深入的过程，从"被动"到"主动"的治理方式、从"治理"到"预防"的治理理念以及从侧重单要素到

---

① 王玉明：《伦敦城市群环境治理的重要特征和主要经验》，《城市管理与科技》2017 年第 1 期。

表2　伦敦市不同发展阶段环境政策与法规制定情况

阶段与时期	主要环境政策与法规	主要环境问题
环境公害治理阶段（1950～1960年）	《清洁空气法》（1956）、《水资源法》、《公共卫生法》	"伦敦烟雾事件"等环境公害是该时期主要环境问题，促使了全社会对环境保护的重视
产业结构和能源结构调整阶段（1970～1989年）	《清洁空气法》修订（1968）、《空气污染控制法案》（1974）、《汽车燃料法》（1981）、《空气质量标准》（1989）	环境政策以污染源头治理为主，调整产业结构、能源结构和人口布局
环境标准制度体系完善阶段（1990～2002年）	《环境保护法》（1990）、《清洁空气法》修订（1993）、《环境法》（1995）、《道路车辆监管法》（1991）、《污染预防和控制法》（1999）、《大伦敦政府法案》（1999）	根据新的环保形势，完善环境法规体系，完善环境监测机制、环境评估机制、环境规划机制等
低碳及适应气候变化阶段（2003年至今）	《气候变化行动计划》《低碳转型计划》《气候变化法》（2008）	生态城市和低碳城市成为环境政策与法规制定的主旨，制定气候变化适应措施
智慧化环境管理、绿色发展、面向2050年	《智慧伦敦规划》《伦敦基础设施规划2050》	在人口增长背景下，不断增加的废弃物、额外的能源需求、公共交通需求等将成为未来环境问题的主要压力和挑战

综合治理的环境政策等的转变，都说明东京都环境政策法规的制定会随着不同的经济社会发展阶段而进行一定调整和修正。不同的环境问题其出现的时期不同，受到重视程度也不同，但从东京都的环境保护历程来看，都有一个特定爆发阶段，这无疑增加了公众关注，为促使更好地解决环境问题而提供良好的舆论氛围。环境政策的实施不仅与环境管理相关，更与人口、经济、社会、城市规划等密切相关。环境管理作为环境政策实施的具体表现，梳理其发展脉络对分析其环境政策转变具有重要意义。东京都在不同的环境管理阶段均制定和颁布了不同的环境政策与法规（见表3）。

4. 巴黎环境政策与法规制定及其经济社会背景

经历了60多年（1950～2014年）的治水，20多年（1990～2012年）

表3　东京都不同发展阶段环境政策与法规制定情况

阶段与时期	主要环境政策与法规	主要环境问题
战后复兴与公害规制时期（1945～1960年）	《东京都工厂公害防止条例》（1949）、《东京都烟尘防止条例》（1954）、《东京都清扫条例》（1955）、《工业用水法》（1956）	烟尘、噪声、恶臭、河水污染等产业公害问题愈演愈烈，环境质量不断下降，为此环境管理体系初步建立
公害管理体制扩充时期（1960～1975年）	《煤烟控制法》（1962）、《公害对策基本法》（1967）、《大气污染控制法》（1968）、《公害健康被害救济特别措施法》（1969）	为了应对传统公害，各种环境制度纷纷制定，注重环境保护与经济发展相协调，但实际以经济发展优先
环保应对时期（1976～1985年）	《东京都环境影响评价条例》（1980）	传统污染环境治理，由末端治理向源头治理转变，环境质量在这一时期达标
综合环境管理时期（1986～2000年）	日本《环境基本法》（1993）、《东京都环境基本条例》（1994）、《东京都废弃物处理、再利用相关条例》、《垃圾减量行动计划》、《东京都环境基本规划》（1997）	为了应对产业污染、生活型污染、新型污染、全球变暖等问题，环境管理以城市可持续发展和市民健康为出发点，建设循环社会
低碳城市建设时期（2001～2014年）	《十年后东京》（2006）、《东京都气候变化战略》（2007）、《东京都环境基本规划》（2008）、《2020年的东京都》（2011）、《东京都长远景观》（2014）	为了应对气候变化、新兴工业污染、热岛效应等问题，建设世界上环境负荷最小的城市，建设低碳城市
新可持续战略时期（2015～2024年）	《创造未来:东京长期愿景》（2014）、《国家公园计划》的修订（2015）、《东京基本环境计划》修订（2016）、《东京都资源回收和废弃物处理计划》（2016）	为子孙后代留下绿色遗产

的治气，巴黎地区（1960年以前只有巴黎市，1960年之后设立巴黎大区）水环境得到质的提升，大气污染尤其是雾霾污染得到很好的控制，但仍需要在全球环境新形势下进一步加大力度对巴黎地区环境进行综合整治。纵观巴黎的人口、社会经济史，巴黎地区的环境政策发展经历了5个阶段（见表4）。

表 4　巴黎市不同发展阶段环境保护经济政策与法规制定情况

阶段与时期	主要环境政策与法规	主要环境问题
消除环境污染物时期（工业革命至 19 世纪末 20 世纪初以及第二次世界大战前）	《巴黎地区国土开发计划》(1934)	巴黎市中心人口密集，道路上污水横流，流行病蔓延
以源头治理为主时期(20 世纪 50 年代至 20 世纪 80 年代)	PARP 规划 (1956)、PADOG 规划 (1960)、SDAURP 规划 (1965)、SDAURIF 规划(1976)、《水法》(1964)	极端气候造成洪水频发，水污染严重
环境优先为主时期(20 世纪 90 年代至 21 世纪初)	《防止大气污染法案》(1996)、SDRIF 规划(1999)、《建筑节能法规》	大气污染日趋严重，城市污水脱氮除磷效果不明显
以绿色城市为主的时期(21 世纪初至今)	《能源政策法》(2005)、《巴黎气候计划》(2009)、"大巴黎计划"、《空气质量法令》(2010)、新版《建筑节能法规》	城市空气质量时好时坏，塞纳河流域水质尚未达到游泳区水质
以可持续和智慧城市为主时期（面向未来）	"2030 年领土整治远景规划"、《2020 年巴黎智慧与可持续愿景》	能源、水、植被、医疗废物管理方面存在挑战

（二）全球城市环境政策与法规的国际比较

全球城市环境政策与法规的发展历程表明，城市环境政策与法规的制定、实施与经济社会发展密切相关，虽然每个城市具有自身特色，但总体上表现出线性发展路径。上海环境政策与法规的制定、实施也与其自身的经济发展战略规划息息相关。每一次上海城市发展规划的调整，都伴随着城市生态与环境保护法规政策的变化。全球城市是新时期上海城市建设的目标，为使城市环境质量与全球城市定位相适应，上海应当借鉴全球城市环境政策与法规的经验，从而实现城市环境质量的提升。

1. 全球城市环境政策与法规的共同之处

第一，环境政策与法规的制定与经济社会发展紧密相连。全球城市环境政策与法规的制定与城市经济社会发展表现出显著相关性。在早期的环境公害防治阶段，随着工业的发展，大量的人口涌入，城市人口数量猛增。由于人口密集，再加上粗放型制造业的产业结构以及以煤为主的能源消费结构，全球城市环境日益恶化。因此，该时期环境政策与法规主要以规制各类环境

219

公害问题为主要目标，环境政策与法规的实施也有助于解决城市发展面临的一些突出矛盾，避免这些矛盾影响城市的进一步发展，从源头解决环境问题。通过郊区化发展，把人口、制造业企业从城市的中心向郊区迁移，减轻中心城区的环境压力。在产业结构和能源结构调整时期，环境政策与法规的实施有利于城市实现健康发展和产业结构的升级。经过若干次环境政策与法规的转变，到20世纪末21世纪初，全球城市环境污染源发生了很大变化，制造业比重大幅下降，生产活动对于环境的污染大大降低，环境质量得到了很大的改善。此时受全球气候变化的影响，气候灾害给城市安全带来威胁。因此，该时期环境政策与法规主要以低碳生态城市建设为主要目标，将城市建设成为更适宜居民生活的绿色城市和低碳城市。在低碳城市建设时期，环境政策与法规的实施是为了使全球城市继续保持在全球城市体系中的领导地位，降低全球气候变暖给城市安全带来的风险。从时间上看，环境政策与法规的发展阶段与城市经济社会转型发展阶段在时间上几乎同步。

第二，注重环境政策与法规的实施与执行。法的生命力和权威在于实施，也即"法贵在行"。因此，仅仅制定与经济社会发展状况相适应的政策与法规是不够的，还应当保证各项环境政策的连贯性和长效性，以及各项法规的强制性和可操作性。例如，在空气质量方面，纽约计划到2030年成为所有美国大城市中空气最清洁的城市，$PM_{2.5}$平均浓度值最低——这意味着每平方千米需要减少39%的$PM_{2.5}$排放量，即达到13.51吨/平方千米。纽约市政府在规划里积极确认本市的污染源，并根据各行业$PM_{2.5}$排放量分布比例制订了相应的具体性的规划和目标。[1]另外，对于纽约市的水环境治理也体现出长期性，自1886年第一座污水处理厂建成，到20世纪70年代《清洁水法》的颁布，纽约市积极采取各种措施和多种手段致力于水污染的治理和水环境质量的提高，经过一个多世纪水环境的治理，以哈德逊河为主的城市水环境治理有了显著成效。

---

[1] 党耀国：《上海生态环境容量、发展趋势与生态城市建设研究》，"面向未来30年的上海"发展战略研究课题。

第三，多部门共同促进全球城市环境治理。全球城市环境治理涉及环境污染治理、自然资源保护、生态修复与恢复、城市绿色发展规划、产业与能源结构调整等多个方面，多个政府部门协同合作参与治理是国外全球城市环境治理取得显著成效的主要因素之一。例如，伦敦的环境治理中，英国中央政府、大伦敦市政府、区域政府办公室、自治市政府、区域发展局和区域议事厅，以及专门环境机构都是治理机构的重要主体。同时，大伦敦市政府、伦敦市与各自治市协调流域内统一发展规划和行动方案，着重于执行全国环境政策，以便步调一致分工协作，这也是伦敦环境治理取得成功的主要经验。① 无论国际还是国内，多个部门进行环境事务管理的局面会长期存在。因此，多个环境资源管理部门进行协调配合，通过立法进一步明确各部门之间的职能分工，建立各部门的沟通和协调机制，也将是上海在生态治理方面迈向"全球城市"的重要依托。

2. 全球城市环境政策与法规的不同之处

第一，纽约执行严格的环境质量标准。水污染的严峻形势倒逼美国联邦政府必须在水污染防治方面有所作为，必须全面调整水污染防治"分而治之"的不合理管理体制。在1972年颁布的《清洁水法》中，水污染防治被设定为法定的国家政策和目标。该法第一次确立了"国家污染物减排系统"（NPDES），并建立了非常严格的许可证管理制度，包括技术标准的许可证管理和水质标准的许可证管理，同时还设立了针对污水处理厂排放的"污水预处理制度"。② 此外，《清洁水法》还授权州政府负责设定水质标准和行政许可目标，纽约州环境保护局成为纽约市污水处理设施升级的重要合作伙伴。为了达到更全面监测水质的要求，纽约市水质监测的指标增加了多项参数。至20世纪90年代，纽约市水质监测指标达到20个，纽约港口水质监测站点达到85个。1977年，美国国会通过了《清洁水法》的修正案。该修正案明确了65种主要污染物或有毒污染物，并基于技术标准的许可证管理，

---

① 王玉明：《伦敦城市群环境治理的重要特征和主要经验》，《城市管理与科技》2017年第1期。
② 张辉：《美国环境法》，中国民主法治出版社，2015。

提出了针对"主要污染物"的"最佳可用技术",以及"传统污染物最佳控制技术"。同时美国环保署收紧了可允许的地面臭氧、烟雾和细颗粒物水平的环境空气质量标准。[①]

第二,伦敦设置专门机构对环境事务进行具体管理。1751 年成立泰晤士河管理局,该机构管辖克里科雷德至斯坦尼斯大桥这一段水域。1848 年成立都市下水道委员会,拟将都市区的下水道以及排水、供水等相关职能置于都市下水道委员会统一管理之下,以期改善都市区的卫生状况。1856年成立的新机构——泰晤士河管理委员会,负责西起斯坦尼斯河东至延特勒特河口的泰晤士河管理。1973 年,英国制定了《水资源法》,对水管理体制进行改革,分别建立以城市或工矿区为中心的水污染防治体制和以水体为中心的区域性污染防治体制。1974 年,英格兰—威尔士组建了 10 个新的流域水务局,泰晤士河水务局随之建立。这些机构除提供污水处理和供水服务外,还负责流域管理、水污染防治、防洪及地表排水,承担推进和协助流域水治理工作,统一负责流域治理与地表地下水资源管理。泰晤士河水务局的设立和高效运作,推动了流域政府间的横向联动,促进了流域政府间的合作治理和一体化管理,造就了今日干净的泰晤士河。1989 年对水务局实行私有化改革,水务局成为泰晤士河水管理公司。泰晤士河水管理公司只承担供水、排水、污水处理职能,水质检测、污水监管、检举起诉等权力收归全国层面的国家河流管理局,但该公司仍然是泰晤士河治理的重要主体。[②]

第三,东京注重区域协同发展。1953 年,日本出台了《首都圈整治法》,明确将首都圈作为法定规划对象。与此同时,东京向周边区域分散教育、文化等城市功能,支撑整个区域经济发展。1999 年,东京又提出了"首都圈大都市区构想"(2000~2025 年),主要理念是"提高首都圈的国

---

① 陈宁、周冯琦:《纽约市环境治理精准化对我国的启示》,《毛泽东邓小平理论研究》2017年第 2 期。
② 王玉明:《伦敦城市群环境治理的重要特征和主要经验》,《城市管理与科技》2017年第 1 期。

际竞争力，提升市民生活质量，促进国内外交流，加强交通基础设施建设，加强圈内 7 个县市的区域性联系，发挥圈域整体聚集效应，提高首都圈乃至全国的发展活力，创造与环境共生的首都大都市圈"①，其中与环境直接相关的包括东京湾水质改善一体化措施、大气污染对策、废弃物回收处理等。区域环境协作机制已在以上海为中心的长三角等地区开展，但区域范围涉及不广、空间优化程度涉及不深。因此，可以借鉴日本的《首都圈基本规划》，从区域一体化角度通盘考虑产业空间布局。

第四，巴黎主要依靠城市规划。由于环保意识的普遍增强，在巴黎大区成立后，巴黎将环保政策纳入城市规划中。巴黎的城市规划虽以控制人口规模、促进经济增长为切入点，但同时紧跟具体环境问题的变化而做出适时调整，从而确保在城市不同阶段出现的环境问题都能得到很好解决。巴黎的城市规划和环境政策充分认识到环境保护的重要性，在经济发展和环境保护之间，注重环保优先。将绿色发展作为城市可持续发展规划中的重要部分，法国政府通过"恢复城市中的自然"项目来解决雨水径流、能源、气候适应性、生物多样性、湿地恢复、有毒物品使用等问题。

二　上海城市环境治理的政策与法规发展沿革

近年来，我国环境法治发展最为明显的一个标志，是环境法律的频繁修改。自 2014 年《环境保护法》修订完成后，多部主要环境立法相继得到修正或制定。例如，2015 年先后修订了《固体废物污染环境防治法》和《大气污染防治法》；2016 年相继修正了《环境影响评价法》《海洋环境保护法》以及颁布了《环境保护税法》；2017 年修正了《水污染防治法》；2018 年颁布了《土壤污染防治法》等。对于将要构建"更可持续的韧性生态之城"的上海，应当注重地方环境法制的建设和发展，以增强国家环境法规

---

① 刘召峰、周冯琦：《全球城市之东京的环境战略转型的经验与借鉴》，《中国环境管理》2017 年第 6 期。

政策的可执行性，避免其流于条文形式。在宏观指导法律的框架下，完善上海环境法规的实施细则，结合地方实际情况增强法律法规应对实际问题的能力。同时，环境政策对环境立法也具有直接影响，2014年《环境保护法》的修改过程也表现出明显的环境政策法律化趋势。地方性环境政策与法规之间更是相互影响。

改革开放之前，上海城市功能逐步由多功能综合型城市转变为以工业、科技基地为主的生产型城市。在该阶段，由于经济规模较小，经济建设对环境的污染和对生态的破坏并不显著，生态环境压力较小，全社会还没有形成真正的环境保护意识，真正意义上的环境保护事业也尚未开展。因此，上海市是从1978年才开始步入环保法制起步阶段。

（一）城市功能转型、环保法制建设起步阶段（1978～1990年）

1978～1990年是中国改革开放的初期阶段。整个20世纪80年代，中央大力支持上海振兴老工业基地，扩大对外资的开放。国务院于1985年对《关于上海经济发展战略的汇报提纲》进行了批复，1985～1988年国务院又连续批复《上海进一步开放初步方案的请示》《关于上海市扩大利用外资规模的报告》和《关于深化改革，扩大开放，加快上海经济向外向型转变的报告》。总之，在20世纪80年代，中央对上海在财政政策、外贸政策、外资外汇政策、税收政策、土地政策等方面给予了大量的支持和倾斜。在一系列重大战略部署的推动下，上海得到了快速发展。上海的GDP从1978年的272.8亿元增长到1990年的756.45亿元。在这一阶段，上海虽然没有完全对外开放，大都市的特别优势也没有显现出来①，但上海的发展从改革外贸体制和搞活经营起步，经历了吸收外资的逐步探索和稳步发展阶段，已经完成了从开放条件滞后到奠定率先赶超基础的转变，并为下一阶段的发展做好了充分准备。尤其是1990年浦东开发开放战略的正式提出，成为撬动上海

---

① 1980年上海第三产业占GDP的比重为21%左右，这与全国平均水平相一致，1990年，该比重与全国其他地区同步提升到31%左右。

城市发展的战略支点和肩负国家使命、对接全球化、引领改革开放全局的战略引擎。[1]

这一阶段，上海市的经济发展刚刚起步，此时还没有产生明显的环境污染问题。1979年9月《中华人民共和国环境保护法（试行）》颁布以后，上海从1980年起开始了地方环保立法，制定了一系列污染防治的规章。1985年4月颁布了第一部地方性环境保护法规《上海市黄浦江上游水源保护条例》，进一步加强上游地区污染综合治理。1979年上海市环保局成立，开始进行城市环境战略制定和环境管理工作。上海市政府于1984年提出的"在生产大幅度增长的情况下，到1990年将污染物排放量控制在1982年水平"的"七五"环境保护目标也基本实现。当时上海市的环境状况是：工业污染基本得到控制，环境质量恶化趋势减缓，局部地区环境质量有所改善。另外，从"六五""七五"时期上海市有关环境保护计划可以看出，该时期内上海市环境保护目标重在开展重点地区污染治理，包括治理苏州河和黄浦江的污染，保护饮用水水源，建设噪声达标区，改善污染严重地区的环境状况等。"七五"期间，市人民代表大会常务委员会和市政府，已经颁布了6个地方环保法规和规章，5个环境质量标准和污染物排放标准，环境保护步入了依法管理的轨道。

（二）成为全国经济中心，环保法制建设发展阶段(1991～2000年)

进入20世纪90年代，上海开启了主动参与全球化的二次崛起之路。1992年，党的十四大报告明确了上海"一个龙头、三个中心"的战略定位。从1992年开始，上海连续十年保持GDP两位数增长，城市综合服务功能增强，经济中心城市特征与地位凸显。资料显示，2000年，上海证券交易所上市的股票市价总值和流通市值已分别占全国的56%和52.72%，交通通信增加值占全国的6.3%，外贸出口总额占全国的10.2%，口岸进出口总额约

---

① 肖林、周国平：《卓越的全球城市：不确定未来中的战略与治理》，上海人民出版社，2017。

占全国的 1/4，港口货物吞吐量占全国的 15.9%。上海所起到的连接内地与融入世界经济的重要桥梁作用获得高度重视，并显示出开始回归国际经济中心城市的发展轨迹。在这一阶段，上海利用独特的区位与交通通信条件，拓展科技、人才等优势，发挥浦东开发开放的改革率先、开放领先、功能重塑、东西联动、空间拓展、辐射带动六大效应，积极参与全球分工，提升城市管理的国际化水平。[①] 1996 年《上海市国民经济和社会发展"九五"计划与 2010 远景目标纲要》中提出，"基本形成具有世界一流水平的中心城市格局"。说明这一阶段，上海开始以纽约、伦敦、东京、巴黎等世界城市为标杆，拓展发展视野，顺应趋势，积极谋划，在改革中摸索，在实践中探索适合中国特大城市发展的新思路。

在环境保护政策与法规方面，该时期内上海市环境保护目标重在城市环境综合整治定量考核，工业污染物排放以控制在现有水平为主要目标。1995年 5 月《上海市环境保护条例》的实施，标志着上海市基本形成了地方环保法规体系，主要包括：污染防治法规、环境管理法规、资源保护法规、综合性环保法规以及各项污染物排放标准。初步形成与全球城市发展相适应的环境保护法治框架，为上海的环境立法奠定了坚实的基础（见表 5）。另外，环境执法也进一步加强，各区、县政府对辖区内的排污单位进行经常性的监督检查，促进了污染治理和环境质量的改善。对重大污染事故的责任者，依照法规规定，给予相应的处罚，并加强对污染事故的防范和应对，1990 年以来，上海污染事故发生率逐年下降。[②]

（三）从"四个中心"建设迈向卓越的全球城市，环保法制建设成熟阶段（2001年至今）

21 世纪以来，中国经济持续了十几年的高速增长，中国与世界经济联系

---

① 蔡来兴主编《上海市国民经济和社会发展：创建新的国际经济中心城市》，上海人民出版社，1995。

② 《上海环境保护志》编纂委员会编《上海环境保护志》，上海社会科学院出版社，1998。

表5　上海市环保法制建设发展阶段环保政策与法规制定情况

年份	上海颁布的环保政策、法规、计划
1991	出台《上海市环境保护十年规划和"八五"计划纲要》；制定《苏州河截流区污水管理办法》；建立"上海金山三岛海洋生态自然保护区"
1992	制定颁发《上海市大中型禽畜场粪水排放暂行规定（试行）》《上海市燃煤锅炉干式除尘器设备运行管理规程》和《上海市排放污染物许可证管理试行规定》
1993	编制《上海市环境保护科研工作指南》和《上海市环保产业发展十年规划和"八五"计划》
1994	通过《上海市环境保护条例》，并对多项环保法规、规章进行制定和修订工作，为严格执法、强化法制提供了法律依据
1995	编制《上海市环境保护"九五"计划和2010年远景目标》，环境保护规划的主要目标、任务已经纳入《上海市城市总体规划》和《上海市国民经济和社会发展"九五"计划与2010远景目标纲要》
1996	编制《上海市主要污染物排放总量控制办法》
1997	编制《太湖流域黄浦江上游地区水污染防治"九五"计划和2010年规划》《上海市自然保护区规划》《上海市水环境功能区划》
1998	颁布《上海市污染物排放许可证管理规定》；制定《上海市2000年工业污染源达标排放和功能区达标工作方案》
1999	批准《上海市人民政府关于加强本市环境保护和建设若干问题的决定》，提出第一个环保三年行动计划以及有关的配套政策措施，并提出通过五轮三年行动计划把上海建成生态城市；实施《轻型汽车排气污染物排放标准》
2000	颁布实施《上海市一次性塑料饭盒管理暂行办法》《上海市废弃食用油脂污染防治管理办法》《上海市二氧化硫排污费征收和使用管理规定》《轻型汽车排气污染物排放标准》；发布《关于加强本市环境保护和建设若干问题的决定》《关于加强本市环境保护和建设的实施意见》

的紧密程度、人民国际地位、参与经济全球化与地区一体化及国际事务的能力、影响力明显上升。面对新的历史机遇，上海在城市竞争时代中借势而起，依托国家实力提升城市能级，一是深度融入全球化，收获全球化红利；二是在城市发展的动力、路径、定位等方面谋求新突破。鉴于国际城市发展的新形势和新变化，党中央、国务院从国家战略高度先后对上海提出"四个中心""四个表率"的目标，进一步明确了上海建设社会主义现代化国际大都市和国际经济、金融、贸易、航运中心的功能定位。经过十多年的率先发展，上海经济规模、收入水平、产业结构、城市功能和城市治理水平都发生了显著变化，经济、社会、文化、城市发展不断跃上新台阶。上海经济发展水平人均GDP超过1万美元，在金融、航运、贸易、技术、信息等方面形成了广泛的

国内外联系。所形成的巨大规模的经济流量，以及作为长三角——世界第六大城市群首位城市的优势与地位，都为上海打造全球城市奠定了坚实基础。

在经济发展的同时，上海市环境保护工作以削减污染物排放总量为主要目标，加强城市环境基础设施建设，加强环境监管及环保监督执法，以实现基本控制环境污染的目的。上海通过滚动实施七轮环保三年行动计划，环境基础设施体系基本完善，多手段综合推进的环境管理体系不断优化，污染物排放量逐年减少。因此，该时期内环境保护目标逐渐由污染物减排转向城市环境质量改善，以实现与上海市国际化大都市的定位相适应，该时期的环保政策与法规制定情况如表6所示。

表6　上海市环保法制建设成熟阶段环保政策与法规制定情况

年份	环保法规、地方政府规章、标准	环保政策与规划、计划
2002	《上海市固定源噪声污染控制管理办法》《上海市废弃食用油脂污染防治管理办法》《上海市环境污染事故应急处置预案》	《上海市水环境治理与保护规划暨"十五"计划》《上海市"十五"大气环境保护规划》《"一纵两横"景观生态廊道规划》《上海市养殖业"十五"发展专项规划》《上海市赤潮防治工作预案》
2003	《崇明东滩鸟类自然保护区管理办法》《上海市九段沙湿地自然保护区管理办法》《上海市饮食业环境污染管理办法》《上海市排污费征收管理办法》	第二轮环保三年行动计划，《上海市重点环保监管企业若干管理规定》《关于本市一次性使用医疗用品废弃物临时处置的意见》《长三角近岸海域海洋生态建设行动计划》
2004	《上海市实施〈中华人民共和国环境影响评价法〉办法》《上海市扬尘污染防治管理办法》《上海市微生物菌剂环境安全管理办法》《上海市畜禽养殖管理办法》《上海市单位生活垃圾处理费征收管理暂行办法》	《上海市环保局行政许可实施规程（试行）》《上海市环保局行政许可事项办理规程（试行）》
2005	《上海市环境保护条例》（修订稿）、《上海市餐厨垃圾处理管理办法》	《上海市污泥处置规划》《上海世博会场馆总体规划》《上海市辐射环境保护"十一五"发展规划和辐射环境能力建设方案》
2006	《上海市医疗废物处理环境污染防治规定》《关于〈上海市环保条例〉的若干应用解释》《上海市环保局实施暂扣、封存措施程序规定》《2006年上海市环保系统行政执法效能评估实施方案》	第三轮环保三年行动计划，《黄浦江上游水源保护区污水处理运行费补贴政策》《建设项目环境保护中后期管理规定》《上海市人民政府关于贯彻〈国务院关于落实科学发展观加强环境保护的决定〉的意见》《上海市建筑工地夜间施工环保审批管理规定》

年份	环保法规、地方政府规章、标准	环保政策与规划、计划
2007	《上海市实施〈中华人民共和国大气污染防治法〉办法》《上海市医疗废物处理环境污染防治规定》《锅炉大气污染物排放标准》《在用压燃式发动机汽车加载减速法排气烟度排放限值》	《上海市产业结构专项扶持暂行办法》《建设项目主要污染物总量控制实施意见》《上海市节能减排工作实施方案》
2008	《上海市放射性污染防治的若干规定（草案）》	第四轮环保三年行动计划，《上海市水环境保护专项规划》《交通污染防治专项规划》《节能减排专项规划》《工业污染防治专项规划》《上海市危险废物污染防治规划（2008～2012年）》《上海市加速淘汰消耗臭氧层物质工作实施方案（2008～2010年）》
2009	《上海市饮用水水源保护条例》《上海市放射性污染防治若干规定》，制定上海市污水综合排放标准	《长江三角洲地区企业环境行为信息公开工作实施办法（暂行）》《长江三角洲地区企业环境行为信息评价标准（暂行）》
2010	《上海市人民政府关于加强对秸秆露天焚烧和利用管理的通告》《关于加强爆炸、剧毒、放射性等危险物品安全管理的通告》	《关于加强社会噪声管理的通知》《上海市2010年继续深入开展整治违法排污企业保障群众健康环保专项行动实施方案》
2011	《上海国际旅游度假区管理办法》《上海市化学工业区管理办法》	第五轮环保三年行动计划，《上海市主要污染物总量控制"十二五"工作方案》《2011年上海市整治违法排污企业保障群众健康环保专项行动实施方案》
2012	《上海市社会生活噪声污染防治办法》《上海市建筑玻璃幕墙管理办法》，制定铅蓄电池行业大气污染物排放标准	《上海市环境保护和生态建设"十二五"规划》《崇明生态环境预警监测评估方案》《上海市建设项目环境影响分级管理规定》《2012年上海市整治违法排污企业保障群众健康环保专项行动实施方案》
2013	《上海市社会生活噪声污染防治办法》，制定生活垃圾、危险废物焚烧大气污染物排放标准	《上海市清洁空气行动计划（2013～2017）》《上海市环境保护局关于进一步加强本市建设项目环境影响评价分类管理的若干意见》
2014	《上海市大气污染防治条例》《长三角区域落实大气污染防治行动计划实施细则》，制定锅炉、餐饮业大气污染物排放标准	《关于加快推进本市环境污染第三方治理工作的指导意见》《上海市实行最严格水资源管理制度加快推进水生态文明建设的实施意见》
2015	发布一批控制挥发性有机物的标准	第六轮环保三年行动计划，《上海市燃煤发电机组环保排序暂行办法》《上海市水污染防治行动计划实施方案》《产业结构调整负面清单》，建立上海市排污许可证管理体系，制定落实污染治理激励政策，启动挥发性有机物（VOCs）排污收费

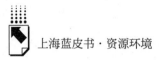
续表

年份	环保法规、地方政府规章、标准	环保政策与规划、计划
2016	《上海市环境保护条例》(修订)、《上海市突发环境事件应急预案》、《上海市环境监测社会化服务机构管理办法》,制定四项大气污染物排放标准	《上海市环境保护和生态建设"十三五"规划》《上海市养殖业布局规划(2015～2040年)》《上海市工业企业挥发性有机物排放量核算暂行办法》《上海市2016年及"十三五"大气重点污染物排放单位总量控制方案》《上海港实施船舶排放控制区工作方案》《关于加快本市城乡中小河道综合整治的工作方案》《关于本市贯彻落实生态文明建设责任制的实施意见》《关于加快推进上海市生态文明建设实施方案》
2017	《上海市排污许可证管理实施细则》《固定污染源排污许可分类管理名录(2017年版)》《上海市经营性用地和工业用地生命周期管理土壤环境保护管理办法》《上海市生态环境保护工作责任规定(试行)》,制定恶臭、家具制造业大气污染物排放标准	《上海市城市总体规划(2017～2035年)》《上海市土壤污染防治行动计划实施方案》《崇明世界级生态岛发展"十三五"规划》《关于促进和保障崇明世界级生态岛建设的决定》《上海市环境保护行政执法与刑事司法衔接工作规定》《上海市固定污染源自动监测建设、联网、运维和管理有关规定》
2018	《上海市生态保护红线》	《长三角区域空气质量改善深化治理方案(2017～2020年)》《长三角区域水污染防治协作实施方案(2018～2020年)》《长三角区域大气污染防治协作2018年工作重点》《长三角区域水污染防治协作2018年工作重点》

三 全球城市环境政策与法规对上海的启示

回顾纽约、伦敦、东京、巴黎等全球城市的发展路径,不难看出这些城市都曾经历过在经济发展的特定阶段,出现严重的生态环境问题。随后,这些城市都将生态环境可持续发展与经济发展的协调摆在城市发展的首位,生态环境已然成为未来城市竞争力、软实力、吸引力的重大来源。上海是一个经济发达、人口集聚的特大能源消费型城市,其能源消费总量远高于纽约、伦敦、东京、巴黎等全球城市,城市生态环境污染问题也日益凸显。面对提升城市可持续发展竞争力、建设卓越生态城市的内在诉求,未来上海如何选择资源环境战略,如何通过法治的手段对生态环境进行有效治理,如何在未来的环保法治发展中有所作为，如何建设宜居的生态之城，对其在 2035 年后仍然保持持久的城市生命力和竞争力、建成全球城市将产生至关重要的影响。本文在借鉴主要全球城市可持续发展和环境法制建设有益经验的基础上，结合中国及上海的发展现状，对上海全球城市未来环境治理的模式进行了展望，并对环境治理的法治建设提出具体行动策略。

（一）政策与法规的指导思想：绿色宜居及可持续发展

综观纽约、伦敦、东京、巴黎等著名全球城市的发展可知，宜居城市建设是城市发展，尤其是全球城市发展的重要战略之一，明确政策与法规的指导思想是宜居城市建设成功推进不可或缺的因素。相比其他全球城市，上海的资源保护和环境治理力度仍有一定不足。为了确保城市的可持续发展，上海首先应当改变传统的减量型、控制型、末端治理型的保护环境与节约资源的手段，应按照"生态城市"目标编制生态环境保护规划，加强对水体、森林、湿地等生态空间结构的生态保护和建设，以严格治理环境污染，集约利用资源，提高生态环境品质。其次，推动上海能源结构转变，以技术创新引领低碳排放。未来三十年是中国实现能源生产和消费革命的机遇期，在全球能源结构发生剧烈调整变化以及中国加快推进产业转型的背景下，上海也应积极推动经济和能源结构转型，争取到 2035 年形成绿色、高效的能源结构体系，以符合卓越全球城市的能源要求。据此，应当推动上海能源结构向绿色低碳转型，同时优化产业布局，实现绿色可持续发展。最后，应以生态红线为依托，严格保护区域生态环境。生态红线是防止生态安全出现重大危机的预防性制度和底线型措施。2018 年 2 月，国务院批准同意《上海市生态保护红线》，其中明确了上海市生态红线的总面积以及包含的具体类型①。生态红线的划定有助于实施分类管理、严格生态准入、强化生态监管、施行生态

---

① 《上海市生态保护红线》明确提出：本市生态保护红线总面积为 2082.69 平方公里，陆域面积为 89.11 平方公里，长江河口及海域面积 1993.58 平方公里，包含生物多样性维护红线、水源涵养红线、特别保护海岛红线、重要滨海湿地红线、重要渔业资源红线和自然岸线 6 种类型。

补偿，恢复和改善上海特殊地域、特别生态环境要素的生态功能；为避免人类活动对生态脆弱区域的破坏，上海应当实施最为严格的生态环境保护计划。

（二）政策与法规的制定与完善：与经济发展、城市规划相适应

根据我国《立法法》（2015 修正）的规定，我国省级和设区的市级人大及常委会和地方政府可以在"不同上位法相抵触"的前提下，根据具体情况和实际需要，制定地方性法规和地方政府规章。同时，《立法法》第 73 条对地方性法规的立法事项做出具体规定：一是执行上位法的规定；二是属于地方性事务；三是地方可先行先试那些中央暂时存在立法空白的立法事项。除此之外，我国《立法法》第 82 条也对地方政府在颁行政府规章的权限方面进行了规定。据此，上海市不仅可以根据本市环境经济的发展状况运用地方立法权限细化国家环境法律法规，还可以创新国家环境法律法规和环境管理制度，适时推出新的法律制度和措施。例如，上海市可以根据《环境影响评价法》（2016 年 7 月修正）、《环境保护税法》（2016 年 12 月颁布）、《土壤污染防治法》（2018 年 8 月颁布）等新修正和颁布的法律，开展上海市有关环境影响评价、环境保护税、土壤污染防治相关立法研究。同时，也可以从上海的实际情况出发，对一些化学污染、核安全、遗传资源等"上位法"还未对其做出明确规定的领域，进行理论研究和立法技术创新，力争弥补环境法律规范的空白和不足，为上海生态环境治理提供健全的法律保障。[1]

另外，随着经济社会的发展，具体的环境问题以及产生这些环境问题的原因也会随之发生变化，上海全球城市环境政策与法规的制定也应当根据具体的环保形势对环保法规加以修订和完善，并且根据新产生的环境问题制定新的环境政策和法规。例如，伦敦市环境法规的建立便体现了适应新形势的发展要求。英国在 1956 年颁布了《清洁空气法》，该法案也是世界上第一

---

[1] 孙佑海：《如何使环境法治真正管用——环境法治 40 年回顾和建议》，《环境教育》2013 年第 8 期。

部空气污染防治法案。该法案虽然在大气污染治理方面取得了较好的效果，但随着经济规模的不断发展和扩大，比较严重的烟雾事件仍然时有发生。因此，英国政府在1968年对其进行了第一次修订，对烟尘控制区内燃料的获取和销售途径进行严格法律规定。虽然此次修订在一定程度上对防治烟尘污染起到积极作用，但对二氧化硫、氮氧化物等其他空气污染物并未进行有效控制。因此，1993年对该法进行了第二次修订，根据新形势的发展要求，增加了一些新的内容，以使大气污染得到更有效的治理。上海在贯彻实施国家相关法律制度的同时，也应根据各个时期的经济发展规划和环境新形势，及时修订和完善各项环境法规政策，对于不适应绿色经济发展和生态保护需要的环境法规和政策，应予以及时修订和调整，使其能够与经济发展和城市规划相适应。例如，上海市在2016年完成了对《上海市环境保护条例》的第二次全面修订，这是自1994年审议通过，2005年对其进行较大范围修订后的再次全面修改。《上海市环境保护条例》（2016修订）主要是贯彻落实国家生态文明理念以及符合新修订的《环境保护法》《大气污染防治法》等上位法的新规定，完善相关制度，为上海市进一步推进环境治理提供有力保障。同时，也建议上海市在具体实践中，将一些对生态文明建设和环境保护起到积极推进作用的环境政策尽可能"法规化"，以使其更具执行力和强制力，解决很多企业违法成本低、守法成本高的问题。另外，除制定专门的环境法规外，也可以在其他相关法规条例中规定有利于上海市生态文明建设的内容，争取早日建立完善的环保法规体系。①

（三）政策与法规的实施与执行：具有可操作性和强制性

在完善法律法规的同时，环境政策的实施与法规的执行也同样重要。因此，一方面，要制定与经济社会发展状况相适应的政策与法规，另一方面，还应保证各项环境政策的可操作性以及各项法规的强制性。首先，应当全面

---

① 孙佑海：《如何使环境法治真正管用——环境法治40年回顾和建议》，《环境教育》2013年第8期。

落实《中华人民共和国环境保护法》《上海市环境保护条例》等法律法规，坚决制止和惩处破坏生态环境的违法行为。其次，健全长三角环境保护协作机制。2018年，长三角区域大气污染防治协作小组审议通过了《长三角区域空气质量改善深化治理方案（2017～2020年）》、《长三角区域水污染防治协作实施方案（2018～2020年）》、《长三角区域大气污染防治协作2018年工作重点》以及《长三角区域水污染防治协作2018年工作重点》，对长三角的污染防治实施精准化差别防控。除此之外，可以考虑将以上政策和实施方案上升到法律法规层面，推动长三角区域的环境保护与生态治理，加大对跨省界、跨辖区污染事件的惩处力度。例如，日本在《首都圈整治法》中将东京都与其他周边地区作为一体化的区域设定为法定规划对象，强化其中心地带与近郊地区的联系，完善新的城市空间的规划与布局，推动东京都核心城市群的形成。[①] 最后，建立健全本市环境监察制度，完善环保督查制度，开展集中督察和日常督察相结合的环保督察。2017年上海市委、市政府出台了《上海市环境保护督察实施方案（试行）》，启动青浦、长宁两区环保督查试点。重点督查相关对象贯彻落实国家和上海环境保护决策部署、环境保护责任落实、环境保护目标完成、突出环境问题及处理等方面的情况，为全市开展市级环保督察打好了基础。但是，从环境法治角度而言，上海乃至全国的环保督察制度仍然存在一定法律困境，应该考虑运用法治方式将环保督察制度纳入法治路径，将"制度化督察"上升为"法制化督察"，使环保督察权受到法律法规的控制与规范，例如明确环保督察的法律依据、强化环保督察机构的法律地位以及规范环保督察问责程序等。[②]

（四）政策与法规的制度保障：构建社会治理机制，促进公众参与

城市生活的好坏直接关系到每个居民的生活质量，上海"生态之城"的建设也需要全体市民的积极参与，以倡导绿色生活、生产方式，动员全社

---

① 周冯琦、程进、嵇欣等：《全球城市环境战略转型比较研究》，上海社科科学院出版社，2016。

② 陈海嵩：《环保督察制度法治化：定位、困境及其出路》，《法学评论》2017年第3期。

会参与生态环境保护。保持清洁、舒适、优美的生活环境，既是人们的愿望，也符合公众的利益。例如，在伦敦的环境治理过程中，英国政府在主动积极履行环境保护与恢复责任的同时，吸收了大量的区域伙伴组织参与，为英国政府的区域治理奠定了坚实基础。同时，除政府组织以外的社会主体也积极参与区域内的环境治理，例如企业、社区、环保 NGOs、各大高等学府和新闻媒体等也积极参与到城市环境治理中，形成了全社会共治的环境治理体系。① 因此，上海也应当推进环境保护社会治理机制的构建，形成以政府为主导、企业为主体、社会组织共同参与的多元环境治理体系。首先，加大环境信息公开力度。对重大环保政策、重点污染源、环境基础设施污染物排放情况、突发环境事件等环境信息，实行全面公开，完善建设项目环境影响评价信息公开机制，落实企业环境信息公开制度，接受公众监督，推动全社会参与环境保护。其次，完善公共参与的司法机制。例如，建立完善的环境公益诉讼制度，使环境问题的解决更加合理、合法与公正，尽量避免环境冲突的产生。同时，通过法制化的手段明确公众参与的方法和机制。此外，建立健全企业环境责任制度，完善其环保诚信体系，推进企业环保信用评价、信息披露等更加法制化，透明化。最后，建立市场化的公众参与机制，拓宽公众参与的平台。例如，通过市场激励机制将被动的"环保意愿"转换为"主动的环保行动"，通过市场化机制推进环保第三方治理，以及充分发挥环保 NGOs 在各项环保政策的推动以及环境公益诉讼中的巨大潜力，用法律法规的形式提升其在环保行动中的形象和地位。

参考文献

〔美〕丝奇雅·沙森：《全球城市：纽约、伦敦、东京》，周振华等译，上海社会科

---

① 王玉明：《伦敦城市群环境治理的重要特征和主要经验》，《城市管理与科技》2017 年第 1 期。

学院出版社，2005。

肖林、周国平：《卓越的全球城市：不确定未来中的战略与治理》，上海人民出版社，2017。

周冯琦、程进、嵇欣等：《全球城市环境战略转型比较研究》，上海社科科学院出版社，2016。

Richard G. Smith，"Beyond the Global City Concept and Myth of 'Command and Control'," *International Journal of Urban and Regional Research* 38（2014）.

Saskia Sassen，"The Global City：Enabling Economic Intermediation and Bearing Its Costs," *City & Community* 15（2016）.

B.10
全球城市生态城市建设的
国际比较及启示

　从"生态城市"概念的提出，到今日环境保护理念深入人心，全球对其生态城市建设理论进行了大量探索，并坚持实践创新。生态城市建设已成为应对气候变化、资源与能源危机的重要举措。积极建设生态城市在许多国家被作为不可或缺的公共政策来推动和引导，并在不断建设与改进中积累了大量成功经验。本研究通过梳理与对标纽约、伦敦、东京3座全球城市在生态城市建设过程中的建设管理特征，分析其面临的共同问题，总结国际全球城市在生态城市建设方面的成功经验，为上海生态城市建设提供启示。

关键词：　全球城市　生态城市　上海

　　生态城市概念是在1971年联合国教科文组织发起了"人与生物圈"计划中正式提出的，在广义上生态城市被认为是以生态学原理为指导的新型社会关系和新的文化观，在狭义上则是指在生态学原理指导下，更加高效、和谐、健康、可持续的人类聚居环境①。

---

* 杜红玉，博士，上海社会科学院生态与可持续发展研究所助理研究员，主要研究领域为城市生态规划与可持续发展。

① 张文博、宋彦、邓玲、田敏：《美国城市规划及概念到行动的务实演进——以生态城市为例》，《国际城市规划》2018年第4期。

"全球城市"最早由美国经济学家萨森（Saskia Sassen）提出，然而至今关于这一概念在学术界尚未形成统一的定义，一般情况下"全球城市"是世界经济一体化的城市空间表达，是世界经济活动的中枢或中转站，也是国际政治、文化中心，也是生态文明发展与建设领先的城市①。在西方眼里，英国伦敦、美国纽约和日本东京传统上被认为是"三大世界级城市"。

一 全球城市生态城市的建设与管理现状

当前，很多国外城市积极探索、大胆创新，建设了很多生态城市，总结了大量建设和管理经验。以下选取全球公认的三大全球城市——纽约、伦敦、东京，以这三大城市为代表，解析其生态城市建设与管理的现状。

（一）全球城市生态城市的发展现状

以纽约、伦敦、东京为例，分别从其建设历程和建设管理现状两方面阐述全球城市生态城市的发展现状。

1. 纽约

美国纽约市由布朗克斯区、曼哈顿区、皇后区、布鲁克林区和斯塔腾岛组成，总面积达 1214.4 平方公里，人口约 851 万人。2017 年，纽约地区生产总值为 9007 亿美元，位列全球第一。在经历消耗性增长后，纽约市开始关注社会、经济、环境协调发展，探寻可持续的生态城市发展模式已成为引领城市未来发展的主要方向②。

（1）发展历程

根据纽约市的环境保护进程，将 20 世纪以来纽约的生态城市建设划分为如下四个阶段。

---

① 刘召峰、周冯琦：《全球城市之东京的环境战略转型的经验与借鉴》，《中国环境管理》2017 年第 6 期。
② 南京航空航天大学课题组：《上海未来 30 年生态城市建设愿景目标及其实施路径》，《科学发展》2015 年第 10 期。

①制造业繁荣与水污染阶段（1940 年之前）

1940 年之前，在工业革命的推动下，纽约的制造业繁荣发展，成为美国一大制造中心。同时，该时期纽约市人口剧增，从 1890 年的 150 多万人，增长到 1930 年的 700 万人①。由于制造业的繁荣和人口的迅猛增长，带来了一系列的环境问题，使 19 世纪末的纽约成为世界上最拥挤、肮脏的城市。当时的垃圾、未经处理的污水和其他有害物质直接被倒入河流和海洋。为此纽约市出台了一系列的措施及法律法规来解决这一环境问题，例如，1881 年成立街道清洁局，后更名为卫生局；1886 年建造了第一座污水处理厂；1896 年出台法律禁止向纽约港倾倒垃圾；1906 年城市排水委员会成立，开始进行年度水质调查；1929 年卫生局组织实施第一个废水处理计划；1934 年建设纽约市第一个大型金属废塑料堆场等。

②城市扩张与大气污染阶段（1940～1970 年）

第二次世界大战结束后，随着美国全国产业结构的调整以及传统工业部门的衰落，纽约市的制造业进入衰退期，许多工厂从中心城区迁出到郊区。此时，低密度的郊区在纽约大都市迅速蔓延，城市开始以"摊大饼"的方式扩张，郊区化导致了当时纽约严重的交通问题。同时，纽约市在这一期间曾发生多次严重的雾霾现象，特别是 20 世纪下半叶，数次严重的雾霾使纽约获得了"雾都"之名。为此，纽约市政府以环境治理为导向出台了控制大气污染的法律法规，例如，1966 年纽约市颁布了第一个空气控制法令（Local Law 14），确定纽约市空气污染控制代码（APCC）；确立了排放标准、燃烧及垃圾处理系统排放标准、设备和装置的标准等；并要求任何影响纽约市空气质量的设备和工艺的使用都必须获得许可和证书等。

③服务业兴起与生态城市阶段（1970～1990 年）

这一时期，纽约的制造业衰退、服务业开始兴起，产业布局的区域差距越来越大。1969～1989 年，生产服务业就业人数从 95 万人增至 114 万人，占总就业人口比例从 25% 增至 31.6%；社会服务业就业人数从 76 万人增至 93

---

① 周冯琦、程进、嵇欣等：《全球城市环境战略转型比较研究》，上海社会科学出版社。

万人，占总就业人口比例从 20% 上升到 26.3%①。由于制造业的衰退、服务业的兴起，纽约市的环境污染问题得到了缓解。该时期的纽约开始逐渐重视生态环境质量。但由于纽约郊区化，使得森林、农田和湿地受到冲击，野生生物栖息地受到侵占和自然环境遭到破坏，因此，纽约市政府出台了一系列以改善生态环境质量为导向的政策法规，例如，1972 年制定了《清洁水法》，授权州政府负责设定水质标准和行政许可目标；1990 年《清洁空气法》修订案颁布，要求企业对释放到空气中的污染物测量数量，并有计划加以控制和减少排污；1997年美国环境署收紧环境空气质量标准，主要是针对臭氧、烟雾和细颗粒物水平；1999 年，美国环境署使用空气质量指数（AQI），以反映新的 $PM_{2.5}$ 和臭氧标准。

④人口激增与弹性城市阶段（21 世纪以来）

21 世纪以来，纽约市的公共交通使用率达到 50 年来最高值，人口数量激增。据纽约市长办公室预测，到 2030 年，纽约市人口将超过 900 万人。而人口的激增将提升对城市公园与生态活动空间的需求，同时也将加大交通压力。该时期，纽约市开始进入弹性城市的发展阶段，标志性文件为颁布于 2007 年的《更绿色，更美好的纽约》。2013 年发布了《更加强壮、更富弹性的纽约》标志着弹性城市建设全面开展。该文深入分析了在桑迪飓风袭击期间纽约的社区、建筑、基础设施和海岸线所遭受的影响，并依此经验提出了应对未来气候变化的弹性城市建设项目风险评价体系。2015 年，纽约发布了新的弹性建设计划《一个纽约——一个强壮、适宜的城市》，该计划包括五个主要领域：土地利用政策、更新气候项目、聚焦热波影响、强化社区功能、升级联邦议程。在弹性城市阶段，纽约政府的环境政策以环境可持续发展和居民健康为导向。为此，纽约市政府出台了一系列的政策法规，例如，纽约市健康和心理卫生局负责组织实施的纽约市社区空气质量调查；DEP 发布的新纽约市绿色基础设施计划——可持续的清洁水体战略；市政用能采取清洁能源替代，更新公共耗能设施为高能效及新能源设备；通过制定环境公平计划保证郊区等地区居民环境友好与身体健康。

---

① 周冯琦、程进、嵇欣等：《全球城市环境战略转型比较研究》，上海社会科学院出版社，2016。

（2）建设管理现状

①产业布局

纽约通过加快城市产业转型与绿色发展，成为世界城市生态城市建设的典范。由图1可知，纽约在产业布局上，以第三产业为主。近20年来，纽约的制造业和建筑业从业人数比例逐渐缩小，第三产业从业人数比例显著增加。由于纽约的第三产业非常发达，主要以金融业和服务业为主，这为其打造生态城市奠定了良好的环境基础。

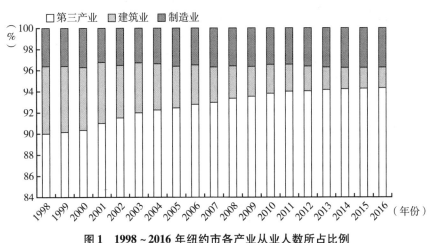

图1　1998~2016年纽约市各产业从业人数所占比例

资料来源：https：//comptroller. nyc. gov/reports/new - york - city - quarterly - economic - update/.

②生态空间

由图2可知，纽约市的土地利用结构从20世纪80年代至2014年的变化情况。随着城市发展的进程，初始时期的土地利用变化幅度较大，尤其是住宅用地和公共设施用地比例迅速增加，开敞空间用地比例降低。随着生态文明建设的推进，纽约市开始重视土地利用的集约性，同时更注重居民的生活质量，因此开敞空间用地比例提高，2014年纽约开敞空间用地比例为27%，人均开敞空间面积为20m²/人，更多的曾经被开发的土地退回生态用地①。

---

① 黄迎春、杨伯钢、张飞舟：《世界城市土地利用特点及其对北京的启示》，《国际城市规划》2017年第6期。

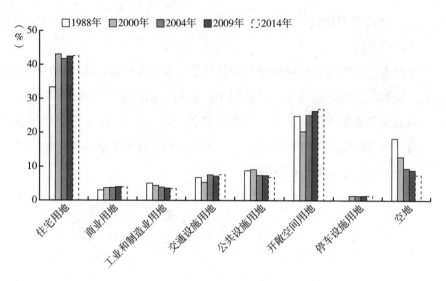

图2　1988~2014年纽约市土地利用结构

资料来源：黄迎春、杨伯钢、张飞舟：《世界城市土地利用特点及其对北京的启示》，《国际城市规划》2017年第6期。

③交通规划

在交通规划方面，纽约注重发展公共交通，推广节能及新能源小汽车、出租车的使用；鼓励居民低碳出行，发展城市自行车道网络系统及自行车共享系统，提高自行车的使用（见图3）。纽约市政府（NYC）2018年版的《纽约城市规划》报告指出，纽约市与纽约市交通局（NYCT）展开合作，以提高巴士服务的速度、便利性和可靠性。交通部和NYCT在全市9条走廊实施了交通信号优先（TSP），以减少公共汽车在红灯前停车的时间。最后，交通部在公交站点安装了381个实时乘客信息标识，为等候的乘客提供公交到站信息。《纽约城市规划》制定了改善交通安全和公共卫生的目标和倡议，预计到2020年将自行车数量增加一倍。同时，市政府扩大了自行车共享系统，并连续两年创造了新的受保护自行车道的安装记录。

④能源消耗

2015年，纽约市政府发布了2015年版的《纽约城市规划》，该规划中提出了"我们可持续发展的城市"的愿景。在节能低碳方面，该规划的目标是

图3 纽约交通现状

资料来源：OneNYC_ Progress，2018。

绘制摆脱化石能源的长期路线图和电力低碳化。具体措施包括：安装可再生能源发电机；开展能源审计，分析节能潜力；用新发电设备替代服役40年以上的老设备；基于可再生能源配额制度、区域温室气体减排计划等机制推动清洁燃料和可再生能源发展；采用智能电网技术和减少传输损耗；扩大分布式电力生产；2050年城市污水处理厂实现净零能耗等。2018年，纽约市政府发布了2018年版的《纽约城市规划》，对于可持续发展城市的建设，在节能低碳方面目前已有成效包括：是美国第一个承诺从化石燃料中剥离养老基金的主要城市或州；已经减少了每年温室气体排放的15%；是全国首个强制建筑改造将深化城市的减排；可再生太阳能发电能力增长了6倍，达到148兆瓦；各机构使用的电动汽车超过1200辆，充电站超过500座已经安装等。

⑤绿色建筑

在《纽约城市规划》中提出，到2025年建筑能耗比2005年下降30%的目标。具体措施包括：提高现有建筑能效；制定严格的新建建筑能效；提升电器性能；发展绿色建筑；提升能源意识；召集"建筑技术领导小组"制定高性能建筑标准；对所有能耗较大的市属建筑进行节能改造；为私人建筑的能效提升和可再生能源项目创造繁荣的市场；采取用户侧节能降耗措施，包括节约用能、储能、分布式发电等。

2.伦敦

伦敦，是大不列颠及北爱尔兰联合王国首都，是世界上最大的金融中心之一，土地面积约为 1577 平方千米，人口约为 828 万人。2016 年，伦敦地区生产总值已达到 5535 亿美元，在全球城市中排名第二。伦敦的生态城市建设可谓为全球的典范，从 20 世纪 60 年代全世界著名的"雾都"，通过生态治理的手段，成为现在自然生态环境优美的全球城市，其成功经验值得中国学习和借鉴。

（1）发展历程

伦敦生态城市的建设历程大致可以划分为如下三个阶段。

①环境公害治理阶段（20 世纪 50～60 年代）

伦敦是工业革命的发源地，工业文明非常发达。20 世纪 50～60 年代，伦敦的工业是以煤为主要动力，当时市区的工厂烟囱耸立，居民使用燃煤取暖，整个城市被烟雾所笼罩，是世界闻名的"雾都"。二战结束后，伦敦的人口数量猛增，超过 800 万人，进一步增加了能源消耗。当时只注重工业的发展，并未关注城市环境建设，人居环境质量严重下降。"伦敦烟雾事件"是当时的主要环境公害事件，伦敦政府因之开始构建环境法律体系以及对环境污染进行末端治理。

②产业结构与能源结构调整阶段（20 世纪 70～80 年代）

该阶段伦敦开始从重化工阶段向后工业化阶段转型，加快了服务业的发展。随着制造业企业外迁，伦敦人口 1981 年降至 660 万人。这一时期的主要环境问题仍是制造业带来的环境污染。环境战略的方向转移到污染源头治理，调整产业结构、能源结构和人口布局。

③生态城市标准完善阶段（20 世纪 90 年代至 2010 年）

该时期的伦敦制造业比重大幅下降，服务业开始兴起，伦敦的环境重污染问题得到极大改善。政府开始重视居民的生活环境质量，完善环境法规体系、环境监测机制、环境评估机制和环境规划机制等，生态城市的建设标准也在此时期不断完善。21 世纪以来，伦敦设立了大伦敦管理局，主要负责规划管理、环境保护、经济发展等。在 2011 年大伦敦管理局修订了第三版的《大伦敦地区空间发展战略规划》，从伦敦的居民、交通、位置、经济、气候变化以及生态空间 6 个方面展开。并在整个规划中都体现人与自然、环境和谐相处的思想，明确把低碳经济、气候变化、减排计划、能源消费等作为规划的核心。为促进伦敦生态文明发展，打造生态城市，英国政府特别成立了

"碳信托基金会",并联合企业研发低碳技术,实现节能减排目标。伦敦市同时颁布了一系列规范准则,包括《气候变化行动计划》和《市长应对气候变化的行动计划》等低碳战略,从而推进低碳生态城市的创建①。

④智慧化绿色城市发展阶段(2010年之后)

2013年12月底,伦敦市议会发布了《智慧伦敦规划》,2014年发布了《伦敦基础规划2050》,智慧化环境管理和绿色城市成为伦敦市未来发展的主要方向。

(2)建设管理现状

①产业布局

在20世纪40年代前,伦敦以工业为主,因此第二产业比重最高;在20世纪40~50年代,伦敦政府开始逐步实施去工业化转型,将有污染的工业迁移出去,因此第二产业比重有所下降;在20世纪90年代之前,伦敦在城市核心区大力发展商贸服务业和金融业来解决城市就业问题,因此这一时期,第三产业比重开始大幅提升;近20年来,伦敦重视发展生态环保产业,第三产业比重进一步显著增加。伦敦的第三产业非常发达,这为其打造生态城市奠定了良好的外部环境基础。

②生态空间

初始时期,伦敦的人口不断增长,土地需求与供给矛盾大,尤其是住宅用地和公共设施用地比例迅速增加,开敞空间用地比例降低。随着生态文明建设的推进,伦敦政府合理利用土地政策,例如,英国议会通过的《绿带法》,使得城市的生态空间不断增加。按照《绿带法》的要求,伦敦的三环建设成为一个直径为16公里的绿带环,这一绿带环形成了目前的都市绿色廊道。这一生态用地布局,极大地改善了伦敦的生态环境,提升了居民的生活环境品质。

③交通规划

伦敦的公共交通运输系统包括铁路、地铁、轻轨和公共汽车,公共交通

---

① 胡剑波、任亚运:《国外低碳城市发展实践及其启示》,《贵州社会科学》2016年第4期。

承担了大部分城市通勤流量。在生态城建设的过程中，伦敦的交通规划在信息、政策、技术、规划等方面均具有全球领先性，值得学习与借鉴。

在信息方面，为提升公共交通的覆盖率和可达性，伦敦公共交通建设在提取各居民区信息的基础上打造出覆盖了整个城市的公共交通网，保证了在居民区 500 米的范围内必有公共交通站点的分布，各交通方式无缝连接。此外，网站"Transport for London"不停地向所有乘客提供关于伦敦交通的各种实时资讯，例如票价、乘车线路、交通状况和地铁施工路段等，从而帮助乘客最快、最高效地筛选出行信息（见图 4）。

图 4　伦敦绿色交通

资料来源：https：//www. london. gov. uk/what－we－do/environment/pollution－and－air－quality/mayors－ultra－low－emission－zone－london.

在政策方面，从 2003 年 2 月起，伦敦中心城区开始对私家车征收交通拥堵费，对工作日早 7 时至晚 6 时进入划定的城市中心区的车辆征收费用，当年伦敦私家车的使用率下降了 18％，交通拥堵大为缓解。为解决空气质量问题，2005～2007 年，政府开始进行构建低碳排放区的可行性研究。2008 年 7 月，低碳排放区政策开始实施，遍布全城的摄像头能够识别进入该区域车辆的号牌，不符合尾气排放标准的车辆需要缴纳相关费用方可通过。同时，伦敦政府还有计划地逐步提升机动车尾气排放标准和燃油税率，并逐步缩小拥堵费免征的汽车优惠范围等，大大降低了私家车的使用强度，推动出行和交通朝着绿色可持续的方向发展。

在技术方面，伦敦发展新能源技术，鼓励新能源汽车推广。

在规划方面，伦敦政府鼓励低碳出行，并联合商业团体共同建设自行车出行基础设施体系，规划了覆盖整个伦敦的慢行交通网络，并配备大量的自行车停放设施。

④能源利用

伦敦市政府在打造低碳城市的建设中，积极倡导能源供应转型，鼓励使用可再生能源。近20年，能源利用结构发生转变，清洁能源的使用比例显著提升，不可再生能源的使用比例显著下降。同时政府还发展热电冷联供系统、小型可再生能源（风能和太阳能）装置，倡导废物利用、垃圾发电等，代替部分由国家电网供应的电力，提高能源效率，减少排放。此外，通过新的规划和政策补贴等激励措施建设可再生能源发电站，如风能、太阳能发电站等，推广绿色能源。

⑤绿色建筑

伦敦为打造低碳生态城市，在绿色建筑方面做了巨大的努力。例如，政府提出应改善现有和新建建筑的能源效益，推行"绿色家居计划"，要求新发展计划优先采用可再生能源，向伦敦市民提供家庭节能咨询服务；采用分散式能源供应系统；建立节能建筑和开发项目的示范区等。

《市长应对气候变化的行动计划》指出，房屋、建筑在城市总碳排放中占比最高，约73%，意味着居民用电习惯的改变可带来巨大的节能减排效益，粗略估算，如果2/3的居民将家中的普通灯泡改为节能灯，整个伦敦每年可减排557.5万吨温室气体；而如果每个家庭的都升级为节能炉灶，每年可进一步减排62万吨温室气体。

3. 东京

东京作为三大全球城市之一，是亚洲最重要的世界级城市。根据2017年《东京统计年鉴》可知，东京首都圈占地面积约为2155平方公里，人口数则达到1363.62万人，GDP达到9472.7亿美元，超越纽约（9006.8亿美元）成为全球第一，同时全球城市指数排名第三。东京作为全球城市经历过从环境污染到生态治理的整个过程，因此其生态城市建设的经验可为我国提供参考与借鉴。

（1）发展历程

东京生态城市的建设历程大致可分为如四个阶段。

①污染防治阶段（1950～1979年）

20世纪50年代，随着东京工业的迅速发展，污染物的排放量日趋增长，城市居民受到大气、水体、土壤、噪声等污染的困扰。为此，日本政府先后出台了《煤烟控制法》《公害对策基本法》等法律法规。20世纪60年代末，东京结合自身的发展需要，制定了《东京都公害控制条例》，加强了对污染排放总量的控制。20世纪70年代，东京都成立了专门处理城市公害事件与公害控制问题的行政机构——公害局，为治理其环境问题发挥了基础性的作用。

②环境保护与经济并重阶段（1980～1989年）

20世纪80年代，东京不断积累环境治理的经验，提高市民的环保意识，从单一注重经济建设，转变为环境保护与经济发展并重。在经济发展过程中，重视环境污染的源头预防与末端治理，制定了《东京都环境影响评价条例》及《东京都环境基本规划》等政策法规，促进环境保护与经济发展协调统一。

③可持续发展阶段（1990～1999年）

20世纪90年代，东京都政府开始重视环境的可持续发展，制定了以可持续发展为优先目标的多项规划，如《东京绿地规划》等，鼓励企业加强生态文明技术创新，依托法律和技术手段实现可持续发展。

④低碳城市阶段（2000年至今）

2006年东京都政府颁布了"十年东京"计划，提出具体的减排目标，即2020年碳排放在2000年基础上进一步减少25%，拉开了建设低碳城市的序幕，东京都政府开始采取节能限车、严格控制尾气排放等措施；2007年6月，《东京都气候变化战略》出台，该战略制定了详细的中长期战略规划，其中一大举措就是大力推进低碳城市建设①。

（2）建设管理现状

①产业布局

由图5可知，如今日本东京在产业布局上，以第三产业为主。近50年

---

① 崔成、牛建国：《日本低碳城市建设经验及启示》，《中国科技投资》2010年第11期。

来，东京的第一、第二产业比重逐渐缩小，第一产业由1955年的0.3%降低到1990年的0.1%，第二产业由1955年的37.7%降低到2014年的12.5%，第三产业比重显著增加，由1955年的62%增加到2014年的87.4%。由于产业结构的调整，第三产业比重占主导地位，因此为东京低碳生态城市建设打下了良好的产业环境基础。此外，政府也极为重视东京低碳生态城市的建设，在《东京都气候变化战略》中，阐述了在产业布局方面如何实现低碳排放，打造生态城市。其中提出，应大力推广限额贸易系统，令企业拥有更多减排工具的选择；创立技术基金，帮助中小型企业主动推进环保升级①。

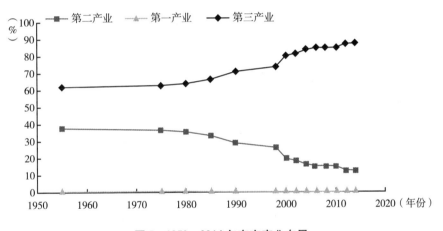

图5　1950～2014年东京产业布局

资料来源：http：//www.toukei.metro.tokyo.jp/homepage/bunya.htm.

②生态空间

由图6可知，东京近30年的土地利用情况。其中，森林和住宅用地占总面积的70%左右，是其主要土地利用类型。虽然东京的土地空间有限，但格外重视与保护生态用地，其生态用地比例约占50%左右，人均生态用地面积为71平方米/人，由此可知东京非常重视城市居民的生活环境质量，在生态环境建设方面投入较多。

① 胡剑波、任亚运：《国外低碳城市发展实践及其启示》，《贵州社会科学》2016年第4期。

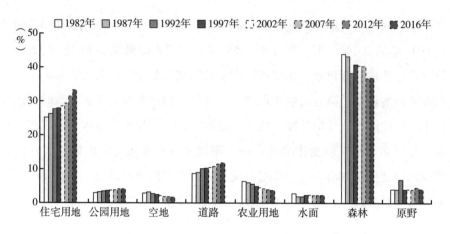

图6　1982～2016年东京土地利用结构

资料来源：http://www.toukei.metro.tokyo.jp/tnenkan/2016/tn16q3i001.htm.

③交通规划

东京的轨道交通系统非常发达，目前已确立了以轨道交通为主、地面公交为辅的多层次立体化城市交通结构，完善的交通基础设施，配以发达的停车设施，为促进东京的低碳发展做出了重要贡献①。

在信息方面，为鼓励市民使用公共交通出行，东京市内随处可见详细而醒目的公共交通站点指示牌及各层次公共交通工具换乘枢纽的相关信息（见图7）。与此同时卫星导航技术、路况实时监控和公交车辆运行的精准到站时间显示系统等随时为乘客提供最新的实时城市交通信息。

在政策方面，鼓励企业免税向雇员发放公共交通补贴，利用明显的价格优势吸引上班族，使城市交通出行人群中的主力军转向以乘坐公共交通为主的出行模式。

在技术方面，东京通过鼓励研发投入、颁布详细的税收减免政策、推出大量节能环保车辆购置补贴等经济措施鼓励企业与个人在交通出行新技术领域方面的研发与使用。汽车是日本的支柱产业之一，日本将着力促进

① 王妍、欧国立：《典型国家城市低碳交通政策解析及对我国的启示》，《生态经济》2018年第8期。

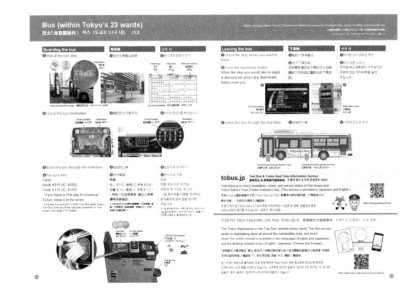

图7　东京交通概览示意

资料来源：https：//www. kotsu. metro. tokyo. jp/eng/guides/pdf/transportationguide. pdf.

新能源汽车产业的发展，降低新能源汽车的市场价格，提高新能源汽车的性价比，刺激市场消费习惯的转变①。东京都交通局还曾经多次向氢燃料电池领域投入大量科研资助，为燃料电池技术进步提供了一个良好的发展环境。2017年3月，燃料电池公交车在东京大量投入运营，为城市公共交通系统的节能减排做出贡献。

④能源利用

作为《京都议定书》的发起者与倡导者，日本政府长期在节能减排领域出台大量政策、投入大量资金，取得了显著成效。东京是全球第一个建立与推行城市碳总量控制与排放交易体系的地区，对工业建筑制定了碳排放总量控制目标。同时，东京都政府大力开发与利用绿色低碳能源，发展新技术工艺，如太阳能、风能、水能、生物能等绿色低碳能源的开发与利用。近

---

① 孙群英、曹玉昆：《基于可拓关联度的企业绿色技术创新能力评价》，《科技管理研究》2016年第21期。

20 年来，东京使用化石能源（石油、煤炭）的比例显著降低，使用一次能源的比例增加，能源消费结构呈现清洁化程度提高趋势。

⑤绿色建筑

和伦敦类似，2005 年东京 60% 的能耗来自于各类建筑[1]。东京政府针对这一背景提出了如《东京绿色建筑计划》《2007 年东京节能章程》《2008 年东京环境总体规划》等一系列政策，制定了最高的节能标准，并引入能源节约认证制度，切实提高新建建筑的能源利用效率（见表 1）。

表 1 东京绿色建筑等级设计

	大类	指标
评估指标	能源	建筑热负荷、可再生能源利用、能效系统、建筑能源管理系统
	资源、材料	生态材料的使用、碳氟化合物的禁用、更长的建筑寿命、水循环
	自然环境	绿化、景观、生物多样性、节水
	热岛效应	热排放、场地表面覆盖、风环境
等级		用 1~3 对每项指标评分
报告		环境计划和等级结构在东京都政府网站以表格显示

资料来源：王婷、任庚坡：《东京应对气候变化建设低碳城市的进程与启示》，《上海节能》2013 年第 4 期。

（二）全球城市生态城市的比较

纽约、伦敦、东京作为全球城市的代表，其生态城市建设与城市自身的经济社会发展密切相关，既有相同之处，也会有所区别。

1. 全球城市生态城市建设的共同之处

三座全球城市生态城市建设的共同之处体现在多部门共同促进、与经济社会发展密切相关以及生态城建设的目标具有长效性和强制性这三个方面。

（1）多部门共同促进生态城市建设

生态城市建设涉及环境治理、产业结构调整、能源结构调整、城市规划

---

① 崔成、牛建国：《日本低碳城市建设经验及启示》，《中国科技投资》2010 年第 11 期。

布局等一系列内容。上述全球城市的生态城市建设历程表明，多个政府管理部门协调参与是促进生态城市建设与发展的重要因素之一。

（2）生态城市的建设与经济社会发展密切相关

通过梳理三座全球城市生态城市建设的历程可知，生态城市的建设与经济社会发展密切相关。在早期，随着工业的发展，城市人口数量猛增，再加上粗放型制造业的产业结构及以煤为主的能源消费结构，造成城市生态环境日益恶化。该时期的目标是提出相关的治理政策，治理主要的环境污染。经过前一阶段的治理，全球城市开始着手进行能源转型与产业结构调整，从源头解决环境问题。这一时期，环境问题得到极大改善，制造业衰退，服务业兴起，政府开始以生态城市建设为主要目标，致力于将城市建设成为更宜居的绿色、可持续发展的低碳生态城市。步入生态城市建设的发展时期，全球城市的主要目标是降低全球气候变暖给城市安全带来的风险，继续保持在全球城市体系中的领导地位。

（3）生态城市建设的目标具有长效性和强制性

全球城市生态城市的建设目标均具有长效性和强制性的特点。例如，纽约在提出 2030 年规划后，对规划进行了持续的跟进，主要形式是每 4 年对规划进行一次修编，每年展开一次进展评估等。

2. 全球城市生态城市建设的区别

纽约、伦敦、东京这三个全球城市在生态城市建设发展阶段存在一定的差异，在实现路径方面各具特色。

（1）纽约主要通过城市规划实现生态城市建设目标

纽约主要通过城市规划实现生态城市建设目标。在城市规划过程中，虽然是以控制人口规模、促进经济增长为主要目标，但同时也关注了生态环境问题，将弹性城市战略作为城市规划中的一部分。例如，在水环境治理方面，纽约市政府通过实施绿色基础设施计划，以确保在暴雨等不利天气条件下，能够收集并处理城市雨污径流。

（2）伦敦主要通过分区管理实现生态城市建设目标

伦敦在大气污染治理、水质改善及交通拥堵治理方面均采用分区管理实现生态城市建设目标。例如，在大气污染治理方面，伦敦划分不同的烟尘控制区；在水质改善方面，把泰晤士河划分成 10 个地区管理机构，各区按业务性质进行明确的分工；在交通拥堵治理方面，分区征收拥堵费等。

（3）东京注重区域协同转型实现生态城市建设目标

东京在生态城市建设的过程中，注重区域协调转型。例如，东京都政府提出的东京湾水质改善一体化措施、废弃物回收处理、大气污染防治等措施都是将区域一体化视为出发点，来共同改善区域环境生态质量。

二 全球城市生态城市发展面临的问题

本节总结纽约、伦敦及东京三座全球城市生态城市发展面临的共同问题及当前上海生态城市发展面临的问题，以期为未来全球城市生态城市建设提供经验借鉴。

（一）全球城市生态城市发展面临的共同问题

根据第一节内容可知，上述三大全球城市，在生态城市发展过程中均面临着多种问题，而比较突出的所面临的共同问题可概括为以下三点。

1. 经济发展先于环境保护

东京、纽约和伦敦都是传统经济强国的全球城市，在城市早期发展阶段，都存在严重的污染问题。在政策执行过程中，常常以经济发展为主，大力发展重工业，环境管理明显滞后于经济发展，导致城市污染严重，甚至出现恶劣的公害事件。如伦敦在 1952 年爆发了严重的烟雾事件，在 4 天内造成 4000 多人死亡，城市交通瘫痪，所有公共活动几乎停止。1971 年，东京爆发严重光化学烟雾事件，许多学生中毒。直到出现了类似的恶劣环境公害事件和城市公共卫生危机，政府部门才意识到无节制、无限制的工业生产给城市带来的巨大危害，开始逐步重视生态文明建设。然而此时的问题已经不单单是生态保护，还需要进行巨额而漫长的生态恢复投资，同时需要在一系列繁杂问题中不断摸索与平衡，给城市发展背上了沉重的包袂。经过半个多世纪的思考与实践，才形成了今天伦敦、东京与纽约的生态城市建设成果。

2. 蔓延式低密度城市规划带来的环境问题

低密度、摊大饼式的无序城市扩张是早期城市发展的主要形式，纽约、伦敦等全球城市都经历了这样的发展过程，这种发展在带来城市形象提升和产业升级的同时也引起了严重的城市病。例如城市交通缺少有组织的科学规划，城市人口过度集中，城市交通拥堵严重等。由于优势资源集中于城市中心，城市交通流向单一，汽车尾气污染集中，土地利用效率低下，环境问题突出。

3. 早期治理缺乏整体规划

在生态城市建设的初期阶段，由于缺乏经验以及科学技术水平的有限，上述三大全球城市均面临着先污染后治理的环境问题。环境管理总是被环境污染牵着走，出现什么样的污染就采取什么样的治理措施，并未通盘考虑污染物减排的协调性。例如纽约、东京、伦敦在早期阶段由于大力发展工业，水环境及大气环境污染严重。这些城市在出现严重的生态环境污染后，才开始出台相关法律法规及采取治理措施，并未提早做出相应的规划来预防生态污染问题。

（二）上海生态城市发展面临的问题

目前上海生态城市发展面临的问题主要包括：生态城市建设投入效率有待提高；缺乏绿色技术创新的应用与推广；生态建设主体多元参与不足；城市管理与旧城区改造的精细化管理不足；卫星城与主城区缺乏高效、多层次的交通体系；城市生态环境质量总体较好，但部分地区有待提升。

1. 生态城市建设投入效率有待提高

我国是发展中国家，经济建设始终在社会发展中居于中心地位。在经济建设与生态文明建设出现矛盾时，往往经济发展占据了更高的优先级，成为普遍选择。由表 2 可知，城市的 GDP 与户籍人口规模、城市能源消耗量呈正相关关系。经济的飞速增长，带来的是生态环境的不断恶化、人口及城市规模不断增加。上海在改革开放40年的过程中，经济迅猛发展，其GDP从1978年的272.81亿元，增长到2016年的28178.65亿元；户籍人口规模从1978年的1098.28万人，扩张到2016年的1450万人；城市能源消耗量从1985年的2553.21万吨标准煤，增长到2016年的11712.39万吨标准煤；由于上海市政府逐渐重视生态环境保护，加大了环保投入，绿化情况和环保投入在2005年之后显著提升，城市绿化面积由2005年的28865公顷，增加到2016年的131681公顷；环保投入由2005年的281.18亿元，增加到2016年的823.57亿元。然而这与其他全球城市相比，环保投入占GDP比重仍然偏低，环境保护投入明显滞后于经济发展，生态城市建设投入效率有待进一步提高。

表2　1978~2016年上海市主要年份经济发展与生态环境概况

年份	第一产业（亿元）	第二产业（亿元）	第三产业（亿元）	GDP（亿元）	户籍人口（万人）	能源消耗量（万吨标准煤）	城市绿化面积（公顷）	主要年份环保投入（亿元）
1978	11.00	211.05	50.76	272.81	1098.28	—	761	—
1980	10.10	236.10	65.69	311.89	1146.52	—	1738	—
1985	19.53	325.63	121.59	466.75	1216.69	2553.21	2339	—
1990	32.60	482.68	241.17	756.45	1283.35	3191.06	3570	—
1995	61.68	1409.85	991.04	2462.57	1301.37	4392.48	6561	46.49
2000	83.20	2163.68	2304.27	4551.15	1321.63	5413.45	12601	141.91
2005	80.34	4452.92	4620.92	9154.18	1360.26	7974.24	28865	281.18
2010	114.15	7376.81	9942.25	17433.21	1412.32	10671.4	120148	507.54
2015	109.82	8259.03	17274.62	25643.47	1442.97	11387.44	127332	708.83
2016	109.47	8406.28	19662.9	28178.65	1450.00	11712.39	131681	823.57

资料来源：http://www.stats-sh.gov.cn/html/sjfb/tjnj/.

2. 缺乏绿色技术创新的应用与推广

绿色技术的研发和实践是生态城市建设的技术基础。近年来，上海正在着力推动科技创新，研发力度不断加大。生态城建设需要投入巨资，而这种规划与技术的实现多由外国的设计、咨询及技术公司来实现，并采购大量的外国设备，若秉承"拿来主义"，缺少本土企业的参与，就无法合理促进我国绿色技术的创新发展和应用。以绿色建筑的应用与推广为例：上海是在全国范围内率先开展绿色建筑评价标识管理工作的城市，绿色建筑的数量和面积持续多年处于全国领先地位。截至 2017 年底，上海获得绿色建筑评价标识认证的项目共 482 项，总建筑面积达 4126 万平方米。从以上的数据可以看出，上海在绿色建筑推进工作方面取得了一定的成绩，但也要看到有需要提升的地方。比如 482 项项目中，运行标识项目为 24 项，与设计标识项目的数量悬殊。由此可知，当前仍缺乏绿色技术创新的应用与推广。

3. 生态建设主体多元参与不足

当前，上海市并未在政府、专家团队、企业组织和普通市民之间形成较好的合作机制。然而在生态城市建设过程中，若缺乏广泛的公众参与，会使政府决策部门无法获得必要的反馈信息，影响决策的现实性和可行性。

4. 城市管理与旧城区改造的精细化管理不足

目前，上海部分地区"三生（生产、生活、生态）"空间存在的精细化管理不足的问题。对于较大的工商业企业，政府监管力度较大；而对于零散的小工商业，环境监管难度大，治理困难。例如上海松江、闵行等区违建工业区里的小加工作坊，存在毒气体、化学试剂随意排放的问题。普陀、原闸北等旧城区改造区域个体经营户将生产过程中产生的污水与油烟未经处理直接排放。甚至一些区、镇政府纵容这类企业的排污行为，给城市环境造成了巨大的损害。

5. 卫星城与主城区缺乏高效、多层次的交通体系

上海多数卫星城与主城区缺乏高效、多层次的交通体系，多数卫星城只能通过站站停靠的轨道交通以及郊区公交车进入城市核心区域，缺乏快速公交、市域铁路等快捷的交通方式。这直接导致了远途交通中对私家车的依赖性，加剧城市拥堵和空气污染。此外，卫星城与主城区之间的交通不便也削弱了卫星城的人口疏解作用，优势资源依然不断进入中心城区，加重了上海的城市病。

6. 城市生态环境质量总体较好，但部分地区有待提升

在城市绿化方面，郊区的绿化程度相对较高，生态空间布局有待优化。

由于上海市中心城区用地空间有限，中心城区绿化覆盖率低于郊区绿化覆盖率（见表3），生态空间布局有待优化。此外，现有公园绿地覆盖范围难以达到《上海市城市总体规划（2017~2035年）》提出到2020年和2035年时公共开放空间（400平方米以上的公园和广场）的5分钟步行可达覆盖率分别达到大等于70%和90%的目标。

表3 上海市各区公共绿化情况

单位：%

全市		中心城区	
行政区	绿化覆盖率	行政区	绿化覆盖率
宝山区	43.00	长宁区	32.45
闵行区	41.00	徐汇区	30.20
青浦区	41.00	普陀区	28.01
嘉定区	38.50	杨浦区（2016）	25.42
金山区	37.00	静安区	24.24
浦东新区（2016）	36.00	虹口区（2015）	19.50
长宁区	32.45	黄浦区	18.20
松江区（2016）	31.80		
奉贤区	31.00		
徐汇区	30.20		
普陀区	28.01		
杨浦区（2016）	25.42		
静安区	24.24		
虹口区（2015）	19.50		
黄浦区	18.20		
全市平均	31.82	全市平均	25.43

注：①除标注为2016的城区以外，其余城区绿化覆盖率数据均为2017年数据；②崇明区主要统计森林覆盖率数据，故缺乏崇明区绿化覆盖率数据。

资料来源：各行政区国民经济和社会发展统计公报。

在城市水环境质量方面，总体有所改善，但部分区域水环境质量及管理有待提升。由表4可知，相较于2015年9月，目前上海市水环境质量总体有所改善。在71个断面中，劣五类水质由2015年的25个断面减少到2018年的17个断面。从污染物和污染源来看，上海市主要超标指标为溶解氧、氨氮、总磷，主要污染物来源为生活污水及雨水。从主要污染区域来看，水质不达标的断面主要位于中心城区，未来有待于通过提升改造污水处理厂处理效率、推进雨污分流改造和污水管网完善、加强生态河道治理、推进海绵城市建设等来提升水环境质量。

表4　上海市地表水环境质量监测

序号	河流名称	断面名称	2018年9月水质类别	2018年9月主要污染指标	2015年9月水质类别	2015年9月主要污染指标
1	长江	浏河	Ⅱ	—	—	—
	长江	朝阳农场	Ⅱ	—	Ⅲ	—
	长江	陈行水库	Ⅱ	—	Ⅳ	—
	长江	青草沙	Ⅱ	—	Ⅲ	—
2	黄浦江	淀峰	Ⅲ	—	Ⅲ	—
	黄浦江	临江	Ⅳ	—	Ⅴ+	溶解氧
	黄浦江	松浦大桥	Ⅳ	—	Ⅴ	—
	黄浦江	闵行西界	Ⅳ	—	Ⅴ	—
	黄浦江	杨浦大桥	Ⅳ	—	Ⅳ	—
	黄浦江	吴淞口	Ⅴ	—	Ⅳ	—
3	苏州河	赵屯	Ⅳ	—	Ⅴ	—
	苏州河	北新泾桥	Ⅳ	—	Ⅴ	—
	苏州河	浙江路桥	Ⅴ+	溶解氧	Ⅳ	—
4	淀山湖	急水港桥	Ⅴ+	总氮	Ⅴ	—
	淀山湖	四号航标	Ⅴ+	总氮	Ⅴ+	总氮
5	油墩港	318国道桥	Ⅳ	—	Ⅴ	—
6	大治河	三鲁路桥	Ⅳ	—	Ⅳ	—
	大治河	二团	Ⅳ	—	Ⅴ	—
7	沙泾港	车站北路桥	Ⅴ+	溶解氧	Ⅴ+	溶解氧
8	蕴藻浜	塘桥	Ⅳ	—	Ⅴ+	氨氮、溶解氧
	蕴藻浜	大桥头	Ⅴ	—	Ⅳ	—
9	大蒸港	漕芳泾桥	Ⅳ	—	Ⅳ	—
	大蒸港	和尚泾桥	Ⅳ	—	Ⅳ	—

序号	河流名称	断面名称	2018年9月水质类别	2018年9月主要污染指标	2015年9月水质类别	2015年9月主要污染指标
10	园泄泾	斜塘口	IV	—	IV	—
11	张家塘	植物园	V+	总磷	V+	溶解氧
12	桃浦河	曹安路	V+	溶解氧	V+	氨氮、溶解氧
13	木渎港	染化七厂	—	—	IV	—
14	西泗塘	长江路桥	V	—	IV	—
15	俞泾浦	嘉兴路桥	V+	溶解氧	V+	溶解氧
16	虹口港	辽宁路桥	V	—	V	—
17	漕河泾港	康健园	V+	氨氮、总磷	V+	氨氮
18	龙华港	混凝土制品二厂	V+	氨氮、总磷	V+	氨氮、总磷
19	杨浦港	控江路桥	V+	溶解氧	V+	溶解氧
20	新泾港	虹桥路桥	V	—	V	—
21	新槎浦	桃浦路桥	V+	溶解氧	V+	氨氮、溶解氧
22	川杨河	北蔡	IV	—	IV	—
22	川杨河	三甲港	IV	—	V	—
23	东茭泾	共康路	V+	氨氮	V+	氨氮、五日生化需氧量
24	彭越浦	汶水路桥	V+	溶解氧	V	—
25	叶榭塘	叶榭	IV	—	IV	—
26	龙泉港	山阳镇	V	—	V	—
27	蒲汇塘	漕宝路	V+	溶解氧	V+	氨氮、溶解氧
28	赵家沟	东沟闸	IV	—	V+	溶解氧
29	新练祁河	蕴川路桥	III	—	V+	溶解氧
29	新练祁河	曹王	IV	—	V+	溶解氧
30	金汇港	金汇	IV	—	V	—
30	金汇港	钱桥	V	—	V+	溶解氧
31	虬江	翔殷路桥	V+	溶解氧	V+	溶解氧
32	胥浦塘	东新镇轮渡	IV	—	V+	溶解氧
33	掘石港	金山大桥	V+	总磷	IV	—
34	大泖港	横潦泾	IV	—	V	—
35	淀浦河	南港大桥	III	—	IV	—
35	淀浦河	沪松公路桥	V+	溶解氧	V+	氨氮、溶解氧
36	潘泾	月罗路桥	IV	—	V+	溶解氧
37	浦东运河	城厢镇	V	—	V+	溶解氧
37	浦东运河	人民路桥	V	—	V+	溶解氧
38	浦南运河	南桥	IV	—	V+	总磷、溶解氧
38	浦南运河	奉城	V	—	V+	氨氮、溶解氧

序号	河流名称	断面名称	2018 年 9 月水质类别	2018 年 9 月主要污染指标	2015 年 9 月水质类别	2015 年 9 月主要污染指标
39	太浦河	丁栅大桥	Ⅳ	—	Ⅲ	—
	太浦河	太浦河桥	Ⅳ	—	Ⅳ	—
40	北横引河	白港西桥	Ⅲ	—	Ⅲ	—
	北横引河	东平大桥	Ⅲ	—	Ⅲ	—
	北横引河	七效港西桥	Ⅲ	—	Ⅲ	—
	北横引河	前卫村桥	Ⅳ	—	Ⅲ	—
	北横引河	直河交汇口	Ⅲ	—	Ⅲ	—
41	南横引河	堡镇	Ⅲ	—	Ⅱ	—
	南横引河	鼓浪屿桥	Ⅲ	—	Ⅲ	—
	南横引河	三沙洪交汇口	Ⅱ	—	Ⅱ	—
	南横引河	五效	Ⅲ	—	Ⅲ	—
	南横引河	新河港交汇口	Ⅲ	—	Ⅲ	—

资料来源：http：//www. sepb. gov. cn/fa/cms/shhj//shhj2143/shhj2149/2018/10/100690. htm.

在城市空气质量方面，总体较好，但部分区域空气质量有待改善（见表5）。2017 年 9 月，上海市空气质量指数（AQI）优良率为 93.3%，未出现重度污染天气。与上年同期相比，空气质量指数（AQI）优良率由 83.3% 上升至 93.3%，上升了 10 个百分点；$PM_{2.5}$ 月均浓度下降 18.8%，区域降尘量较上年同期上升 2.5%。由此可知，上海市空气质量总体较好，但上海传统工业区（如杨浦、闵行、金山等区域）扬尘问题较为突出，空气质量有待改善。

表5　2017 年 9 月上海市各区道路扬尘颗粒物和 $PM_{2.5}$ 月均浓度

行政区	道路扬尘颗粒物月均浓度（毫克/立方米）	$PM_{2.5}$ 月均浓度（微克/立方米）	行政区	道路扬尘颗粒物月均浓度（毫克/立方米）	$PM_{2.5}$ 月均浓度（微克/立方米）
杨浦区	5.2	25	徐汇区	4	27
普陀区	4.7	26	长宁区	3.9	26
浦东新区	4.6	24	奉贤区	3.9	27
闵行区	4.6	28	崇明区	3.7	25
金山区	4.6	30	虹口区	3.7	26
嘉定区	4.3	32	黄浦区	3.6	27
静安区	4.2	27	松江区	3.5	30
宝山区	4.2	28	青浦区	2.5	35

资料来源：http：//www. sepb. gov. cn/fa/cms/xxgk/AC46/AC4602000/2018/10/100689. htm.

在农村生态环境质量方面：农村生态环境质量有待提升。农业化肥和农药的使用成为了农业点源及面源污染主要来源，我国的农业污染量占到总污染量的50%左右，上海的农业区同样存在点源及面源污染，农业污染问题有待进一步解决。党的十九大报告提出乡村振兴战略，上海作为中国最主要的特大型城市之一，要在乡村振兴方面起到引领作用。然而当前上海市美丽乡村的建设与浙江省等地在乡村生态环境建设方面具有一定差别，同时推广生态农业、有机农业也仍然有较长的路要走。

三　全球城市生态城市建设经验与启示

全球先进的生态城市，如纽约、伦敦、东京等通过生态城市建设，使得城市生态环境质量逐步改善，因地制宜，积累了符合国情的丰富经验。参考并借鉴全球城市生态城市建设的历史进程和经验积累，可为上海生态城市建设提供启示。

（一）全球城市生态城市建设经验

通过总结纽约、伦敦、东京三座全球城市生态城市建设的历程，总结出以下四点经验，为上海生态城市建设提供参考（见图8）。

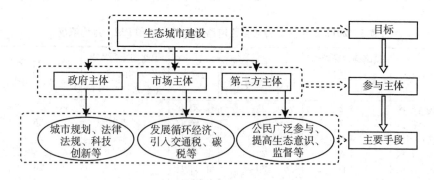

图8　全球城市生态城市建设经验

1. 建立完善的生态环境法律体系

生态建设，法律先行。在全球城市生态城市的建设与管理经验中，重中之重是通过订立法律法规来强制推进生态理念与规划的落实。例如美国1970 年成立国家环境保护署和环境质量委员会等专门机构，《清洁空气法》《水资源发展法》等国家及地方法律法规相继颁布并切实执行，取得了明显成效。又如 20 世纪 90 年代，日本启动循环经济法规建设，《废弃物处理法》《家电资源再生利用法》等一系列多层面法规共同形成了日本循环型社会的法律体系。

在推进环境生态立法的同时，生态评价指标体系也逐步完善，总生态负荷、碳排放、交通出行、建筑材料、能源效率等一系列生态指标被引入法律法规，相关标准被强制执行，大大降低了总的社会生态代价。在进行生态城市规划与建设时，政府出台具体的地方法规，分阶段实现明确的生态指标，如人均碳排放、建筑单位面积能耗、人均环境负荷等。例如日本政府于2010 年出台了《全球气候变暖对策基本法》搭建了应对气候变化的框架，从宏观上制定了中长期的减排目标和工作机制，中期目标是 2020 年比 1990年减排 25% 温室气体；长期目标是 2050 年温室气体排放量比 1990 年减少超过 80%[1]。

全球城市在进行生态城市规划与建设时，多建立了具有政府背景的生态环境管理机构。这种管理机构可以将生态城市建设的各领域问题从生态保护的角度进行统筹规划。如垃圾回收、焚烧发电、污水处理及区域供冷供热等问题本原本由多个公共服务部门管辖，跨部门沟通不畅，各自为政，无法充分发挥政府公共服务的最大生态保护潜力。其实通过技术创新，垃圾可以分类回收或再利用，也可用于焚烧发电，还可发酵为可燃气体作为燃料；污水可以用来作为城市供冷供热的媒介，污水处理的中间过程会产生多种具有利用价值的生产资料。成立专门的生态环境管理机构，协调多部门的工作流程和物质转换，将大大提升生态城市的生态属性。

---

① 张益纲、朴英爱：《日本碳排放交易体系建设与启示》，《经济问题》2016 年第 7 期。

除成立专门政府机构外，多数全球生态城市还推出了多种多样的生态建设与环境保护计划，如伦敦2018年5月颁布的第一部综合性的环境政策，涵盖了针对空气污染、水质净化等多领域的特别管理方法；针对节能减排特别推出的"共享太阳能伦敦计划"；在市长官方网站上公开城市热环境地图来警示市民注意城市热岛效应及空气污染问题等；东京在政策机制创新方面亦较为突出，东京是全球第一个建立与推行城市碳总量控制与排放交易体系的地区；还提出了二氧化碳减排计划和气候变化战略。可以说管理创新是特事特办、因地制宜的一种体现，说明了行政当局对生态环境保护的重视。

2. 重视生态技术的应用与推广

生态城市的推进在政策层面上依靠政府的法律法规和管理计划，而在技术层面上则依靠技术创新。循环经济中的物质提取和再利用均需要技术基础来保障推进，同时通过新技术的研发不断降低包括生态成本在内的生产成本。节约原材料、降低生产过程中的能源消耗和有害物质释放也需要企业大量投入来进行研发创新。在不牺牲居民舒适度的前提下，只能通过提升能源利用效率、改进建筑材料等方法来降低建筑的能耗。国外生态城市的规划与建设经验中，有相当一部分都是对各类环境保护与清洁生产技术的基础研究。上述各大全球城市生态城市建设中，各国都重视生态技术的应用与推广，包括传统能源保护和能源替代技术、可持续水资源和污水再利用技术等，这是建设一个生态城市的科学基础和坚实保障。

3. 以综合土地利用与绿色交通为规划重点

根据纽约、伦敦、东京的生态城市建设管理经验，它们在规划中均以土地的集约化利用与大力发展绿色交通为重点。在土地规划中，将工作、居住和其他服务设施结合起来，综合地予以考虑。使居民能够就近入学、上班和享用各种服务设施，缩短人们每天的出行距离，减少能源消耗。而且这种土地规划常与城市交通规划结合在一起加以考虑，有助于形成以公共交通为导向的交通模式，从而解决能源危机和环境污染等问题。

4. 发展循环经济，实现城市生态系统的精细化管理

发展循环经济可以有效降低城市的环境负荷。通过循环经济，可以同时

减少对原材料的消耗及废弃物的产生。近期的热点话题就是新塑料经济。多数的塑料包装仅一次性使用就被丢弃，从而造成了大量的石油资源的浪费和对于环境的破坏，尤其是海洋生物正受到塑料废弃物的严重威胁。日本在循环经济推进中积累了相当丰富和成功的经验，是循环经济发展水平最高的国家。作为一个资源匮乏的岛国，为保证可持续发展，日本通过环境法律体系确立循环型社会的框架，在产业层面，建立了"自然资源—产品—再生资源"的循环经济环路，推进低碳化发展。在东京，垃圾需严格分类，在规定收集日回收公司会在指定的地点回收，如果垃圾没有被放在特定的垃圾袋，垃圾就不会被回收。大件垃圾有偿回收，价格不等。美国提倡在企业内部推行循环经济，例如在生产过程中尽量充分利用所有的中间产物，并使生产物料的利用效率最大化，减少有毒有害物质的产生和排放，提高产品质量等，这种企业的循环、清洁生产活动又称杜邦模式。

多数全球生态城市在提出指导性政策的同时，也会提出十分具体的生态目标，这是城市精细化管理的体现。针对居民生活的方方面面提出明确的规定，保证了生态城市管理的可执行性。例如法国、美国、日本等国家均出台了详细的垃圾分类及回收条例，规定了从居民垃圾分类到市政垃圾处理链条的方方面面，并引入了明确的奖惩措施，使得垃圾分类及废弃物循环、回收得到了切实落实；德国对居民建筑的环保属性进行了诸多规定，如使用的材料、能耗标准等，甚至居民不被允许在自己的车库进行洗车活动，因为会造成土地污染，除非居民采购专业设备对洗车产生的废水进行处理，若社区内有人造成这种土地污染，邻里也会受到罚款，从而加强了居民之间的互相监督。

生态城市的精细化管理还突出体现在城市基础设施建设方面，如伦敦等城市推行了针对在划定的时段内进入城市中心区域机动车的收费措施，但是这一措施并没有造成居民进入市中心的时间延长，其原因是伦敦引入了智能卡等技术手段，实现了不停车收费。同时，伦敦的公共交通分担率达65%以上，多层次的发达的公共交通体系保证了因拥堵费的征收而转移的交通流量。

5. 积极传播生态理念，鼓励公众参与

法律与行政管理均是强制性手段，让市民、企业等具有生态保护意识，提升社会群体的素质则是建立生态环境保护长效机制的有效方法。通过居民环境意识的普遍提高，可以降低监管难度。为实现这一目的，全球城市生态城市建设中都会由政府或第三方组织推动多种多样的环境科普宣传活动，儿童更是宣传和教育的重点；在地方媒体投放公益性广告，宣传环保理念；组织大型城市环保活动，促进公众以实际行动参与环境保护；推动主要企事业单位进行垃圾分类、节能减排等投资，通过主流劳动者带动整个社会切实贯彻生态理念。例如伦敦市政府为推动民众对空气质量的关注，推出了低邻里排放、绿墙以及市长空气质量基金等项目，鼓励民众亲自参与空气质量问题的治理，使得市民充分认识到空气污染的源头、扩散方式以及力所能及的改善方法，并参与到环保行动中。

通过多种手段传播生态理念，提高居民环保意识可以快速推动生态城市生态指标的落实。例如通过推动公共交通及慢行系统的建设并减少停车位来促进低碳出行，颁布严格的建筑供暖与制冷能耗标准以实现能源节约等，当这些生态指标落实过程与居民舒适度产生冲突时，居民普遍的环保意识将会缓和矛盾，降低计划与管理的实施难度。

为保证法律法规与生态理念的贯彻落实，政府需要投入大量的资源对社会进行监督。通过引入公众及社会媒体的监督作用，可以节约资源，并进一步提升公民及社会媒体的环境保护意识。如德国采用"连坐式"的措施来惩罚垃圾分类不到位的行为；英国伦敦在大气污染防治中鼓励市民参与，英国各高校、环保组织与媒体也合力监督，成为治理大气污染的践行者。

此外，在生态管理条例与法规的订立过程中，充分参考公众的意见，不仅能够平衡各方利益，还能够让公众注意生态环境问题，提高公众的使命感和责任感，有利于环境保护法规的推行。例如，美国纽约在处理环保问题时，会举行听证会，任何与该问题相关的人员均可以参与，并提出自己的意见。通过这种听证会制度，可以了解到不同的理念和诉求，从而产生新的思考，有利于政府做出尽可能全面、综合性强的决策，从而避免政策实施过程引起的不良反应。

（二）全球城市生态城市建设对上海的启示

全球城市的生态建设均深入贯彻了可持续发展和生态文明的基本理念，以政府机构的强力推进、政策法规的强制执行、生态理念的全民教育以及环保技术的发展求新为基本手段，同时秉承以人为本理念因地制宜进行制度创新，取得了较好的成果。上海可以从全球城市的发展经验中取长补短，坚定不移地走可持续发展的道路，贯彻科学发展，做到人与自然和谐共生，创新推动生态城市建设。社会各界与政府部门齐心协力，共抓大保护，不搞大开发，始终牢记"绿水青山就是金山银山"。通过回顾总结全球城市生态建设的管理经验和实践，上海可在以下几个方面进一步提升，改善城市生态环境。

1. 完善生态环境保护方面的法律法规体系

从伦敦、纽约以及东京的生态环境治理经验可以看出，在政府主导的生态环境治理中，一个高效而实用的政府管理策略起到了至关重要的作用。上海市参考全球生态城市管理经验，因地制宜地建立了生态环境管理体系。但是目前仍然存在政策落实不到位与执行不彻底的问题。例如上海出台了关于鼓励垃圾分类的法律法规，但实际上无论是居民生活层面，还是垃圾处理产业链层面，均与法律规定有较大的差距。上海需要进一步改进管理方式与完善生态环境保护方面的法律法规体系，例如，出台类似于《上海市垃圾分类管理与运输条例》等法律法规，依照法律法规的规定，做到有错必查、有错必究和有错必罚。在严格管理的同时，对环境绩效优良、环保意识深刻的企业及群体给予奖励。

同时，进一步提升生态环境监督体系，充分调动政府和社会资源，应用新型传感器、网络互联以及人工智能等新技术构建完善的监管监控系统。积极引导公众参与监督，做到举报有奖、举报有责，重视基层监督力量的建设，提高监管覆盖度。

2. 构建完善的生态城市建设规划体系

"上海2035"规划提出，将上海建设成为卓越的全球城市，令人向往的创新之城、人文之城、生态之城,具有世界影响力的社会主义现代化国际大都市。因此,上海应该把握此契机,尽早高质量地完成建立生态之城的规划目标。根据东京、纽约、伦敦生态城市建设发展的经验来看,生态城市建设的规划体系主要包括产业布局规划、土地利用规划和绿色交通规划三方面。

在产业布局规划方面,伦敦、纽约等城市已经经过了长期的发展,城市产业构成以第三产业为主。金融、咨询业等高端服务业已经成为城市经济的中流砥柱,而这种产业不同于生产制造业,污染物的排放较少。因此发达国家全球城市生态建设中的问题就会远远少于上海。这些城市的主要问题已经变成处理机动车尾气排放、降低建筑能耗、促进生活垃圾分类和推动污水循环利用等问题。虽然上海是中国的金融中心,但是第二产业仍然在上海产业构成中占有相当的比重,污染物排放、高能耗生产仍然是上海绕不开的话题。通过优化产业布局,大力发展战略性新兴产业,提供更多就业岗位,并疏导高能耗、高污染产业转移及推动技术升级,将为上海成为全球城市、生态城市提供源源不断的动力。

在土地利用规划方面,城市中心区人口过于集中、卫星城发展滞后是众多城市病和环境问题的推手。上海应当控制城市中心区的人口规模,提高土地利用效率,疏解中心区城市功能。与此同时,结合产业升级和产业转移,合理配置资源,避免出现"睡城""鬼城"等现象,解决潮汐车流造成的交通拥堵和道路资源浪费,缓解汽车尾气污染、中心城区生态负荷过重等问题。同时需大力发展卫星城,在发展卫星城的过程中,要贯彻生态协调可持续的指导思想,做到对方案的可行性及生态效益的反复论证,通盘考虑顶层设计、产业布局及配套设施的同步建设。

在绿色交通规划方面,上海已经建成了全球范围内线路总长度最长的城市轨道交通系统,轨道交通已经成为上海的城市血管,为上海的人员流动提供快捷与方便的出行体验。虽然上海轨道交通的出行占比已经达到51%,但是与世界先进城市水平仍有差距,如伦敦的公共交通出行占比为67%,而日本东京市中心更是高达86.6%。上海轨道交通缺乏差异化、多速率的分层次系统,长途和短途乘客均需要站站停车、站站等候,这大大增加了郊区居民使用轨道交通的不便，增大了私家车出行数量。在伦敦、巴黎以自行车代步已经蔚然成风的今天，上海的慢行交通系统基础设施建设仍然落后，很多道路甚至没有非机动车道，非机动车以及机动车混行现象严重。因此，上海可借鉴国外发展经验，贯彻优先发展城市公共交通的战略，进一步加大公共基础设施建设，建立四通八达、多层次、多类型的城市公共交通网络体系；大力鼓励、推广新能源汽车使用，进一步落实新能源公交车和私家车的使用，在政策和经济手段层面加大扶持力度，引导市民出行选择的转变；加大对新能源汽车充电设施和运营管理的投入，更新和完善管理政策对市场准入和科研投入进行规范；持续改善慢行交通环境，积极组织、推广步行和自行车出行的宣传活动。

3. 重视创新驱动生态城市转型发展

生态城市的发展需要坚实的技术保障，许多国家以生态适应技术的研究与推广作为生态城市建设的先导。以政府为主导，各科研单位紧密配合，推进自主清洁能源技术的研发与应用；结合城市产业发展特点，提供补贴与技术支持，促进企业进行升级改造，推进节能减排。在节能技术研究与应用方面建立科学合理的建筑节能评价标准；大力推动建筑智能化技术、建筑节能技术、屋顶绿化技术、太阳能发电技术、门窗节能技术以及新材料的使用；加快综合市政设施建设，构建循环经济模式；进行科学的城市规划建设，因地制宜地降低城市综合基础能耗。

4. 构建生态城市建设的信息管理网络系统

进一步提升生态环境监督体系，充分调动政府和社会资源，应用新型传感器、网络互联以及人工智能等新技术构建生态城市建设的信息管理网络系统。信息管理网络系统包括管理决策支持系统和管理预警系统。生态城市管理决策支持系统就是利用计算机技术、信息管理技术辨识、模拟复杂的生态关系，以帮助管理决策者了解社会—经济—自然复合系统，为其提供信息支持。生态城市管理预警系统是通过对监测系统收集、反馈的信息的系统分析处理，掌握生态城市运行的变化趋势以及可能出现的问题，提前拉响警报，使管理工作形成闭合的信息反馈环，管理决策结果及时反馈回来，决策者能够及时调整、补偿，提高管理工作的科学性和合理性，这对保持生态城市建设的稳定有序具有重要的作用。

5. 通过建立完善的督察、奖励机制，调动第三方参与的积极性

提高公众的参与度，建立社会监督机制，充分调动公众积极性，提高监督效率。同时，加强环境保护宣传，提高居民的环保意识，推动低碳城市建设。首先，充分利用公众监督机制推进环境保护工作和生态文明建设，做到政策公开，定期召开允许公众参与的生态环境工作会议，赋予公众充分的监督权利。其次，建立和完善公众决策机制，提高政府透明度，并通过宣传增强公众的责任感与使命感，促进公众主动参与环境决策。再次，加强新闻媒体等第三方组织的监督作用，以监督、讨论推动低碳城市规划的制定和实施。加强环境保护宣传，积极促进社会主义生态文明价值观的传播落实，鼓励并奖励公众落实环保行动。最后，要深入贯彻"环境保护，人人有责"的理念，推动居民的一点一滴践行低碳生活方式做到低碳消费，使之成为社会公德和主流价值，加强城市居民的环保主人翁意识。

6. 加强上海与长三角区域及长江经济带的生态协同治理

生态问题是跨行政边界的。根据东京、伦敦、纽约的生态城市建设管理经验，区域内的生态问题需要区域内城市来共同治理。如今长三角区域一体化及长江经济带建设已经上升为国家战略，上海作为该区域的龙头，势必在区域融合中发挥引领作用。因此，上海应加强建立与周边区域环境协调机制。当前，长三角区域已经建立了大气污染联防联控机制，在一定程度上实现了区域大气环境质量的改善。

参考文献

崔成、牛建国：《日本低碳城市建设经验及启示》，《中国科技投资》2010年第11期。

黄迎春、杨伯钢、张飞舟：《世界城市土地利用特点及其对北京的启示》，《国际城市规划》2017年第6期。

胡剑波、任亚运：《国外低碳城市发展实践及其启示》，《贵州社会科学》2016 年第 4 期。

刘召峰、周冯琦：《全球城市之东京的环境战略转型的经验与借鉴》，《中国环境管理》2017 年第 6 期。

南京航空航天大学课题组：《上海未来 30 年生态城市建设愿景目标及其实施路径》，《科学发展》2015 年第 10 期。

孙群英、曹玉昆：《基于可拓关联度的企业绿色技术创新能力评价》，《科技管理研究》2016 年第 21 期。

王妍、欧国立：《典型国家城市低碳交通政策解析及对我国的启示》，《生态经济》2018 第 8 期。

张文博、宋彦、邓玲、田敏：《美国城市规划从概念到行动的务实演进——以生态城市为例》，《国际城市规划》2018 年第 4 期。

张益纲、朴英爱：《日本碳排放交易体系建设与启示》，《经济问题》2016 年第7 期。

周冯琦、程进、嵇欣等：《全球城市环境战略转型比较研究》，上海社会科学院出版社，2016。

Authority G. L.，"The London Plan：Implementation Plan，"https：//www. london. gov. uk/sites/default/files/LP – Implementation – Plan – Jan2013. pdf.

B.11
全球城市环境经济协调发展的
国际比较及启示

张文博*

摘　要：　城市是经济发展和资源环境矛盾最为突出的地区，全球各大城市都经历了从产业转型升级到能源交通效率提升，再到系统推进环境经济协调的发展历程。综观全球城市推进环境经济协调发展的实践和经验可以发现，城市产业转型升级决定了经济发展的模式是否具有资源节约环境友好的特征，是城市环境经济能否协调发展的关键，城市的能源消耗和交通体系是环境经济矛盾的焦点和难点，城市的空间布局是城市生态环境的基底，政策制度创新是推动环境经济协调发展的保障。与全球城市相比，上海市仍然存在产业转型升级进程尚未完成、资源能源利用效率不高、城市生态环境质量尚待提升、环境经济协调战略起步较晚等问题，需要从产业生态化转型、能源利用效率提升、低碳交通体系建设和生态空间布局优化等领域系统推进城市绿色转型发展。

关键词：　城市绿色转型　环境经济协调　全球城市　上海

城市是经济和产业的集聚中心，在集聚效应和规模经济的驱动下，全球

* 张文博，人口、资源与环境经济学博士，上海社会科学院生态与可持续发展研究所助理研究员，主要研究领域为城市绿色转型、生态文明政策等。

各国的产业最初都在城市集中和集聚。产业和人口的集聚给城市造成严重的环境问题，20世纪全球城市都经历了惨痛的教训，"洛杉矶光化学烟雾事件""伦敦烟雾事件""日本水俣病事件"等都发生在城市。在认识到城市的环境问题后，全球城市纷纷制定环境保护战略，积极探索环境经济协调发展的路径，并取得了一系列经验和教训。上海在经济的高速发展和城市规模急剧扩张的过程中，资源环境的形势也日趋严峻，总结国外城市环境经济协调发展的成功经验，对比上海与国际先进水平的差距，有利于找到上海在城市发展中的短板和问题，使得上海在全球城市绿色转型发展的进程中实现后发赶超。

一　国外城市环境经济协调发展的成功经验

纽约、伦敦、东京等全球城市在发展中都曾暴露出严重的环境问题，也通过积极探索实现了成功的转型。从发展阶段和主要举措来看，主要有产业转型升级、能源结构调整、交通体系转型和生态空间建设四个方面的经验。

（一）以产业转型升级为核心的绿色发展经验

工业革命后，城市是重化工业、制造业等产业的集聚地，工业生产所需要的化石燃料、排放的化学污染物是导致城市资源环境问题的主要因素。英国作为的工业革命的发源地，是城市环境问题爆发最早的国家之一，随着城市资源环境状况恶化，城市的产业也出现衰退，失业问题逐步加剧，英国伯明翰曾在5年的时间内流失了近1/3的制造业，伦敦1952年爆发了著名的"伦敦烟雾事件"，期间空气中烟雾浓度的峰值达到了4460微克/立方米，SO_2的浓度峰值达到3830微克/立方米，死亡人数超过4000人。在经济、环境和社会多重压力倒逼下，英国积极尝试通过产业结构调整和升级推动城市经济与资源环境协调发展。伦敦从1960年开始推动城市主导产业从重化工业向制造业和服务业转型，到20世纪80年代，伦敦的商品生产部门就业人数占比下降到29%，金融业的就业人数占比上升至23%，商务服务业就业岗位增加30%，1986年伦敦80%的就业岗位集中在服务业，仅有15%的就业岗位集中在制造业，产业结构的升级也带动了伦敦的污染物减排，伦敦二氧化硫的年均浓度从1950年的400微克/立方米，下降到1970年的50微克/立方米，在1992年已经下降到30微克/立方米。产业结构的转型升级对环境污染的改善作用显著。

利兹是英国的传统工业城市，在进行城市转型的战略设计时，利兹将生态环境保护作为重要的因素和目标，认为城市环境管理是城市重新定位的关键因素。20世纪90年代中期，利兹政府编制《利兹愿景：基于可持续发展的框架》（*Vision for Leeds：A Framework for Sustainable Development*），将环境的议题整合到城市的转型和治理工作中，1991年提出"绿色战略"（Green Strategy）对公共服务设施和基础设施的环境绩效进行提升和考核；由政府和企业合作建立"利兹环境事业论坛"（Leeds Environment Business Forum）、"利兹环境行动计划"（Leeds Environment Initiative）等对话体系和伙伴组织，推动环境问题的商讨和解决。以经济竞争力提升和生态重建双重目标为导向，实现城市的绿色发展。因其在城市绿色转型中的有益尝试，1993～1996年利兹被评为英国执行"环境城市"（Environmental Cities）计划最成功的城市之一；2000年被国际地方环境行动理事会推选为"全球地方行动奖"[1]。

北美的五大湖城市群是北美制造业的核心区域，包括加拿大的多伦多、蒙特利尔，美国的底特律、克利夫兰、芝加哥等城市，与美国东北部大西洋沿岸的城市群共同支撑起美国的工业制造业。二战后，随着城市资源环境形势的恶化，城市人口逐渐流失，产业和经济也出现衰退，曾经繁华的都市圈逐步被美国西海岸的高新技术产业所超越，成为与加州的"阳光地带"形成鲜明对比的"铁锈地带"。经济转型、产业升级和环境保护成为这些城市的迫切需求。匹兹堡是"铁锈地带"典型城市，20世纪70年代，在经济危

---

[1] 杨东峰、殷成志：《如何拯救收缩的城市：英国老工业城市转型经验及启示》，《国际城市规划》2013年第6期。

机和失业等社会问题的倒逼下，匹兹堡通过产业的转型升级带动城市的转型，从以钢铁和制造业为主逐步向服务业转型，通过产业的高技术改造，培育和发展教育、医疗、金融等服务业，逐步实现城市产业结构调整的"退二进三"，并以此为契机，优化城市空间格局，将工业区改建为居民住宅区和商业中心，依托教育和绿色环保优势吸引公司的总部入驻。

纽约市通过引导投资的重点和方向，推动产业的转型，2018 年 1 月 11 日，纽约宣称未来要减少社保基金在化石能源方面的投资，从社保基金中剥离出投向化石能源的 50 亿美元。同时，纽约市长也宣称计划要求英国石油公司、美国化石能源公司支付赔偿，用于减少气候变化对居民的影响。通过减少投资、增加化石能源企业环境质量成本这两方面的举措倒逼城市产业的转型。

（二）以能源结构调整为重点的低碳发展经验

城市是资源能源的主要消费地，也是碳排放的主要来源地，用更多的可再生能源和清洁能源替代传统的化石能源，改善城市的能源消费结构，是多数城市缓解资源环境压力的共同选择。英国通过建立"碳信托基金"整合企业和公共部门资源，推动低碳技术的研发和应用，在英国的"碳信托基金会"与"能源节约基金会"联合推动下，英国开展了低碳城市项目，为城市的低碳转型提供专家和技术支撑，并在布里斯托、利兹和曼彻斯特三个城市率先编制低碳城市规划。布里斯托市的《气候保护与可持续能源战略行动计划》中，提出将能源利用作为控制碳排放的重点，通过推行能源适度消费、提升能源利用效率、推广可再生能源等途径实现低碳转型。伦敦也于 2007 年颁布了《市长应对气候变化的行动计划》，开展"低碳伦敦"建设。伦敦的"贝丁顿零化石能源发展"社区，通过推广太阳能，建设节能建筑，降低煤炭和石油等化石能源使用，建设"零碳社区"，目前已经成为全球能源转化和低碳建筑领域的标杆。

通过逐步减少和替代化石能源消费来实现经济和资源环境的协调，已经成为全球各个城市的共识。调整城市能源结构，使用更加清洁的能源，能够在保障经济发展和居民生活水平的同时，降低碳排放，减少城市发展的资源环境代价。瑞典的维克舒尔在全球率先实施了能源结构调整项目，1996 年瑞典维克舒尔颁布了"维克舒尔零化石燃料计划"，通过逐步取消电力直接供热，提高环保型机动车采购和租赁比重，让环保型机动车享受免费停放优惠，向市民提供能源建议，在交通和道路设计中充分考虑自行车、公共交通系统等方式改变城市的能源消费结构。同时"维克舒尔零化石燃料计划"也包括了低碳发展理念的推广、公众能源消费意识提升、新能源消费需求的发掘等推动能源需求结构转型的内容。目前，瑞典的维克舒尔已经成为欧洲人均碳排放量最低的城市，"维克舒尔零化石燃料计划"的目标是在 2025 年实现碳排放量比 1993 年减少 70%[1]。

在调整能源结构的同时，提升能效也是降低城市总体能耗的重要举措，美国纽约市出台了绿色建筑税收减免政策和绿色建筑门槛，一方面对绿色建筑的开发实行税收抵扣政策，另一方面也要求建筑必须符合绿色建筑的标准，2005 年纽约市规定造价 200 万美元以上的非住宅公共建筑、吸收 1000 万美元以上公共基金的私人建筑都要符合 LEED 标准。同时，纽约市也发起了能效计划，以立法的形式强制要求市政部门购买节能办公设备，替换路灯、灯塔等交通基础设施中的低效光源，替换公共住房项目中的低效电器等。

（三）以交通体系转型为核心的可持续发展经验

拥堵的交通是"城市病"的重要表现，汽车尾气也是造成城市的雾霾和增加碳排放的根源之一，根据相关组织的测算，英国空气污染总量的一半是由城市的道路交通所造成[2]，因此城市交通的绿色转型也被视为城市绿色转型的关键环节之一。目前全球各大城市正在积极推广快速公交系统、新能源汽车、城市综合交通体系等构成的城市低碳高效交通系统。巴西南部巴拉

---

① 陈柳钦：《低碳城市发展的国外实践》，《环境保护与循环经济》2011 年第 1 期。

② http：//www.eukn.org/dsresource？objectid＝153726.

那州首府库里蒂巴是城市快速交通系统的先行者，20 世纪 80 年代，库里蒂巴市就推动公交系统整合，逐步形成由 340 条线路和 1500 余辆各类公交车构成的城市公共交通网。库里蒂巴市的公共交通系统也较早地运用信息技术，将公交车和公交站的信息通过移动通信设备接入本地网络，便于公共交通指挥中心根据实时数据调度车辆，优化配置公交资源，避免交通系统的局部拥堵，降低乘客等待时间。便捷高效的公共交通改变了人们的生活方式，在库里蒂巴这座总人口 320 万人、私家车保有量超过 50 万辆的城市，公交系统每天的客运量超过 190 万人次，只有不到三成的私家车主选择自己开车。公共交通系统的发展也明显改善了城市的生态环境，库里蒂巴市的人均燃油消耗量仅为巴西同等规模城市的 75% 左右，城市的空气污染指数也低于巴西的绝大多数城市。

纽约市实行公共交通优先的城市交通发展战略，来解决城市空间布局带来的通勤问题。纽约地铁全年 24 小时运营，并在同一条线路上设计 3 ~ 4 条并行轨道，分别供快车和慢车行驶，提高了地铁的运输效率。纽约市还积极倡导自行车出行和共享交通出行，纽约市的新泽西港务局和民间组织积极推动"共乘一辆车"活动，提高私家车的运行效率。纽约市公共交通优先的发展战略大大缓解了由于职住分离带来的交通负荷和通勤压力。

（四）以生态空间建设为核心的空间优化经验

随着城市规模的扩大和城市人口的增加，城市人居环境恶化、生态空间不断减少等问题不断加剧。城市中的河湖湿地在城市发展中，不仅被严重污染，而且往往会被建设用地和交通用地所侵占，韩国首尔的清溪川就是典型的例子，清溪川位于首尔的城市中心，在首尔工业化起步时期，清溪川受到严重污染，成为城市的排污道和"臭水沟"。随后出于首尔城市交通体系的建设需要，清溪川又被埋入地下，建成高架桥。2002 年，首尔启动了清溪川生态修复工程，3 年后清溪川重新流淌在首尔的市中心，成为首尔气温调节的"空调"、市民休憩娱乐的公园，在城市的生态系统中发挥着重要的功能。

巴黎在城市发展中较为重视利用城市空间规划来解决城市的交通和环境

问题，巴黎于 1956 年在《巴黎地区国土开发计划》中，限定了城市的人口规模和城市建设用地范围，从而降低城市中心区人口和建筑密度。1962 年又在全国的规划中重点保留了大巴黎地区的绿色森林生态系统。1964 年大巴黎地区成立后，新的城市规划将塞纳河谷地作为保留绿地，并较早地运用了混合开发的思路，强调住宅区与就业空间分布、交通基础设施的协调配套。巴黎市区的"年人均交通耗能"是伦敦的 1/2、多伦多的 1/5、休斯敦的 1/10。在 20 世纪 90 年代的城市规划中，巴黎将城市生态空间作为关注的重点，强调要在城市规划中兼顾建成空间、农业空间和自然空间。

伦敦早在 20 世纪 50 年代就启动了环城绿化带建设，在城市外围兴建了 8~10 英里的绿化带，面积约占大伦敦都市区面积的 23% 和大都市绿化带的 15%，环城绿化带的建设也限制了城市的盲目扩张。伦敦在城市生态空间建设中十分重视利用废弃土地和建筑地营建绿色空间，2002~2009 年伦敦的废弃土地下降了22%，建筑地利用面积增加了 100 公顷。屋顶绿化也是伦敦增绿的重要途径，据估计，在 2008 年，伦敦就已经实现了 50 万平方米的屋顶绿化。

二 上海环境经济协调发展与国际先进水平的对比

伴随着经济的高速发展和城市规模的急剧扩张，上海市的环境与经济发展矛盾日渐尖锐，上海从 20 世纪 90 年代开始重视城市的环境污染问题，在环境污染末端治理和城市环境改善方面做了大量的工作，并取得了突出成效。但由于起步时间晚、环境问题历史欠账多等，上海市在产业结构高端化水平、资源能源利用效率、整体环境质量等方面与各大全球城市仍然存在较大差距，在推进环境经济协调发展举措的系统性方面仍然相对落后，手段仍有待进一步丰富。

（一）产业转型升级进程

产业结构的特点是影响城市环境经济协调发展的重要因素，以制造业、重化工业为主的第二产业往往会消耗大量的资源和能源，并产生大量的环境污染物，导致城市发展与资源环境的矛盾加剧。上海曾是中国的工业中心和产业基地，产业结构中第二产业占比较高，环境污染严重，城市环境不断恶化。随着城市产业的演进和升级，上海开始步入去工业化的产业结构转型阶段，资源消耗低、环境污染少的服务业逐步在城市经济发展占据重要地位，这也从源头上遏制了上海环境恶化的趋势。但与其他全球城市相比，上海的产业结构优化升级起步较晚，转型升级的进程仍然相对落后。

从起步时间来看，1998 年上海服务业就业人口数首次超过工业部门，就业人口比例达到 41.2%[①]，而纽约、伦敦、东京等全球城市早在 20 世纪五六十年代就开始了去工业化的进程，1977～1996 这 20 年，纽约制造业就业人口比例从 21.9% 下降至 9%，下降了 12.9 个百分点；同期伦敦制造业就业人口比例从 22% 下降至 8.4%，下降了 13.6 个百分点。而第三产业就业人口比例分别上升了 25.6 个和 15.5 个百分点[②]。东京的去工业化进程相对滞后，制造业就业人口比例从 1981 年的 21.26% 下降至 2006 年 9.74%。可以看出，上海在服务业占比大幅提升的时期，其他全球城市已经基本完成了去工业化进程，上海产业转型升级的起步时间远远晚于其他城市（见表 1）。

表 1 上海与三大全球城市产业结构升级进程比较

单位：%

	纽约		伦敦		东京		上海	
	1977	1996	1977	1996	1981	2006	1998	2016
制造业	21.9	9.0	22.0	8.4	21.26	9.74	41.1	29.95
第三产业	63.7	89.3	73.0	88.5	70.62	84.78	41.2	63.46

注：表中的纽约是指纽约城，包括纽约、曼哈顿、国王区、皇后区、布朗克斯和里士满区 5 个区；伦敦是指大伦敦都市区，包括伦敦市和 32 个自治市镇。

资料来源：蒋荷新、邓继光：《全球城市产业结构演变规律及上海的差距——教育结构视角》，《城市发展研究》2015 年第 2 期；《上海统计年鉴》。

---

① 蒋荷新、邓继光：《全球城市产业结构演变规律及上海的差距——教育结构视角》，《城市发展研究》2015 年第 2 期。

② 蒋荷新、邓继光：《全球城市产业结构演变规律及上海的差距——教育结构视角》，《城市发展研究》2015 年第 2 期。

从现状来看，上海的第三产业就业人口比例在 2016 年为 63.46%（见表 2），远低于纽约 2010 年的水平，与纽约 1977 年的第三产业就业人口比例相当，也低于东京 2008 年的水平。按照三次产业的产值比例来衡量，上海 2016 年的第三产业产值比例为 69.8%，远远低于伦敦 2008 年的第三产业产值比例 93.58%，与新加坡 2016 年的水平相当。从各大全球城市产业结构演进和升级的过程来看，以制造业为代表的第二产业就业人口在城市三次产业就业人口结构中所占的比例将持续下降，纽约、东京等城市制造业的就业人口比例将持续下降到 10% 左右，上海产业结构优化升级的进程尚未完成。

表 2　上海与全球城市产业结构对比

单位：%

	东京（就业人口比例，2008 年）	纽约（就业人口比例，2010 年）	上海（就业人口比例，2016 年）	伦敦（产值比例，2008 年）	新加坡（产值比例，2016 年）	上海（产值比例，2016 年）
第一产业	0.04	0.2	0.41	1.38	9.97	0.4
第二产业	13.33	12.5	36.12	1.83	23.24	31
第三产业	73.3	87.3	63.46	93.58	66.79	69.8

资料来源：张婷麟、孙斌栋：《全球城市的制造业企业部门布局及其启示——纽约、伦敦、东京和上海》，《城市发展研究》2014 年第 4 期；《新加坡统计年鉴》；《上海统计年鉴》。

从三次产业的内部结构来看，以金融、保险、房地产业为代表的生产性服务业在上海仍然有提升和发展的空间。上海市 2016 年的金融、保险、房地产业就业人口比例为 10.07%，而纽约在 1977 年和 1996 年的金融、保险、房地产业就业人口比例分别为 15.9% 和 17%。上海生产性服务业就业人员比重与伦敦 1977 年的 9.9%，日本 2012 年的 9.3% 相当。发达的全球城市中依然有相当比例的制造业，但制造业内部的结构也在不断演进和优化，都市型工业所占的比重不断提升。上海目前规模最大的五大制造业中没有都市型工业[①]（见表 3）。

---

① 张婷麟、孙斌栋：《全球城市的制造业企业部门布局及其启示——纽约、伦敦、东京和上海》，《城市发展研究》2014 年第 4 期。

表3 上海与全球城市主要制造业对比

位次	东京	纽约	伦敦	上海
1	印刷业	金属产品制造	食品制造	电子设备制造
2	金属制品	印刷及相关产业	印刷及相关产业	交通运输设备制造
3	电气机械	食品制造	基础金属制造	通用设备制造
4	食品制造	家具及其相关产品制造	化工工业	电气机械
5	交通运输设备制造	服装生产业	药物及试剂产品	金属制品

资料来源：张婷麟、孙斌栋：《全球城市的制造业企业部门布局及其启示——纽约、伦敦、东京和上海》，《城市发展研究》2014年第4期。

与全球城市相比，上海的产业结构中仍然有相当比例是传统制造业，现代服务业的发展仍然有提升和演进的空间，产业结构优化升级的进程仍然相对落后，这意味着，上海仍需要在产业的高级化和绿色转型方面追赶全球城市。

（二）资源能源利用效率

较高的资源能源利用效率是全球城市促进环境经济协调发展，走上可持续发展道路的核心和关键。全球城市在能源消费强度、碳排放强度和土地开发利用强度方面都实现了较好的控制，能够以较小的能源环境代价实现经济的增长。上海在之前的发展阶段中经历了一段以高投入、高产出的粗放型发展模式为主的发展历程，城市的扩张速度较快，经济增长消耗的能源较多，产生的污染物和碳排放量也远远高于其他全球城市。在联合国人居署发布的《全球城市竞争力报告2017~2018》中，上海市的可持续竞争力排名27，低于纽约、伦敦、东京等传统全球城市，在2017年"全球实力城市指数"中，上海在生态系统建设、空气质量、自然环境水平等多项指标上都表现不佳。

虽然上海市已经采取了一系列转型发展的举措，但是由于在绿色转型方面的起步较晚，目前的发展效率仍然低于全球城市。上海的能源消费强度是东京的7.28倍、伦敦的14.3倍、纽约的3.1倍；碳排放强度是伦敦的 6.77 倍、纽约的 8.9 倍。上海的建设用地利用效率都低于东京、巴黎、伦敦、纽约等全球城市，2016 年上海单位面积 GDP 为 14.73 万元/平方千米，低于香港 2011 年的水平（17.52 万元/平方千米），建设用地利用效率与全球城市相比差距十分显著（见图 1），说明上海在土地集约利用水平和产业附加值等方面与全球城市仍然存在较大的差距。

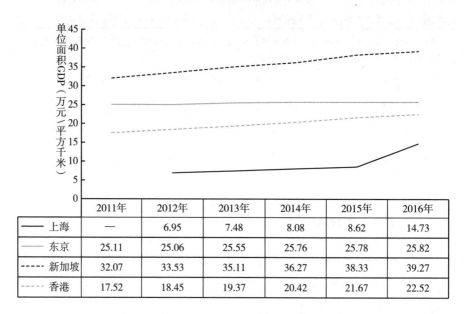

	2011年	2012年	2013年	2014年	2015年	2016年
—— 上海	—	6.95	7.48	8.08	8.62	14.73
---- 东京	25.11	25.06	25.55	25.76	25.78	25.82
----- 新加坡	32.07	33.53	35.11	36.27	38.33	39.27
----- 香港	17.52	18.45	19.37	20.42	21.67	22.52

图 1　上海单位面积 GDP 与全球城市对比

（三）城市生态环境质量

城市是环境和经济发展矛盾最为尖锐的地区，全球各大城市在发展过程中也经历了从环境质量下降到综合治理，再到全面绿色发展的演进历程，城市的环境质量也经历漫长的改善过程。将东京、伦敦、香港、巴黎等全球城市与上海进行比较，可反映出上海生态环境质量与全球城市的差距。

以空气质量来看，伦敦、巴黎、东京、新加坡等全球城市的主要空气污染物浓度均低于上海目前的水平。其中东京的二氧化硫（SO_2）浓度在 2013 年已经达到 2 微克/立方米，远低于上海 2016 年的 15 微克/立方米；东京的二氧化氮（NO₂）浓度在 2013 年为 18 微克/立方米，低于上海 2016 年的 43 微克/立方米，东京 20113 年的可吸入颗粒物（PM₁₀）浓度大约是上海 2013 年的可吸入颗粒物浓度的 1/4（见图 2、表 4、图 3）。从三种污染物的浓度看，上海的环境质量相当于东京 1990～2000 年的水平，仍处于粗放式的环境治理向综合的环境管理迈进阶段。

表 4　上海 NO_2 浓度与全球城市对比

单位：微克/立方米

	2010	2011	2012	2013	2014	2015	2016
上　海	50	51	46	48	45	46	43
香　港	62	63	60	63	57	55	53
东　京	20	19	18	18	17	17	16
新加坡	23	25	25	25	24	22	26
伦　敦	40	35	36	35	35	31	32

资料来源：笔者整理。

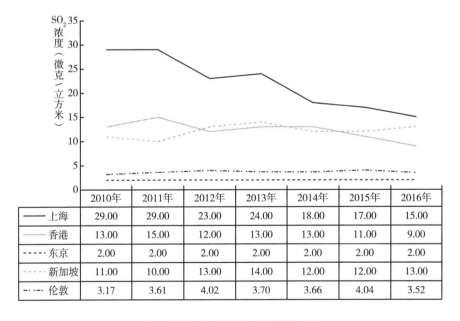

	2010年	2011年	2012年	2013年	2014年	2015年	2016年
——上海	29.00	29.00	23.00	24.00	18.00	17.00	15.00
——香港	13.00	15.00	12.00	13.00	13.00	11.00	9.00
----东京	2.00	2.00	2.00	2.00	2.00	2.00	2.00
----新加坡	11.00	10.00	13.00	14.00	12.00	12.00	13.00
--·--伦敦	3.17	3.61	4.02	3.70	3.66	4.04	3.52

图 2　上海 SO_2 浓度与全球城市对比

资料来源：笔者整理。

上海与香港同为人口高度密集的大城市，但上海在空气质量方面依然相对落后，香港 2015 年的二氧化硫（SO_2）浓度为 11 微克/立方米，低于上海的 17 微克/立方米；香港 2015 年的二氧化氮（NO_2）浓度为 55 微克/立方米，高于上海的 46 微克/立方米；香港 2015 年的细颗粒物（$PM_{2.5}$）浓度为 38 微克/立方米，低于上海的 53 微克/立方米；香港 2015 年的可吸入颗粒物（PM_{10}）浓度为 25 微克/立方米，低于上海的 69 微克/立方米；香港 2015 年的四种空气污染物浓度，除了二氧化氮 NO_2 之外均低于上海的水平（见图 2、表 4、表 5、图 3）。

表 5 上海 $PM_{2.5}$ 浓度与全球城市对比

	2010	2011	2012	2013	2014	2015	2016
上 海	—	—	48	62	52	53	45
香 港	46	49	42	47	43	38	33
东 京	—	15.7	14.2	15.8	16	13.8	12.6
新加坡	17	17	19	20	18	24	15
伦 敦	14.70	16.15	13.88	14.23	14.17	11.33	10.96
巴 黎	18.25	17	15.75	17.25	14	15	12.83

资料来源：笔者整理。

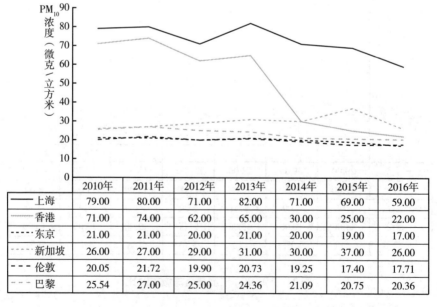

	2010年	2011年	2012年	2013年	2014年	2015年	2016年
上海	79.00	80.00	71.00	82.00	71.00	69.00	59.00
香港	71.00	74.00	62.00	65.00	30.00	25.00	22.00
东京	21.00	21.00	20.00	21.00	20.00	19.00	17.00
新加坡	26.00	27.00	29.00	31.00	30.00	37.00	26.00
伦敦	20.05	21.72	19.90	20.73	19.25	17.40	17.71
巴黎	25.54	27.00	25.00	24.36	21.09	20.75	20.36

图 3 上海 PM_{10} 浓度与全球城市对比

从公共绿地面积和水环境质量来看，上海市人均公共绿地面积为7.83平方米/人，仅为纽约的1/3。上海市的水环境质量也与东京有较大差距，从化学需氧量、生化需氧量与溶解氧的指标看，东京主要河流都达到我国地表水Ⅰ类水标准，而上海市区的达标水质要求为Ⅴ类水，上海的地表水优于Ⅲ类的比例仅为29.2%。

目前上海的生态环境质量与各大全球城市相比依然有一定的差距，目前上海的水平大约相当于东京、中国香港等主要全球城市5~10年前的水平。从城市绿色发展所处的阶段来看，上海目前尚处于从城市环境综合治理迈向全面绿色发展的过渡阶段，绿色发展的系统性、环境治理的协同性尚需进一步加强。

（四）环境经济协调发展战略

与各大全球城市相比，上海市在推进环境经济协调发展中面临着起步较晚、环境治理历史欠账较多的问题。巴黎、东京、纽约等全球城市由于城市发展较早，在20世纪60年代就开始着力解决城市发展中面临的环境问题，巴黎早在1956年就在城市规划中对城市空间蔓延和人口规模增长做出了限制，并在1963年的巴黎大区城市规划中划定了生态用地。自20世纪70年代以来，生态城市理念就在美国展开了理念探索，并经历了理念探索、目标设定和应用、指标评价体系构建和试验、完善和务实推进四个发展阶段，实现了从构想和理念到城市发展目标和要求的转变，绿色发展的规划体系、环境治理体系已经基本完善。

上海市以绿色发展和生态文明建设作为城市发展指导思想的时间远远晚于其他全球城市。上海市对城市环境治理和保护最初体现在对五年规划中环境保护任务的落实和执行，"八五"和"九五"规划对城市环境的治理主要体现在控制工业污染物排放等领域，主要手段仍然集中在末端治理。由于上海环境基础设施建设的基础薄弱，城市环境污染治理的历史欠账过多，推进城市环境经济协调发展主要是以解决城市突出的环境问题为主要任务。与其他全球城市相比，上海市在城市产业绿色转型、低碳发展、生态空间优化等方面的尚未进行统筹规划和安排，与巴黎、伦敦、纽约等全球城市20世纪

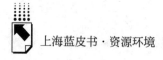

50 年代的城市环境战略相类似。

进入 21 世纪以后，全球许多城市已经在可持续发展、能源节约、提升宜居性等方面展开了探索和实践。丹麦的哥本哈根、巴西的库里蒂巴、美国的伯克利、西雅图、萨克拉门托以及澳大利亚的布里斯班等都是生态城市建设的先行者。西雅图早在 2004 年就提出"可持续西雅图"（Sustainable Seattle）发展目标，波特兰在其城市规划中提出精明增长、Grey to Green 等绿色发展思路。纽约在其城市规划中也将可持续和宜居性列入城市发展的五大目标，在城市战略和目标体系设定时，已经开始运用更新的理念和手段，呈现出建设行动系统化、参与主体多元化、运行管理信息化、先进技术手段普遍化的趋势，例如更加突出目标体系的公众参与性和政策导向性，强调其在提升公众生态意识、提高公众参与度、协调各类主体等方面的作用，在推进模式上更加注重系统性，强调参与主体多元化，强调先进技术手段的运用以及信息化管理，更加倾向于采用"目标—行动"路线的务实推进模式。

上海市在这一阶段仍处于由环境末端治理向系统治理转变的过程中，在《上海市城市总体规划（1999～2020 年）》中仍然较为重视城市突出环境问题的治理，仍然以"环境保护三年行动计划"等行政手段为主要的推进方式。在城市生态环境建设方面，上海市这一阶段主要是通过公共绿地建设以点带面改善城市的生态空间，并将崇明生态岛建设作为城市生态空间预留和保护的重要行动，城市河道沿岸的环境治理和生态空间修复等历史遗留问题依然是这一阶段上海环境工作的重要内容。与巴黎、纽约等全球城市相比，上海在生态空间优化和保护方面的起步时间已经远远滞后，面临的问题和困难也更加复杂，治理手段也相对单一。在新一轮城市规划中，上海市提出了建设韧性生态之城的建设目标，推进环境经济协调发展的举措更加系统，上述问题正逐步得到解决。

三 国外城市环境经济协调发展对上海的启示

从国外城市推进环境经济协调发展的实践来看，各大全球城市都经历了从产业转型到能源交通效率提升，再到系统推进环境经济协调发展的历程。城市产业转型升级决定了经济发展的模式是否具有资源节约环境友好的特征，是城市环境经济能否协调发展的关键。在城市产业升级后，城市的能源消耗和交通体系成为环境经济矛盾的焦点和难点，国外许多城市都逐步将城市绿色转型的重点放在能源交通效率的提升。城市的空间布局是城市生态环境的基底，政策制度创新是推动环境经济协调发展的保障，新阶段城市绿色转型发展需要空间规划和制度创新等多措并举。

（一）产业转型升级是促进环境经济协调发展的根本途径

全球各大城市的整体环境质量改善，都伴随着产业的升级和演进。产业结构的演进使得经济增长的动力由资源驱动，转向劳动力、资本等要素驱动，再转向创新和人力资本驱动。这一趋势使得城市作为资源集聚中心的作用不断降低，以资源和能源兴起的城市大多在这一过程中不断衰退，并伴随有重化工业遗留的严重环境问题，美国的匹兹堡、英国的曼彻斯特、德国的鲁尔地区等都经历了这样过程。随着城市由资源集聚地向资本和劳动力等要素集聚地的转型，城市的产业逐步以资本和劳动力密集型产业为主，由此不仅带来了城市交通拥堵、人居环境恶化等问题；而且资本和劳动力密集的制造业往往资源、能源的消耗强度高，环境污染物排放量大，这一阶段城市的资源环境问题有所缓和，但仍然是环境经济矛盾最为尖锐的地区，城市的资源环境形势恶化的趋势并未扭转。

当产业演进步入创新和人力资本驱动的阶段，城市的主要作用转变为信息集散地和人力资本集聚地，以金融、商贸、技术服务业为代表的生产性服务业逐步成为城市经济增长的新动力，生产性服务业不仅具有资源节约环境友好的特征，而且还进一步细化了制造业的分工，使得制造业的生产、设计、集成等环节不再需要在空间上高度集聚，从而便于城市空间布局的调整和优化。纽约、伦敦、东京等城市都是在第三产业成为城市主导产业之后，才扭转了城市资源环境形势恶化的趋势。因此，城市环境经济协调发展的根本途径是以产业的转型升级带动城市经济发展方式的转变，通过培育和发展高技术产业、技术服务业、金融业、商贸业等现代服务业，充分发挥城市作为创新高地、信息集散地和人力资本集聚地的功能，实现资源节约和环境友好的经济增长，进而推动城市环境经济协调发展。

（二）能源交通效率提升是破解环境经济矛盾的重点

在城市有限的资源环境承载力条件下，城市不断扩张的经济和人口规模进一步增加了城市资源环境的负担。随着工业技术的进步和城市主导产业向服务业转型，城市主要环境污染源逐步从生产活动转向交通运输。由于城市人口激增、职住分离、消费水平提升等，城市的交通运输量出现爆发式增长，汽车数量也急剧增加，汽车尾气污染逐步成为城市环境污染的主要来源。以伦敦为例，20 世纪 70 年代伦敦的汽车保有量约为 170 万辆，到 20 世纪 80 年代末已经增加到 270 万辆，到 20 世纪 90 年代，汽车尾气排放造成的伦敦大气污染已经超过燃煤。交通拥堵不仅带来了尾气污染和噪声污染，也占用了城市的土地资源。此外，人口激增还带来了额外的能源需求，建筑耗能和生活用能逐步超过工业用能，成为城市资源问题的新挑战。因此，在城市主导产业逐步转向服务业后，能源和交通问题将是城市环境经济协调发展的主要挑战。从国外城市的发展历程来看，许多城市都是在产业去工业化进程接近尾声的时候开始重视城市的交通污染问题，例如，伦敦 1990 年的制造业岗位数占就业岗位总数的比重为 8.24%，基本完成了产业结构的转型，而同期汽车尾气排放也代替工业废气排放成为伦敦的主要大气污染源。上海目前虽然仍然处于向服务业转型的进程中，但汽车保有量、建筑能源消耗量都已经接近或超过巴黎、伦敦等城市，在未来的发展中面临的能源和交通问题十分严峻，需要将提升能源利用效率和交通运输效率作为城市发展新阶段的重点。

（三）空间布局优化是形成环境经济良性互动的基础

城市的空间布局是城市承载人口、产业的基础，科学合理的城市空间布局能够提升城市的交通运输效率和能源利用效率。从提升城市交通运输效率的角度来看，优化城市空间布局能够减少交通出行的需求，降低交通运输系统的压力。例如纽约曼哈顿地区较高的租金导致纽约许多居民的居住地和工作地分隔较远，产生巨大的通勤需求和交通压力，进而加剧了汽车尾气对大气的污染。基于这样的考虑，许多城市开始在城市开发中融入混合开发、以交通为导向等开发理念，通过将居住地和工作地混合规划，解决传统城市发展中职住分离的问题。从节能降耗的角度来看，优化城市空间布局能从根本上优化城市控温、采光需求，从而降低城市能耗和碳排放。传统工业城市的主要功能是为产业提供集聚地，从产业发展的角度出发，从城市生态本底出发进行城市空间布局规划，能够充分利用城市所在地光照条件、风力条件和气候条件，通过在城市规划中布局城市"风道"，优化绿地的形状和布局，降低城市建筑对自然的影响，减少城市建筑的能耗。

城市空间布局优化也能够与城市发展方式转型形成良性互动。随着城市的产业转型，城市主要功能由服务产业逐步转向服务居民，城市作为人力资本集聚地的作用日渐突出，在这样背景下，城市生态环境和人居环境成为城市竞争力的重要体现。应优化城市空间布局，改善城市的生态环境，提升城市的人居环境品质，从而为城市集聚人才创造良好的条件。生态城市、宜居城市等城市空间布局理念的提出和兴起，正是国外城市顺应城市发展趋势而做出的应对之策。

（四）政策制度创新是推动环境经济协调发展的保障

由于城市环境问题的外部性，城市环境经济协调发展往往需要政府的环境保护战略和相关政策制度来推进。国外城市在推进环境经济协调发展的过程中都将法律和制度作为主要手段，如英国在1956年颁布了世界上首部空气污染防治法案《清洁空气法》，并随后出台了《空气污染控制法》《环境保护法》《汽车燃料法》等一系列法律法规，纽约在1966年先于美国政府颁布了空气控制法令。法律法规为城市环境治理、规范排污行为提供了依据和保障，有效地遏制了城市环境恶化的趋势。环境战略和规划也是促进城市环境经济协调发展的重要保障，战略和规划明确了城市未来的发展方向，有效地引导各方主体的行为，如 2007 年纽约发布了《更绿色，更美好的纽约》、2007 年东京发布了《东京都气候变化战略》等。此外，环保信息公开、排污权交易、环境责任制度等环境治理机制的创新也为促进城市环境经济协调发展提供了有力手段。

四 推进上海环境经济协调发展的路径措施

从上海与国外城市的对比可以发现，上海与各大全球城市在环境经济协调发展的水平上仍然存在差距，仍然面临着产业转型升级进程相对滞后、资源能源利用效率相对落后、生态环境质量有待提高等问题，需要在新一轮城市规划的指导下，进一步探索环境经济协调发展的路径。

（一）加快产业转型升级进程

大力发展现代服务业和高端智能制造业，推动经济发展由要素投入推动向创新驱动转变，加快经济发展与资源环境代价的脱钩进程。扩大信息服务业、金融业规模，增强信息服务业研发能力，支持和引导金融创新，逐步提升现代服务业的主体地位。立足上海科研院校优势，加强人才集聚，完善产学研协同创新机制，着力推动科技研发服务业发展，优化科技创新相关产业的发展环境。加快制造业的智能化、网络化转型，提升制造业的资源利用效率和生产弹性，重点支持 3D 打印、物联网、新材料等领域的产业发展。培育和发展创意设计、文化传媒、广告传媒等文化创意产业，推动科技、金融、贸易与文化跨界融合发展，加速信息和智力资源的流动和增值进程。着力培育基于物质产品的服务经济、共享经济，引导消费者更加关注产品使用环节的服务，支持租借使用、分时使用等新经济行业发展，控制全社会的物资消耗强度，缓解资源环境压力。

（二）全面提升能源利用效率

扎实推进重点领域节能减排，依托排污许可制、能源消费总量控制等节能减排手段，强化重点行业、重点领域的节能减排监督和核查工作，推动重点用能单位节能改造。加快可再生能源的应用和推广，进一步优化能源消费结构，逐步提升非化石能源占一次能源消费比重，降低单位 GDP 能源消耗。加快推进建筑节能工作，开展商务楼宇、政府部门大楼、企事业单位大楼等的用能情况调查，建设办公建筑和大型公共建筑能耗监测系统，全面掌握大型建筑的能耗情况。完善政府节能改造专项资金补贴机制，通过财政奖励、补贴等方式支持既有建筑节能改造，大力推广绿色建筑，开展建筑能效认证，鼓励楼宇通过合同能源管理方式实现节能改造。积极试点碳排放交易，运用市场手段促进企业低碳发展。依托低碳发展实践区建设，在城市开发中融入低碳理念，应用低碳技术，积极探索城市低碳发展的路径，开展传统商圈绿色改造、绿色建筑集中示范区、复合公共交通体系的建设试点。

（三）健全完善低碳交通体系

运用新媒体等市场营销手段大力宣传绿色低碳出行理念，将绿色出行与时尚健康的生活方式相结合进行倡导，提升居民绿色出行的积极性，引导居民选择公共交通和自行车出行。开展出行信息普查和调研，并在此基础上进一步优化公共交通线路，提升公共交通的频次和运力，提高公共交通出行的便捷性。探索试点定制公交服务，加快建立快速公共交通系统，着力推进公交枢纽站、公交专用道、"最后一公里"社区巴士和有轨电车建设，完善公共交通站点附近的交通配套设施。积极推进慢行交通系统建设，完善交通信号灯、路口等候通行标识、专用车道等自行车交通设施，增强自行车出行的便捷性和安全性。加强互联网租赁自行车的管理，建立非机动车管理测评机制，推动共享单车有序停放、定期维护，提升共享单车的安全性和规范性。探索践行交通拥堵收费制度、停车位总量限制办法、累进的停车收费制度，出台高峰期拥堵路段的交通管制和分流措施，进一步优化路网结构。鼓励推广新能源汽车，完善公共充电桩等新能源汽车的配套设施。

（四）优化城市生态空间格局

城市的规划和建设应当立足生态本底，依照自然环境和水文气候特征制定城市生态空间优化方案。划定城市的生态保护红线，保留城市中原有的自然斑块，保护好生态空间的存量；科学设计和增加城市的公园绿地和绿色生态廊道，充分利用建筑屋顶的空间做好城市增绿工程，对生态空间格局内的建筑等通过政府买断、补偿等方式进行配置。要重视新技术手段的运用，加快推进海绵城市建设，降低建筑和道路硬化对水循环的阻隔，将分布式能源生产与建筑以及城市基础设施相连，在改善城市景观的同时降低建筑能耗。

展 望 篇

Chapter of Outlook

B.12
上海推进生态环境治理
现代化的路径研究

辛晓睿*

摘　要： 面对经济发展从工业化向后工业化转型、生态环境从约束条
件向有利条件转型、我国生态文明从技术创新向制度创新转
型的多重背景，生态环境治理现代化成为区域生态环境发展
的新思路。本文在辨识生态环境治理现代化理论内涵的基础
上，依据上海市生态环境发展的成果与问题，从治理理念、
治理主体、治理方式和治理绩效考核四个维度分析了上海市
生态环境治理现代化的构成特征和发展目标，其中治理方式
具体涉及了监管网络、法律法规、信息化建设和多维合作四
方面。进一步指出上海生态环境治理现代化建设中存在的部

* 辛晓睿，浙江工商大学经济学院博士。

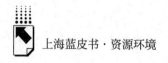

门间合作条件不足、多元治理主体权责不清、生态环境治理的信息化程度不高的问题，并提出推进上海生态环境治理现代化的对策建议。

关键词：　多元主体　监管网络　信息化　多维合作　监督考核

一　生态环境治理现代化的时代背景

工业文明时期，经济活动以矿产、化石能源的开发利用为主，以生态破坏、环境污染为代价，单一追求经济效益提升，导致生态环境脆弱、资源短缺成为全球各国和地区经济持续、健康、高效发展的障碍。随着发达国家进入后工业化时代，生态环境保护理念逐步成为全球共识，节能减排、产业升级、循环经济、低碳经济、生态服务等成为各国的流行词。生态环境保护在区域经济社会发展中的功能定位发生根本性变革，生态环境保护逐渐从制约区域经济发展的因子转变为推动区域经济发展的因子，从限制条件转变为有利条件。良好的生态环境不但为区域经济可持续发展提供强力支持，而且其自身也成为区域经济发展的重要内容与组成部分。生态环境系统不再是与生产无关的外部要素，良好的生态环境已成为提升区域核心竞争力的前提条件，生态服务、生态经济成为区域经济的重要组成部分，为处于不同发展阶段的各区域提供新的历史机遇。

区域发展模式转变的同时，为有效应对日趋严峻的生态环境问题，全球已经形成了涵盖水源、湿地、荒漠化、生物多样性等多领域的生态保护与修复技术，水污染、大气污染、固体废弃物污染的相关检测、控制和治理等环境保护技术体系。随着生态环境保护技术体系的日趋完善和水平的不断提高，政府工作重点逐渐由新技术研发转向构建由政府、企业和社会公众多元主体共同参与管理的生态环境治理体系。发达国家的发展实践表明，科学的生态环境治理体系是改善环境与实现可持续发展的关键环节，区域投资环境、经济发展水平、增长能力在一定程度上有赖于区域生态环境治理的质量。

中国近年来高度重视生态环境保护工作，生态文明建设上升为国家战略。对外，积极参与全球生态环境治理进程，通过 2030 可持续发展目标国别计划和气候变化巴黎协定两大标志性事件，从曾经生态环境保护的参与者、追随者转向推动者、引领者。对内，国家《"十三五"生态环境保护规划》中明确提出，到 2020 年全国生态环境质量要实现总体改善，既要在内容层面实现生产和生活方式的绿色、生态和环境的改善，更要在管理与组织层面提升生态环境治理体系和治理能力的现代化，从科学化、系统化、法制化、精细化和信息化等层面推进国家治理现代化。

二 生态环境治理现代化的内涵体系

生态环境治理现代化是国家治理体系在生态环境维度的重要构成，属于多维度综合概念，常见的理解有两种视角。

第一，将生态现代化视为现代化发展体系中的重要构成和类型。"生态现代化"概念由德国学者 Jänicke（1982）提出，他批判了传统环境保护与经济增长相互矛盾的观点，指出生态环境保护与经济发展两者是双赢关系，他提倡当前发展要将生态环境保护的关注点从事后处理和监管转向事前预防，指出技术创新、市场机制、生态环境政策与预防性思维是"生态现代化"核心构成[1]。全球治理组织则将"治理"定义为"各种公私机构或个人管理其共同事务的不同方式之和。它能协调相互矛盾或有不同利益的主体，并采取联合行动的持续过程。这其中既有迫使各主体服从某些规则的正式制度，也有各主体自愿形成，符合其利益的非正式制度[2]。"

第二，将现代化理解为实现生态环境治理的新方式、新途径。生态环境治理是充分应用法律法规、市场、经济、科学技术、教育等多种手段协调人

---

[1] 郇庆治、耶内克：《生态现代化理论回顾与展望》，《马克思主义与现实》2010 年第 1 期。

[2] 俞可平：《治理与善治》，社会科学文献出版社，2000。

类与生态环境之间的关系，实现经济发展与生态环境保护的双赢，满足人类社会生存与发展的需要。即生态环境治理的直接对象是政府、企业和公众等多元主体的行为，而最终对象则是生态环境与自然资源，通过对不同主体行为的限制和规定以达到生态环境质量提升、自然资源高效利用的目标。生态环境治理的现代化意味着充分应用现代化环境治理方式，从传统的治理方式转型成为使用现代化治理思维、技术、过程等的发展模式①。同时，生态环境治理现代化包含治理体系的现代化和治理能力的现代化，是二者的有机结合，其中生态环境治理体系具体包括治理理念、治理主体、治理方式、治理绩效考核（见图1），是综合运行体系，是健全的制度体系；生态环境治理能力则是各个不同治理主体的执行能力②。治理体系强调的是多种构成要素本身，治理能力则强调构成要素的运转、功能的发挥。因此，生态环境治理现代化意味着一方面要进行多方式、多范畴、多主体的体系构建，另一方面要不断提升各主体自身的治理水平、彼此之间的协调程度，通过政策、法律法规等进行有效治理。本研究将基于这一视角，分析上海生态环境治理现代化建设的主要构成特征与发展目标、存在的问题，进而提出相关对策建议，为上海率先完善和推进生态环境保护现代化做出贡献。

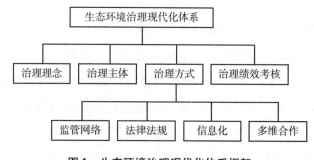

图1　生态环境治理现代化体系框架

---

① 范凤霞：《我国环境治理现代化的实现机制研究》，硕士学位论文，山东建筑大学马克思主义基本原理专业，2016。

② 田章琪、杨斌、椋埏渝：《论生态环境治理体系与治理能力现代化之建构》，《环境保护》2018年第12期。

三 上海生态环境现代化建设的基础

（一）上海生态环境治理现代化建设的意义

上海雄厚的经济基础、卓越的科技创新能力、领先的生态文明建设理念，为其成为全国生态环境保护工作的先行者、试验区、示范区提供了物质基础、技术条件和发展方向。具体来看，上海生态环境保护工作起步较早，自 2000 年启动第一轮环保三年行动计划，至今已进入第七轮三年计划，成效显著，"有针对性地解决了一批突出环境问题，污染治理力度不断加大，源头防控和绿色发展加快推进，全社会环境治理体系初步形成，全市生态环境质量持续改善①"。2017 年 4 月，中央环保督察组表示，上海市环境保护工作总体走在全国前列。因此，新时期面对国家提出的生态环境治理现代化任务，上海市积极探索推进生态环境治理体系和治理能力现代化是有可行性的。此外，生态环境治理现代化是我国推进和实现国家治理体系和治理能力现代化的重要构成之一，上海作为长三角一体化、长江经济带、"一带一路"等多个战略的核心节点、龙头城市，积极推进生态环境治理现代化发展有必要性。

（二）上海生态环境建设的成绩与不足

在生态文明思想的指导下，上海生态环境保护与建设已取得显著成绩，领先于全国各省市。第一，污染治理领域，截至 2017 年，上海市环境质量明显改善，空气质量指数（AQI）优良率为 75.3%；主要污染物排放量明显下降，$PM_{2.5}$ 年均浓度下降为 39 微克/立方米，较上年下降 13.3%，PM_{10} 年均浓度为 55 微克/立方米，较上年下降 6.8%，SO_2 年均浓度为 12 微克/立方米，较上年下降 20%，三类污染物排放量都实现年均浓度下降至历年最

---

① http://www.shanghai.gov.cn/nw2/nw2314/nw2319/nw12344/u26aw55541.html.

低值（见图2、图3、图4）；水体质量方面，全市主要河流水质较上年均有改善，在主要河流断面中，Ⅱ～Ⅲ类、Ⅳ～Ⅴ类水质分别上升7%和8.9%，劣Ⅴ类断面比例下降了15.9%；全市环境噪声质量基本稳定，辐射环境均达到标准水平，总体情况良好。然而，上海仍然存在严重的臭氧污染，在2017年臭氧在污染日中首要污染物占比达57.8%；水环境中氮磷依然为主要污染物，严重影响上海市整体水质的改善。

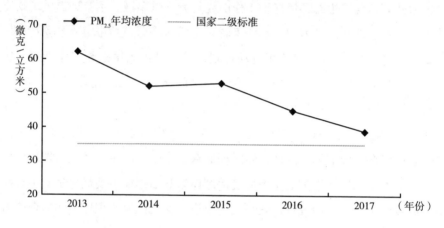

图2　2013～2017年上海市PM$_{2.5}$年均浓度变化趋势

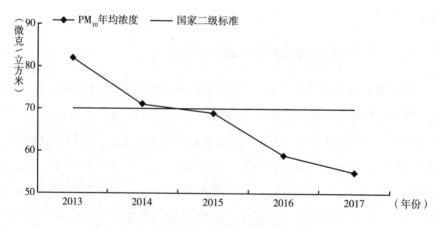

图3　2013～2017年上海市PM$_{10}$年均浓度变化趋势

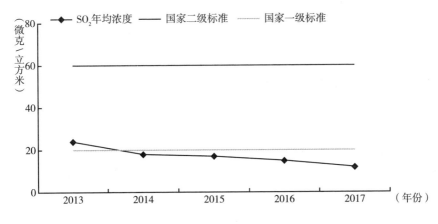

图 4　2013～2017 年上海市 SO_2 年均浓度变化趋势

四　上海生态环境治理现代化建设的构成特征与发展目标

基于上海经济发展、生态环境保护、科技研发、社会管理等多领域的实际情况，从生态环境治理现代化内涵着手，关注上海市的生态环境"谁来治理、如何治理、治理效果如何"等关键问题，从理念、主体、方式、绩效考核等方面分析上海市生态环境治理现代化建设的构成特征与发展目标。

（一）生态环境治理理念

党的十八大以来，我国各省市积极探索生态环境建设的理论与实践，上海产业转型升级与创新驱动的发展模式为新时期现代化的生态环境治理建设提供了机遇。行动要靠理念来指导和推进，上海生态环境治理现代化建设过程中坚持了以下几方面的科学理念。第一，坚持可持续发展理念，强调人与自然和谐相处，在生产生活中遵循自然规律、提升资源利用效率、保护生态环境。第二，树立和践行"绿水青山就是金山银山"的理念，充分推进绿色发展模式，实现经济发展和生态环境双赢目标。第三，生态环境治理是体现为生产方式、生活习惯、生态建设全方位的现代化建设，因此既要处理人与自然的关系，也要处理人与人之间的关系。总体而言，上海市生态环境治理现代化是基于科学的理念展开。

（二）生态环境治理主体

现阶段无论是国家宏观尺度还是公民微观尺度对区域内部生态环境破坏、污染、修复、治理等问题的关注度都是前所未有的，因此现代化的生态环境治理主体要从传统的政府部门自上而下的行政治理转向政府、企业、社会组织与公众多元主体共同参与，要明确生态环境治理并非单一的政府责任，而是需要政府、生产者与消费者各司其职，协调统一。当前上海现代化的生态环境治理主体相对单一，以政府行政管制为主，企业清洁生产的主动性、公众参与决策的意愿与条件不足，但企业与公众已经树立了良好的生态文明素养，对生态环境问题与治理过程高度关注。

不同主体在区域经济社会发展中的定位差异决定了他们参与生态环境治理的方式不同，因此必须根据区域内多元主体的不同特征，发挥其在生态环境治理现代化建设中的作用。首先，政府已经并将长期作为区域生态环境治理现代化建设的第一责任人。在上海生态环境保护与发展历史中，市、区两级政府积极响应，根据各区域国土空间特征确定不同区域生态环境治理改善手段与目标，打造了崇明世界级生态岛品牌，完成了宝钢产业结构调整等多项生态环境治理工作。未来生态环境治理过程中，政府治理的现代化主要体现在以下三个方面。第一，价值理念的塑造与坚持，坚持人与环境的和谐相处，生态与生产、生活的协同发展是政府管理和服务的前提。第二，制度创新与政策实施，制定相关的法律法规、政策、标准、规划，提供现代化生态环境治理的基础设施与公共产品，并保证上述制度的执行力和约束力。第三，转变政府生态环境治理过程中的定位，从"管制型"政府向"服务型"政府转型，强调法治化和市场化作用并行①。

---

① 李臻：《国家治理现代化背景下生态治理现代化的路径探析》，《领导科学论坛》2018年第5期。

企业作为经济生产的基本单元，是生态治理的直接对象和主力。因此，企业要变被动为主动，在生产活动组织过程中积极满足现代化生态治理的需求，发展绿色产业，推行清洁生产，调整产品内容，减少资源消耗和污染物的排放，不仅严格遵守环境质量和污染物排放等各类标准，而且要积极创新，开发新产品、新技术和新模式，争取实现"波特假说"（合适的生态环境管制会刺激企业不断创新，生产低污染产品或高效利用资源，不仅有助于改善环境质量，而且可以降低成本，提供新的经济发展空间[①]）。

公众既是经济活动和服务的消费者，也是生态环境保护的利益相关者，在现代化的生态环境治理体系中，公众同样成为主体之一，因此要强调其对区域生态环境治理的参与程度，不仅是简单的关注、被影响和对现有生态环境发展的满意度进行判断，而且要积极主动，合法高效地监督、选择、出谋划策。上海市民受教育程度水平普遍相对较高，有参与生态环境治理现代化建设的条件。

多元主体共同参与已在生态环境治理现代化理论研究和政府工作中形成共识，然而当前多元主体的关注范畴还只处于强调参与主体数量、参与次数、参与方式等的初级阶段，在参与数量增加的基础上，现代化生态环境治理应更加强调参与质量的提升，即各参与主体间的协同发展[②]。

（三）生态环境治理方式

1. 生态环境监管网络综合建设

作为生态环境治理的事实依据，上海市生态环境监测总体而言经历了从个别点分散监测到全域联动监测、从现状污染源监测到预测预警、从地面人工监测到地面和天空多途径监测的变革。其监管网络的发展目标是从单一粗放的"废气、废水、废渣"监测发展成为覆盖全域海陆一体、多领域、多

---

① 余伟、陈强：《"波特假说"20年——环境规制与创新、竞争力研究述评》，《科研管理》2015年第5期。
② 王芳、黄军：《政府生态治理能力现代化的结构体系及多维转型》，《广西社会科学》2017年第12期。

指标的集成型监测体系；逐步制定科学的监测路线、方法、技术标准、评价体系；构建实时监测的大数据平台，为生态环境治理现代化建设中的预防预警、风险监测与防范提供技术支撑；监管主体除市区环保部门外，还要纳入市场中其他社会化监测服务机构，规范其专业水平，构建行政化与市场化协同的监管网络；加强监测信息的公开与共享程度，以响应公众参与生态环境治理的发展趋势与目标。

当前上海正在积极建设覆盖水、土、气、海洋、噪声、辐射等多领域的生态环境监管网络，特别是强调其在信息化、开放化等方面的建设。信息化方面，上海已有一批环境监测社会化服务机构，生态环境局近期启用了"上海市环境监测社会化服务监管系统"，特别是重点污染企业定点监管方面，上海市 2018 年重点排污单位于 11 月底均已安装各类自动监测设备，截至年底各类监测设备将与生态环境主管部门联网，确保各监测点数据有效传输率达到 90%。开放化方面，截至 2018 年底，上海市全部环境监测站点将面向社会公众开放，接受学习和参观，其中市环境监测中心作为首批对外开放单位，2018 年已接待来访 47 批超过 1000 人，这种开放既有利于公众对生态环境理念的学习和接受，也提升了市民对居住生态环境的了解、参与和监督程度。

2. 法律法规建设

上海市在生态环境领域的相关法规、政策体系随着时代发展不断完善，"十二五"期间，出台了《上海市大气污染防治条例》等法规，制订了 12 项标准，颁布了包括生态补偿、环保电价等内容的政策，实现了司法、行政相结合。2017 年进一步出台了土壤、污水、废弃物等细分领域相关法规，规定了不同行业的排放标准，并于 2017 年 12 月 8 日根据《中华人民共和国环境保护法》及相关法律法规，结合本市社会经济、生态环境发展的实际情况，修正了《上海市环境保护条例》，市生态环境局据此也配套了系列规定，实现了运用法律武器进行生态环境建设和污染治理，确保了有法可依。在执法层面，上海市曾因部门间联动机制建设不足，造成执法力度不强的困扰。2017 年 4 月，中央环保督察组指出上海市生态环境相关部门执法监管中存在执法不力、偏软偏弱的问题，特别是各部门间相互配合、共同联动的有效机制尚未形成，导致约 800 家被责令停产整改的企业未达标依然正常生产，现有的危险品仓储企业未经过环评审批。对此，上海市生态环境局于同年 9 月与上海市经信委、公安局、检察院等部门合作，发布了确保环境保护的行政执法与刑事司法衔接的相关通知，不断加强生态环境执法力度。

总体上，上海市生态环境法制建设的目标主要包括如下两个方面。一方面是通过相关法律、法规等的制定与执行，构建良好的法制环境，确保在生态环境治理现代化建设过程中有法可依。另一方面是协调和统筹各相关部门的法律法规、制度政策、机制体制等，确保形成高效的现代化生态环境治理体系。

3. 依托大数据的信息化建设

信息时代，海量大数据成为区域发展的重要战略资源，作为生态环境治理现代化建设的重要内容，生态环境信息化建设正是在获取、整合、应用大数据的基础上展开。第一，大数据突破了传统依靠人力获取生态环境问题的事后信息模式，借助高端信息通信技术，即时获取特定区域生态环境相关数据，做到事前事后双重信息获取，特别是针对突出的环境问题与重点企业，为有效的生态环境治理提供支持，有利于实现生态环境监管的精准化；第二，大数据能够提供横向区域间的、纵向时间序列的生态环境数据，依托海量数据模拟生态环境问题的起因、不同治理方法的效果，为区域生态治理提供了更广阔的平台，有利于政府科学决策的实现；第三，大数据能够为多元主体参与生态环境治理提供便利，大数据公开共享，从根源杜绝了企业或相关部门对生态环境数据虚报瞒报、弄虚作假，为多元主体间相互合作提供基础条件①。

《上海市环境保护和生态建设"十三五"规划》中，就各项生态环境任务和目标的实现提出了 9 项保障措施，其中明确指出要全面提升环境信息化水平，完善数据中心，构建环境保护的网络平台，加快数据信息共享等。

① 孙荣、张旭：《国家生态治理现代化的云端思维》，《情报科学》2017 年第 7 期。

2018年4月，上海市环境保护局与气象局签订协议共建大数据平台。总体而言，当前上海生态环境治理的信息化建设还处于摸索阶段。

4. 多维合作

现代化的生态环境治理绝非单个区域、单个部门的封闭治理，因此上海生态环境治理建设工作中需要从三个层次展开合作。

首先，市内合作。作为我国生态盈余区①，上海总体生态环境质量良好，但内部区域间生态基底、资源环境、产业发展方式等差异较大，有生态环境优越、生态资源丰富的世界级生态岛崇明岛，曾经以重污染工业为主的宝山区，以高新技术产业为核心产业的浦东新区，人口高度集中、生态空间和资源环境约束突出的多个中心城区等，市不同区域的生态环境治理建设目标、路径各不相同，因此为提升整体生态环境治理质量，市各区域间需要通过制定与协调全域生态产业体系、重点项目建设、绿色发展技术与经验共享等形式相互合作。

其次，区际合作。随长三角、长江经济带的城市化、一体化发展进程的加快，跨区域生态环境污染问题的突发性、不确定性和高危性日益显现②，对跨区域生态环境共同治理的需求也日渐迫切。上海位于长江流域下游、长江入海口的地理位置，其功能区定位是区域一体化发展的龙头城市、"一带一路"发展的桥头堡等，自然区位和社会经济发展地位两方面均决定了在生态环境治理过程中开展区际合作的必要性。一方面，在长江经济带生态共同体中，上海要积极创建和实施以长江流域排污交易权、生态补偿机制为核心的跨区域治理体制的创新③。另一方面，上海要充分发挥其经济发展、科技创新、生态环境建设等方面的领先优势，为其他区域生态环境保护与建设提供环保技术支持，共享绿色产业发展利益，推广机制体制创新经验。

① 刘举科、孙伟平、胡文臻：《中国生态城市建设发展报告》，社会科学文献出版社，2013。
② 张萍：《冲突与合作：长江经济带跨界生态环境治理的难题与对策》，《湖北社会科学》2018年第9期。
③ 周冯琦、尚勇敏：《上海对接推进长江经济带生态共同体建设研究》，《社会科学》2018年第9期。

最后，部门合作。区域内生态环境治理是一项宏大的系统工程，现代化的生态环境治理体系要强调多部门联动，结合《上海市城市总体规划（2017~2035年）》中"多规合一"的要求，上海生态环境治理现代化建设过程中生态环境部门要加强与产业发展部门的合作，构建绿色产业、生态产业发展体系；与信息化部门合作，构建生态环境治理的信息化平台；与科技部门合作，充分研发和转化相关生态环境保护与建设技术；与教育部门、新闻出版部门合作，加强企业与公民的生态环境保护理念与知识教育；与交通、水务、卫生、绿化、土地等专项部门合作，有针对性地解决上海市水环境、大气环境、土壤环境、固体废弃物污染防治四个方面的突出问题。总之，上海现代化生态环境治理过程中要发挥多部门的协同作用，改变传统政府不同职能部门间各自为政，过分注重自身利益的碎片化思维，要塑造生态环境在区域发展中的整体性思维。

（四）生态环境治理绩效考核

绩效考核是解决生态环境"治理效果如何"的问题，即确保生态环境治理能够依据已有法律条令、政策规定实施与开展，并判断其实施的绩效。监督考核具有双重功能，其首要功能是作为依法治理生态环境的关键抓手。为避免形式主义，确保区域生态环境治理的实现，需要发挥监督作用，对经济发展高于一切的传统思维和权力模式进行制约。同时，评价考核是推动现代化生态环境治理的可靠途径，通过科学合理、健全完备的生态环境评价体系，对各区域各部门生态环境治理的现状与成果实行考核，既能量化治理效果，又能建立激励与容错双重机制，并查漏补缺，有针对性地对标成功经验，形成良性的生态环境治理氛围。

上海市已于2017年5月参照中央环境保护督查模式，出台了《上海市环境保护督查实施方案（试行）》，并于2018年7月全面启动生态环境保护的督查工作，重点就区域内政府及相关部门、重点工业园区的生态环境保护决策部署、责任落实、目标实现度、突出生态环境问题解决情况等方面进行监督；2018年9月进一步颁布《上海市生态文明建设目标评价考核办法》

及相关指标。总体上，上海市生态环境治理现代化建设过程中，监督与考核工作正在日渐完善。作为我国生态文明建设与环境保护成效显著的区域，构建合理完善的生态环境监督体系有助于在城市发展过程中自查自检；在此基础上，对标发达国家经济发展与生态环境一体化发展程度较高的区域，创新生态环境考核系统，有助于加速生态环境治理现代化的进程。

五　上海生态环境治理现代化建设中存在的问题

上海作为全球城市、科创中心、长三角与长江经济带的龙头，以生态环境治理现代化建设为核心的生态环境制度创新已被纳入区域发展规划中。然而，在发展和实践中主要还存在以下几方面的显著不足。

第一，部门间合作条件不足。在经济、政治、文化、社会和生态文明"五位一体"的建设格局下，各部门各领域已理解和认识到生态文明建设的重要性，但从意识到实践落地还有一定难度。一方面，各部门在生态环境治理实践中全方位转变职能和调整行为，主动将生态环境治理秩序"前置"难以实现。另一方面，生态环境治理强调统一性，但现有生态环境管理体制存在明显的行政分割，环境保护职责分属多个部门，缺乏合作的相关标准与条件，被动管理也存在一定障碍。

第二，多元治理主体权责不清，市场机制尚不健全。尽管上海已尝试为公众和企业参与生态环境治理提供基础条件，但公众参与主要还是随机且无序性的，更关注某次出现的空气污染、水污染等现象，缺乏科学有效的生态环境治理认知。以企业参与为主的市场治理机制还处于起步阶段，主要表现在资源定价、生态环境污染处罚、绿色企业认定与支持等均不明确，因此生态环境治理过程中市场作用难以实现。

第三，生态环境治理的信息化程度不高。上海高新技术产业、电子信息产业发展的高水平，网络用户与宽带接入的高比率表明生态环境治理实现信息化发展的硬件条件已具备，但以生态环境治理为目标和服务主体的大数据平台建设尚在探索中。根据中国政府网公布的数据，我国各级政府掌握有

80%的信息数据资源，但尚未共享①。因此数据共享平台建设的信息源主体是政府，如何安全、高质量地分享数据，如何科学合理地应用数据资源是未来信息化建设的难点与重点。

六 上海生态环境治理现代化建设的对策建议

基于上海市生态环境治理现代化的发展目标、现状特征、存在的问题，结合上海市经济、文化、科技、地理等多维度的区域特性，可以共性和特性两个方面提出上海生态环境治理现代化建设的对策建议。

（一）上海生态环境治理现代化建设的共性途径

共性途径主要包括加强法制建设、鼓励多元主体合作治理。一方面要加强法制建设。法律是国之重器，完善的法律法规体系是生态环境治理现代化建设的基本保障。要推动上海市生态环境领域法律法规的现代化，一是要全面科学立法，不仅出台针对上海市生态环境问题，如水质、空气质量、重点污染物等领域的专项法律，而且要加强对已有法律的修订、补充、配套，强化法律体系的指导性和操作性。同时，强调和发挥问责机制的作用，构建法治与社会监督的二元结构。二是要严格执法，重点关注隶属于多部门管理的企业的法治情况，而且要加强环境执法后的督察，进一步追踪整改效果。三是要提高全民的守法意识。生态文明理念、绿色生活与消费理念已成为社会共识，但在生态环境治理中，公民的法律意识还相对淡薄。

另一方面，鼓励多元主体的合作治理。政府作为第一责任人，要以创建多元生态环境治理主体为导向，从软、硬件方面为企业和公民参与生态环境治理提供便利；企业作为生态环境治理的直接对象，通过税收、财政等渠道鼓励其主动调整生产模式，增加绿色产品产出，承担生产者延伸职责，实现从初期生产到最终消费全过程的生态环境友好；生态环境治理涵

① http：//www. gov. cn/xinwen/2016 – 07/27/content_ 5095367. htm.

盖了日常生活的所有环节，公民的生态环境价值观、行为偏好等都直接影响生态环境治理的质量，因此公民掌握相关知识、积极参与生态环境治理意义重大。

（二）上海生态环境治理现代化建设的特性途径

上海生态环境治理现代化建设的特性途径主要包括以下三方面。

首先，促进生态环境治理现代化建设中区际合作的实现。生态环境问题不是地方性、封闭性的问题，因此需要跨区域多方合作，共同解决。上海市的地理区位及其在长三角、长江经济带发展中的战略定位，决定了生态环境治理现代化建设中进行区际合作，发挥协同效应的重要性。对此，考虑由上海市牵头、国家相关部门领衔、长江流域各省市共同组建跨长江流域生态环境治理的综合办公室，建立区域协作机制，推进流域上中游地区生态补偿、排污权交易等的实现，推动差异化生态环境治理技术的开发，发挥区域协同效应。

其次，完善和推动有利于生态环境治理现代化的市场机制构建。当前在生态环境保护和生态治理过程中，市场作为配置生态环境资源的重要手段，其作用尚未发挥。上海对标欧美国家发展成熟的全球城市，在借鉴国际生态治理经验的基础上，创新制度，特别是推进市场化作用，有助于开启生态环境建设新领域，引领我国生态环境建设的制度创新。要充分发挥市场的调控作用，以市场信号引导区域经济行为，激励企业在生态环境治理现代化建设中发挥能动性；要以市场供需为根本建立健全生态环境相关资源产权制度，明确其定价和税收；要推进生态补偿机制、排污权交易等的可操作性，扩大和完善生态环境治理中市场的作用范围和作用机制。

最后，充分应用信息化资源，加强生态环境的科学治理。上海生态环境建设相关技术在全国处于领先地位，基于良好的基础，以信息产业为依托，充分发挥上海市区域科技优势有助于生态环境治理现代化快速高效的实现。具体而言，政府积极构建生态环境大数据共享平台，鼓励企业充分结合数据资源，创新相关生产技术，同时政府牵头，组织政府、企业、高校、研究机构等共同挖掘大数据信息，梳理现代化生态环境治理的可行方向，并加强重大项目的联合攻关建设。

参考文献

郇庆治、耶内克：《生态现代化理论回顾与展望》，《马克思主义与现实》2010 年第 1 期。

李臻：《国家治理现代化背景下生态治理现代化的路径探析》，《领导科学论坛》2018 年第 5 期。

刘举科、孙伟平、胡文臻：《中国生态城市建设发展报告》，北京：社会科学文献出版社，2013。

孙荣、张旭：《国家生态治理现代化的云端思维》，《情报科学》2017 年第 7 期。

田章琪、杨斌、椋埏渝：《论生态环境治理体系与治理能力现代化之建构》，《环境保护》2018 年第 12 期。

王芳、黄军：《政府生态治理能力现代化的结构体系及多维转型》，《广西社会科学》2017 年第 12 期。

俞可平：《治理与善治》，社会科学文献出版社，2000。

余伟、陈强：《"波特假说"20 年——环境规制与创新、竞争力研究述评》，《科研管理》2015 年第 5 期。

张萍：《冲突与合作：长江经济带跨界生态环境治理的难题与对策》，《湖北社会科学》2018 年第 9 期。

周冯琦、尚勇敏：《上海对接推进长江经济带生态共同体建设研究》，《社会科学》2018 年第 9 期。

B.13
上海推进污染防治的路径探讨

裴蓓 艾丽丽 刘扬*

摘　要： 本文结合国内外环境保护发展形势分析，对上海现阶段主要的环境问题进行了梳理，提出了在生态环境质量、环境管理方面的不足，对水、气、生态等重点环境污染防治领域提出了中长期的治理路径。应考虑：有机推进城市水环境点面源的综合治理，强化流域协同防治；全面促进城市节能低碳发展，实现大气点面源的治理升级；坚持生态环境优先，积极调控生态环境，提升生态服务功能。

关键词： 生态之城　污染防治　路径

一　前言

改革开放 40 年，实现了我国经济社会的跨越式发展，同时也带来了巨大的环境问题。新时期，人民群众对生活环境的要求日益提升，污染防治已经成为我国三大攻坚战之一，也是上海建成令人向往的生态之城的主要任务之一。如何顺应生态文明建设的要求，结合上海市自身的发展特点，在未来选择怎样的环境污染治理目标和战略路径，对上海建设全球城市具有重要的影响。

* 裴蓓，上海市环境科学研究院高级工程师，主要研究领域为环境规划、标准与管理；艾丽丽，上海市环境科学研究院工程师，主要研究领域为环境规划、污染源空间解析；刘扬，上海市环境科学研究院工程师，主要研究领域为上海市环境规划与管理政策研究。

二 生态之城建设需求和发展形势分析

（一）生态之城定位及内涵

1. 生态之城目标定位

上海市于 2016 年 11 月正式发布了《上海市城市总体规划（2017～2035年)》（以下简称"上海 2035"），这是这座长江经济带龙头城市未来近 20 年的城市发展蓝图。根据"上海 2035"规划，上海将着力构建"卓越的全球城市"，建设成为令人向往的创新之城、人文之城、生态之城。作为中国的直辖市之一，上海是全球人口规模和面积最大的都会区之一。自开埠以来，上海凭借其独特的地理优势，逐步发展成为远东第一金融中心。新中国成立后，上海成为国家重要的工业基地，为新中国的经济复苏做出了重要贡献。20 世纪 70 年代末改革开发以后，上海又一次面临转型，以建设成为国际经济、金融、贸易、航运中心和社会主义现代化国际大都市为目标，努力推进全市向更高层级发展。"上海 2035"规划的发布，谋划了新一轮城市发展的布局，其提出的"生态之城"建设目标，就是要"坚持节约资源和保护环境的基本国策，持续改善空间资源环境和基础设施，满足人民日益增长的优美生态环境需要，建设天更蓝、水更清、地更绿，人与自然和谐共生的美丽上海。构筑城市生态安全屏障，不断提升城市的适应能力和韧性，成为引领国际超大城市绿色、低碳、安全、可持续发展的标杆。努力开展气候变化的积极应对，营造绿色开放的生态网络，建设科学全面的环保治理体系，形成稳定高效的综合防灾能力①"。

2. 生态之城具体设想

围绕建设卓越的全球城市目标，处理好社会发展与环境保护、生态引领与环境约束的关系，应遵循三大发展战略。

一是生态环境优先、坚持可持续发展。以资源环境承载力为基础，促进

---

① http：//www. shanghai. gov. cn/newshanghai/xxgkfj/2035001. pdf.

经济和产业发展转型，着力控制城市发展规模、资源能源消耗以及污染物排放总量，建立环境底线思维，不断提高城市可持续发展水平。

二是调控生态空间、优化科学发展。以生态红线作为城市空间发展的基本控制机制，逐步形成对城市生态功能的空间保护体系，实施严格的保护和管理制度。

三是提高环境公共服务水平、保障绿色发展。以改善环境质量、维护人居环境健康安全作为根本出发点和立足点，不断提高环境公共服务水平，促进人与自然的和谐，提高城市发展品质。

到 2035 年，上海城市生态环境全面实现清洁、安全、健康，达到国际发达国家及城市先进水平；形成以生态文明指导城市及区域经济建设、政治建设、文化建设、社会建设的完善制度体系和实施推进体系，城市可持续发展能力显著增强，生态环境管理的区域辐射力及优化区域发展的指引力和协调力明显提升，有效带动长三角区域环境质量全面改善，建设成为生态环境良好、绿色产业发达、环境管理先进、环境文化丰富、参与主体多元，具有全球优势资源吸引力、影响力、引领力、配置力的全球城市。

（二）生态环境保护趋势分析

1. 国际层面

工业革命以后，环境问题逐步成为一个严重的社会问题。20 世纪初至 20 世纪中叶发生的八大公害事件震惊世界，也引发了全球第一次环境保护浪潮，迫使各国更多地介入到经济活动中，对可能产生环境污染及破坏的经济行为进行限制和管理。[①] 20 世纪 60 年代末至 70 年代初，世界上许多国家通过立法的方式明确了环境保护是国家的一项基本职责，并陆续颁布了环境保护基础法。从环境保护管理手段来看，初期的环境管理以政府全面介入为主，强制性手段占绝对主导地位。但随着政府干预的增加，出现了"政府失灵"的局面，市场机制开始被引入环境管理中，包括环境税费、排污交

---

① 李挚萍：《20 世纪政府环境管制的三个演进时代》，《学术研究》2005 年第 6 期。

易等逐渐成为许多国家的环境政策主流。进入 20 世纪 80 年代后，包括酸雨、气候变化、生物多样性消失等各类环境问题都严重威胁着人类社会的生存发展，在国际社会上掀起了新一轮的环境保护浪潮，可持续发展成为新的发展潮流。在《我们共同的未来》一书中，将可持续发展定义为"既满足当代人的需要，又不对后代人满足其需要的能力构成危害的发展①"，这一定义在国际上被广泛接受。在环境政策上，传统的以"命令—控制"为主的管制手段已不足以实现可持续发展目标，更多建立在自愿和多元合作基础上的环保措施被大量采用，同时鼓励公众的参与，发挥社会支撑和制衡作用。很多国家都将公众参与程序融入各项环境管理和环境决策程序中。环保团体作为公众参与的主体也在迅速发展壮大中。管制手段、市场机制及公共参与机制的三者融合成为当今环境保护的主旋律②。

2. 国家层面

党的十八大报告中提出，"把生态文明建设放在突出的地位，融入经济建设、政治建设、文化建设、社会建设的各方面和全过程，努力建设美丽中国，实现中华民族的永续发展③"。党的十九大报告进一步将生态文明建设和生态环境保护工作提升到前所未有的战略高度，提出将"坚持人与自然和谐共生"作为新时代坚持和发展中国特色社会主义基本方略。近年来，我国加快了环保立法，陆续修订完成了《环境保护法》《大气污染防治法》《水污染防治法》等。提出了生态文明体制改革的方案，构建起由自然资源资产产权制度、国土空间开发保护制度、空间规划体系、资源总量管理和全面节约制度、资源有偿使用和生态补偿制度、环境治理体系、环境治理和生态保护市场体系、生态文明绩效评价考核和责任追究制度八项制度构成的产权清晰、多元参与、激励约束并重、系统完整的生态文明制度体系，实现治理能力现代化④。自 2013 年起，国

---

① 世界环境与发展委员会：《我们共同的未来》，王之佳、柯金良等译，吉林人民出版社，1997。
② 李挚萍：《20 世纪政府环境管制的三个演进时代》，《学术研究》2005 年第 6 期。
③ 《坚定不移沿着中国特色社会主义道路前进，为全面建成小康社会而奋斗》，《人民日报》2012 年 11 月。
④ http：//www.gov.cn/guowuyuan/2015－09/21/content_ 2936327. htm.

家陆续发布了涉及大气、水和土的专项行动计划。根据中央的总体目标，到
2035 年要实现生态环境的根本好转，美丽中国目标基本实现；到 2050 年实现
物质文明、政治文明、精神文明、社会文明、生态文明全面提升，绿色发展
方式和生活方式全面形成，人与自然和谐共生，生态环境领域国家治理体系
和治理能力现代化全面实现，建成美丽中国①。随着国家生态文明建设和体制
改革的加速推进，生态文明理念已逐渐成为国家意志和全民意志。绿色发展
作为我国五大发展理念之一，已逐步深入社会文化和经济发展等各个领域。

3. 全市层面

2000 年以来，上海依托环境保护和环境建设协调推进机制，按照"四
个有利于"（有利于城市功能的提升、有利于产业结构的调整、有利于生态
环境的优化、有利于市民生活质量的改善）和"三重三评"（重治本、重机
制、重实效，社会评价、市民评判、数据评定）的指导原则，滚动实施了
七轮环保三年行动计划，分阶段解决工业化、城市化进程中的突出环境问题
和城市环境管理中的薄弱环节，实现了重大环境基础设施的逐步完善，生态
环境质量持续改善，各领域绿色转型取得成效。面向新时期，上海市委、市
政府将生态文明建设放在城市经济社会发展全局的突出战略位置，以改善环
境质量、推动绿色发展、增加绿色空间、确保环境安全四大战略进行部署，
坚持打好污染防治攻坚战，力争走出一条符合特大型城市特点和规律的绿色
发展和环境保护新路子，各项工作继续走在全国前列。

三　上海生态环境保护面临的主要问题

（一）生态环境质量层面

1. 复合型环境问题突出

近年来，上海市环境污染问题日趋严峻。经济总量、人口规模、机动车

---

① http：//www.xinhuanet.com/politics/leaders/2018 - 05/19/c_ 1122857595.htm.

数量不断扩大，能源消耗居高不下，工程减排潜力不足，使上海环境污染逐步呈现"复合型、区域性、压缩型"态势。

大气环境方面，虽然受气候、气象条件及地理位置的影响较大，但上海市本身大气污染的结构性特征仍较为显著，以细颗粒物和臭氧超标为代表的复合型大气污染尚未得到有效控制。相关研究显示，目前引起二次污染（包括部分 $PM_{2.5}$ 和臭氧）的主要污染物是 VOCs 和 NOx。污染成因包括以下几个方面：①城市能源消耗总量较大，能源消费结构仍以燃煤为主；②产业结构依然以重工业为主，重工业占到工业产值的 70% 以上，尤其是钢铁、石化行业占比大，行业污染物排放总量较高；③机动车数量增长较快，2017 年全市机动车保有量达到约 360 万辆，通行车辆较多和低速通行带来的机动车尾气污染是 NOx 和多环芳烃排放的重要来源之一。此外，空气环境质量改善的另一大难度在于输入污染的影响，近几年的长距离大范围的跨境污染更为突出。

水环境方面，上海水环境历经多年的综合治理，地表水环境质量取得了明显的改善，但氨氮、总磷的超标情况仍较为突出，水体的富营养化情况较为严重。上海地处太湖流域和长江流域的最下游，本地水质受上游影响严重。2015 年，上海市的主要河湖入境断面水质为Ⅲ类（长江）～劣Ⅴ类（吴淞江），其主要的污染指标就是氨氮和总磷。而上海本地的污染问题仍较为突出。虽然上海市的城镇污水处理率已经达到了94.5%，但仍存在大量的基础设施薄弱环节，雨污水管网混接、错接情况突出，泵站放江问题难以得到有效解决；郊区水质受畜禽养殖影响较大，城乡接合部人口导入量大，基础配套设施未能及时跟上，生活污水的直排问题对水体影响较大。

复合型的环境问题还表现在近岸海域污染、土壤污染、化学品、持久性有机物等多种新型环境污染问题集中显现；城乡环境差异明显，外来人口集聚区、农村地区生活污水直排、村中厂污染等现象仍然存在。

2. 区域生态安全存在风险

饮用水方面，上海市"两江并举、多源互补"的供水结构已经形成。随着金泽水库的建成通水，一举改变了原有从黄浦江松浦大桥开放式水源地取水的局面，供水安全得到了有效的提升。但需要正视的是，受空间地理位置和区域发展影响,饮用水水源的安全风险依旧存在。首先,上海市水源地均位于流域下游,受上游水质影响巨大。长江和太浦河的上游来水总氮、总磷浓度均较高,使长江口各水库及金泽水库面临着较高的富营养化风险。而上游沿途工业企业,特别是化工石化、纺织等行业排放的重金属、苯系物、多环芳烃等各种致癌致畸污染物,均是威胁饮用水源水质的巨大隐患。其次,上海现有的四个集中式水源地都位于通航航道,高密度的通航船舶及复杂的通航条件易产生由流动源带来的突发性环境污染事件,对水源地造成一定的安全风险。长江口水域的危险化学品就多达60多种,包括了各类有机物和无机物。而对长江口的水库而言,还面临着咸潮入侵的风险。监测数据显示,枯水季是长江口水源地咸潮入侵的主要时段。2013～2017年,青草沙水库至少受到约15次的咸潮入侵。

土壤方面,由于城市高强度发展等历史性因素,上海的土壤环境问题较为突出并且复杂。首先是工业源历史久、影响大。工业企业遗留场地和各类历史遗留地的基础信息(包括土壤和地下水)仍需要详细调查梳理,环境安全隐患依旧存在。其次是交通污染影响呈现上升趋势。随着社会经济的发展,上海机动车保有量日益增加,各种机动车辆内燃机排出的废气污染日趋严重,并且含有较高浓度的多环芳烃,是城市中多环芳烃排放的最主要来源,已经对道路两侧土壤环境质量造成负面影响。再次是农业源影响潜在风险较大。局部农业区域部分监测指标存在超标现象,个别重金属和有机物污染指标累积影响明显。最后是浅层地下水环境管理起步晚,基础工作薄弱。地下水基础环境条件脆弱性强,地下水类型主要是松散岩类孔隙水,尤其是潜水含水层(浅层)地下水赋存条件差、埋深浅、富水性弱,易受污染。

此外,由于长期以来城市区域发展与规划缺少统筹协调,造成工业与生活功能区混杂,部分区域大量石化、化工、钢铁、原料药等环境高风险产业基地以及大型污水处理厂排放口与居民区、大学园区、旅游区等交错分布,对周围生态环境质量和生态系统安全都构成较大风险①。

---

① 肖林:《未来30年上海迈向全球城市的生态和能源战略》,《科学发展》2015年第10期。

3. 生态服务功能不足

长期以来，上海市的城市生态系统都面临着城市建设用地规模、比例偏大，生态用地不足和生态空间格局不合理的问题。至 2015 年底，上海市建设用地规模达 3071 平方公里，占全市陆域总面积的 44.4%。而城市绿地林地用地分布不均衡，生态连通性不够，整体效益较差，未能形成良好的生物通道和生态廊道。

上海全市自然生态体系较为脆弱，尤其是生物多样性恢复速度较慢。滩涂的过度围垦与自然滩涂的栖息地质量下降、外来物种的入侵及人为干扰等都对上海市生物多样性恢复构成威胁。由于传统因素和经济生产的需要，沿江沿海区域内的人为干扰依旧存在。近 20 年来，上海滩涂累积圈围 600 多平方公里，约占上海土地面积的 10.31%，导致 1 米线以上滩涂面积萎缩至 1987 年的 62.53%[1]。以崇明东滩为例，近 20 年来，崇明东滩区域每隔数年就会对滩涂进行一定强度的圈围，1988~1997 这 10 年间，圈围面积达到 7898 公顷，圈围强度较大，从而导致植被面积大幅下降，1997 年植被面积降至最低。生境破碎化使得两栖爬行类、小型兽类数量种类急剧下降。大规模的围垦使得原本仅存的生物多样性最为集中、资源量最为丰富的潮上滩和高潮滩，甚至一部分低潮滩都被圈围，水鸟生境受到破坏。

（二）保护措施和管理层面

1. 传统基础设施建设边际效益不断降低

虽然上海污水处理起步很早，可以追溯到租界时期，但直至 2000 年以前，全市的城镇污水处理率并不到 50%。"十一五"时期启动污染物减排后，按照中心城区集中处理、郊区相对集中处理的战略导向，上海大力全面推进污水处理系统建设，完成了全市 53 座污水处理厂的处理处置体系布局，且执行的排放标准由最初的二级标准逐步向一级 A 标准推进。通过工程方式，全面提

---

① 南京航空航天大学课题组：《上海未来 30 年生态城市建设愿景目标及其实施路径》，《科学发展》2015 年第 10 期。

升污水处理总量和处理水平，为实现"十一五"以来下达的总量减排目标做出了积极的贡献。截至2017年，上海的城镇污水处理率达到了近95%，未来单纯依靠基础设施建设所能带来的减排边际效益正不断减少。同样的，大气方面随着二氧化硫、氮氧化物减排工作的推进，电厂脱硫脱氮、燃煤锅炉替代等工程项目陆续上马，使电厂等传统污染源对污染指标的贡献率逐步降低，面源污染、流动源污染的问题逐步显现。而针对此类点大面广的面源和流动源污染而言，难以简单采用工程方式取得较大的减排效益。由此可以预见，仅依靠传统工程方式将难以在未来实现持续的污染物减排目标。

2. 污染治理精细化管控仍需提高

近年来，上海正在积极开展城市精细化管理探索。精细化管理是当今社会城市管理发展的方向和目标，在一定程度上反映着一个城市的文明进步水平。上海提出精细化管理的理念，就是要改变过去粗放型、派活制的管理模式，细化管理内容，量化管理对象，规范管理行为，优化管理体系，创新管理方式。对比精细化管理要求，上海在污染治理管理方面存在明显短板。以上海市中心的泵站为例，泵站放江已经成为困扰市中心水质的重点问题。这其中固然存在后续管网设施能力不足等先天条件影响，但更主要的是粗放型的管理模式并未得到有效的逆转。另外，中国社会已经迎来了移动互联网、大数据的快速发展，并已深刻地改变人们的日常生活。但在环境管理领域，互联网技术、大数据的应用依旧存在较大空白。水环境质量评价仍停留在手工监测的时代，在线监测技术难以得到广泛应用，不能对环境管理进行有效的信息反馈。

3. 多层次污染治理体系有待完善

纵观国际上环境管理手段的发展，由最初的行政许可、审批等命令 - 控制型（Command and Control）方式，逐步开始引入市场机制，产生了包括收费（税）、补贴、信贷等环境经济方式，并已开始走向多方共同参与合作与多手段融合的阶段。而上海的环境管理手段长期以来，仍以命令 - 控制型为主，虽然近年来尝试加强政府补贴等经济手段，但应用范围和时效有限，绿色金融、绿色保险等环境经济手段的推进力度仍需加强。而自愿参与和多元合作的项目很少，全市环境保护工作仍是一种自上而下的模式，政府与公众的互动不够。

对照新时期生态文明建设要求，上海市在制度领域的建设还存在较大缺陷。资源有偿使用和生态补偿制度仍需深化，诸如基本农田、公益林、水源地等领域的"生态有价"理念尚未贯彻，缺乏足够的机制支撑和经济杠杆来促进生态系统维护和经济发展的协调共建。环境保护责任追究制度和环境损害赔偿制度有待建立健全，生态红线制度与管理体制亟待完善。

四　上海污染防治重点领域及路径建议

（一）水环境保护

1. 有机推进城市面源污水治理

自20世纪90年代以来，上海市大力开展城镇污水处理设施的建设，污水处理率大幅提高至接近95%，但合流制溢流污染、分流制雨污混接的问题开始日益显现，成为困扰中心城区水质的一大难题。郊区也面临着生活污水直排污染与农业面源污染的局面。

对上海，特别是中心城区而言，纽约市和伦敦市的治水经验值得借鉴。这两座国际化大城市在发展过程中，也曾因为人口激增、污水直排等因素造成水环境的急剧恶化。为控制水污染，纽约市和伦敦市早在100多年前都开始了污水管网的建设，且均属于合流制系统。19世纪末，两座城市相继开始了污水处理厂的建设，实现了水环境质量的逐步改善。至20世纪50年代，合流制系统的问题逐步暴露，又引起了两座城市相继关注。近年来，两座城市都采用了"工程＋绿色基础设施"的方式来应对城市合流制溢流污染和雨污混接问题，包括提升污水处理厂应对暴雨的能力，建设污水隧道，推进绿色屋顶、绿色道路、雨水花园建设等。而这些改进和建设也被作为应对气候变化的重要手段。

近年来，上海市实现了污水基础设施建设的巨大进展，但和纽约市、伦敦市相比则仍存在着一定的差距。从表1可以看出，上海市污水处理厂的设计处理能力和管网长度均与纽约市相当，污水处理能力已是伦敦市的大约1.8倍，但污水管网长度则仅为其一半左右。从人均设计处理水量来看，伦敦市的人均设计处理水量是人均用水量的3.25倍，纽约市为1.41倍，而上海仅为1.1倍。上海的单位面积管网长度也远远不及另两个城市。

表1　上海市与纽约市和伦敦市污水处理情况对比

城市	面积* （平方公里）	人口 （万）	污水厂数量 （座）	设计处理能力 （万立方米/天）	管网长度 （万公里）
纽约	789	853.76	14	821.3	1.2
伦敦	1572	841.65	9	450.0	2.3
上海	6219	2418.33	53	831.70	1.1

＊此处为陆域面积。

资料来源：New York City Department of City Planning，2016；UK Population Estimates ONS；New York City's Wastewater Treatment System，NYCDEP；《2017年上海市国民经济和社会发展统计公报》；上海市人民政府网站。

对下一阶段上海市的水环境治理而言，进入了点源污染（污水直排为主）和面源污染（城市地表径流）协同考虑的阶段。继续强化污水处理系统建设，包括污水管网的建设，力争到2020年实现全市城镇污水收集处理体系的全覆盖。同时，综合考虑雨水问题。必须将雨水一并纳入城镇污水处理系统进行考虑，至2035年，全市城镇污水处理厂处理规模（含雨水处理）应达到1.5~2倍日均污水量。借鉴纽约市和伦敦市经验，推动灰色基础设施建设和绿色基础设施建设并行，有效降低城市雨水径流影响。启动苏州河深隧工程，并适时推进其他区域雨水调蓄设施建设，降低雨水径流带来的冲击污染，结合污水收集处理体系逐步形成雨水、污水协同控制的基础设施格局。同步推进绿色基础设施的建设，通过可渗透路面、雨水花园、雨水收集桶、生态屋顶等手段，有效控制雨水放江量，在降低城市洪涝风险的同时有效控制地表径流污染，减轻市政处理设施压力，并尽可能实现雨水的减量化和资源化。

2. 继续深化流域协同防治体系

上海市处于长江和太湖流域的下游。研究显示，上海市本地活动对地表水的贡献率有限。而从水污染防治的实际情况看，以流域为单元加强协作，有利于实现水环境质量的有效改善。随着长三角一体化发展上升为国家战略，应进一步推进流域协同防治，完善协同治理机制和监管体系，明确事权划分，建立流域协调、监督和责任追究机制，强化中央统筹和地方协作。要强化统一管理，落实《环保法》明确的"统一规划、统一标准、统一监测、统一防治措施"原则；要强化统筹实施，将流域的水资源保护和水污染防治管理，以及产业发展、城镇建设、航运管理等放在同一个平台上统筹平衡。

落实规划先导，统筹管理目标和功能布局。将长江流域、太湖流域的水资源保护和水污染防治规划合一。处理好发展与保护、上游和下游、流域内和流域外、调水和保水、排污和取水、航运和防污等的关系。特别是处理好水源保护区上游的产业布局和功能定位。

推进标准统一，加快产业转型和污染治理。逐步统一产业准入和退出的标准，防止"结构调整"变成"污染搬家"。加快全流域污水排放标准的对接，按照环境功能分区，实施有差别的污染排放标准，对中上游地区的化工、石化、冶金、有色金属等涉及重金属和持久性有机物等具有累积效应的污染物排放进行从严控制。强化国家层面的环境质量标准、污水排放标准、饮用水源水标准、生活饮用水标准等各类标准的有机衔接，在控制物质、标准限值等方面实现对标。

（二）大气环境保护

1. 全面促进节能低碳发展

上海市的能源消费水平较高，2016年达到1.17亿吨标准煤，能源消费体量远超纽约、伦敦、东京等国际大都市。一次能源消费结构中，煤炭占比长期都较高。近年来，虽然通过大力开展能源结构调整，实现了煤炭在一次能源消费结构中占比的不断降低，但仍是主要的能源品种，主要的使用方式是发电和工业散烧。上海已经提出了全市能源消费和煤炭消费的双总量控制要求，"十三五"规划中明确提出，至2020年全市的能源消费总量应控制在1.25亿吨标煤以内，煤炭在一次能源消费结构中的占比下降至33%左右。在未来中长期发展过程中，一方面应继续加强对能源消耗总量的调控，争取在2025年达到拐点；另一方面，进一步优化能源消费结构，逐步提高可再生能源占一次能源消费的比重，力争至2035年，煤炭占一次能源消费的比重能下降至20%以内，可再生能源的占比上升至30%以上，形成清洁、高效、多元的能源供应体系。

聚焦工业、建筑、交通三大重点用能领域，推进节能低碳的发展模式，是实现能源发展目标的关键。2016年，上海市工业用能占用能总量的比重高达50.4%，应从产业结构调整、行业技术水平和管理水平提升、循环经济发展等多维度推进工业节能工作。随着社会经济发展，建筑用能在城市能源消费结构中的占比将逐步上升，且主体数量多、类型复杂，已成为城市节能工作的难点。应从提升新建建筑节能标准和推动既有建筑节能改造两方面同时入手，加强对建筑用能的控制，通过大数据、智能化新技术的应用，实现建筑的节能运行管理。交通领域对石油依赖性大，在能源安全方面面临较大的压力。应进一步优化交通网络结构，发展绿色公共交通体系，同时加快推进节能型交通技术的研发和利用。

2. 逐步推进固定源、流动源、面源污染治理升级

上海市大气污染治理经历了SO_2、NO_x、颗粒物等阶段，随着传统污染物的减排取得较大进展，诸如挥发性有机物（VOCs）等非常规污染的影响日益凸显，上海大气环境面临复合型、区域性问题与传统问题并重的局面。固定源、流动源污染仍将是未来中长期大气污染治理的重中之重，而城市面源污染因其量大面广，存在较大的治理难度。此外，农业源污染也需引起重视，成为下一阶段的治理方向。

固定源大气污染治理重点已由SO_2、NO_x转向了VOCs。根据大气环境承载力研究结果，到2035年，VOCs排放总量应控制在12.5万吨，较2015年削减约70%。在近期已集中开展VOCs治理的基础上，未来应聚焦于管理减排和源头控制。对化工、石化、制药、涂料等VOCs排放重点行业企业，

全面推广实施设备泄漏检测与修复（LDAR）技术的有效应用，控制物料泄露损失，进而降低无组织排放量。对涂装、合成材料、家具制造等行业，实施从源头控制至末端治理的全过程管控。特别是推动低毒、低挥发性有机溶剂的使用，从源头降低VOCs的产生量。

流动源方面，在继续强化已有燃油机动车管控的基础上，应进一步加快新能源汽车的推广。在公交、环卫、出租车等行业和政府机关大力增加新增车辆中新能源车和清洁燃料车的比例。同步提升民用车领域中新能源车的覆盖量，争取到2035年新能源车占全部民用车的比例达到70%。继续强化非道路移动机械的监管，提高排放标准，淘汰高污染车辆，推动清洁能源车的发展。针对上海"国际航运中心"的发展方向，将船舶污染纳入监管重点。建立船舶排放控制区，对船舶使用油品的质量予以管控。在全市有条件的码头建立岸电工程，推广港口内液化天然气集卡的使用，推进内河货运船舶LNG动力和纯电动力试点示范。

针对面大量广的面源污染应从强化管理着手。做好源头把控，继续将扬尘、挥发性有机物污染防治方案纳入建筑工地开工审批条件中并严格把关。推进先进技术手段在施工场地降尘、餐饮油烟治理等领域的使用。启用在线监测等技术手段，加强对施工场所、餐饮企业等的监管力度。推进汽修行业采用低挥发性原料。

（三）生态系统保护

随着社会经济发展，上海的建设用地面积也在不断扩大，2015年上海的建设用地面积已经占到了全市总面积的46%，而工业用地面积占全市建设用地面积的比例超过了25%。这些比例都远远超过纽约、伦敦等其他国际化大城市。建设面积的扩大严重挤占了生态空间，目前上海市农业与生态用地比例在50%左右，与生态建设先进地区超过70%的生态用地比例差距明显。对于生态系统保护而言，应从制度上予以充分的保证，坚持生态环境优先，积极调控生态环境，提升生态服务功能。

根据《上海市主体功能区规划》要求，在划定城市生态红线、蓝线、

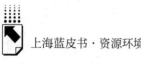

黄线与绿线的基础上，分类提出空间生态环境管制要求，实行不同区域的分类指导、分区分级管理。严格实行红线控制，坚决锚固生态空间。按照《上海市基本生态网络规划》的要求，在市域形成以"环、廊、区、源"为结构的城乡生态网络空间，以生态的理念促进城市在绿地、园林、湿地和耕地等方面的有机融合发展，构建与国际化大都市相符的景观生态格局。积极完善城市绿地林地系统建设。依托全市的老旧城区改造工作，特别是结合黄浦江、苏州河沿岸开发，加快公共绿地的建设；结合高速公路、高架道路、轨道交通等交通网络建设，形成绿色隔离廊道、隔音墙、防护林等必要的生态屏障；各个城镇发展和建设规划应将生态城镇作为其核心要素，以此促进郊区城镇绿化水平的提升；结合市域范围内产业布局调整，特别市级大型产业基地建设，推进有产业特点的绿化建设；根据郊区农业产业结构调整计划，有步骤地推进退耕造林工作；推动郊野公园建设，塑造上海城市特色。进一步优化上海市的自然生态保护区，提升湿地保护能力，保护生物多样性，促进野生物种数量恢复和生境重建。对上海不断增长的滩涂湿地宜采取"动态平衡、（湿地）略有增长"的策略。持续推进崇明生态岛的建设进度，逐步完善崇明岛环境基础设施，进一步改善环境质量，使之成为世界级的生态岛。

参考文献

李挚萍：《20 世纪政府环境管制的三个演进时代》，《学术研究》2005 年第 6 期。

南京航空航天大学课题组：《上海未来 30 年生态城市建设愿景目标及其实施路径》，《科学发展》2015 年第 10 期。

世界环境与发展委员会：《我们共同的未来》，王之佳、柯金良等译，吉林人民出版社，1997。

肖林：《未来 30 年上海迈向全球城市的生态和能源战略》，《科学发展》2015 年第 10 期。

B.14
上海构建生活垃圾分类处理
长效机制研究

刘新宇 张 真*

摘　要：　改革开放40年来，上海市政府相关部门一方面致力于完善垃圾分类资源化利用或安全处置的设施，更努力构建与优化垃圾分类投放的经济激励机制；尤其是2011年以来，上海在利用经济激励和社区治理机制推进居民生活垃圾分类中，取得了较大成绩，以"绿色账户"为代表的经济激励措施取得了初步成效。未来，上海还需要引入更有效的经济激励手段（如差别化垃圾收费机制），注重前端分类投放与后端分类处理设施之间的衔接，以及依靠社区治理强化制度能力建设。

关键词：　上海　垃圾分类　长效机制

之所以要推进生活垃圾分类，其意义主要有以下两点。其一，是为了促进分类处理（资源化利用或安全处置），提高处理效率，带来废弃物再利用和最终处置设施负担减轻的双重效益。其二是为了控制垃圾的流向，使之不要流到不遵守相关环保标准的资源化利用或处置单位（其中许多是小作坊）；否则，正规垃圾处理单位"吃不饱"，难以产生规模效益，成本居高不

---

* 刘新宇，经济学博士，上海社会科学院生态与可持续发展研究所副研究员，主要研究领域为低碳发展与环境绩效管理；张真，经济学博士，复旦大学环境科学与工程系副教授，主要研究领域为循环经济与环境治理社区机制。

下，经营难以为继，而小作坊却生意兴隆，污水横流、烟气四散、二次污染严重。此外，我们应当从广义的视角审视垃圾分类，即它包括上海市相关部门语境中的"大分流"和"小分类"两部分。所谓"大分流"是指在居民将垃圾投放到垃圾箱之前，已经有一部分再利用价值较高的垃圾（如纸张）通过废品收购等途径被分流掉了，而且这部分被分流的垃圾其规模明显大于居民要将其分类投放到垃圾箱的垃圾规模，故称"大分流"。所谓"小分类"，实际上是指对那些未被分流的、再利用价值偏低的垃圾进一步挖潜。

目前，上海的垃圾"分类投放 - 收运 - 处理"的难点在于经济动力不足。随着上海垃圾分类处理（资源化利用 + 安全处置）设施的欠账已经还上、缺口已经补上，上海垃圾分类处理的约束条件已经不在于设施，而在于居民缺乏垃圾分类投放的动力。若缺少有效应对策略，其后果不仅是居民生活垃圾分类投放率难以进一步提高，甚至会导致不分类投放行为的回潮。究其原因，在居民个体层面，投入大但收益非常有限使分类投放极有可能成为居民心目中"麻烦的事"。对于居民而言，不论是改变既有的混合投放习惯，还是在有限的居住空间内添置分类垃圾桶，抑或是在扔垃圾上花费更多时间，均是为垃圾分类投放付出的成本。与之相对应的"收益"主要包括两项：一是以全社会为受益对象的环保价值，该环保价值因其典型的公共物品属性而使普通的社区居民难以将其与日常生活相联系；二是经济收益，诸如对分类者的奖励或者差别化的生活垃圾收费机制（严格按标准分类者可减免收费）。目前，上海采取的是以"绿色账户"为代表的"分类 - 积分 - 兑换"模式，来对分类者进行奖励。然而，即便有"绿色账户"模式的存在，在实践中，对居民垃圾分类的经济激励也是微乎其微的。由此，成本显而易见，社会收益因不可量化而难以捉摸，实际的经济收益微乎其微，成本与收益的巨大反差极有可能对持续推进居民垃圾分类的事业造成"重创"。

更严重的是，在缺乏经济动力的情况下，缺乏垃圾分类意愿的氛围是具有"传染性"的。在社区整体层面，小区生活垃圾正确分类是建立在全体居民通力协作的基础之上。这意味着个别人的不合作将使其他人的努力大打折扣。指派专人进行监督必定是成本高昂的，居民生活垃圾分类因此成为社区管理者心目中"难办的事"。为了不使自己的分类努力因其他居民的不配合而付诸东流，既有的分类试点小区中常有居民检视垃圾桶，以确认其他人也进行着垃圾分类投放，进而决定自己在未来是否继续进行垃圾分类投放。这意味着一部分居民积习难改、偶尔"忘记"或因"忙碌"而不愿坚持分类投放是对其他居民垃圾分类积极性的打击。此类现象若不能得到有效遏制，小区中坚持分类投放的居民必定越来越少。

改革开放 40 年来，上海市政府相关部门一方面致力于完善垃圾分类资源化利用或安全处置的设施，更努力构建与优化垃圾分类投放的经济激励机制；又得益于 1990 年浦东开发开放后经济高速发展以及新世纪初举办世博带来的两次提速机遇，上海的垃圾"分类投放－收运－处理"的长效机制建设取得长足进步，本文将对此展开深入分析。

一 改革开放以来上海垃圾分类收运处理的演进与现状

长期以来，上海一直面临着生活垃圾清运量不断增长与垃圾安全处置能力有限性之间的矛盾。而且，因为上海土地资源较其他地区更为稀缺，极度缺少能用于新建垃圾安全处置设施的土地，这种矛盾就更为尖锐。为解决这一矛盾，改革开放 40 年来，上海市政府相关部门一直致力于推进居民垃圾分类，并在垃圾分类投放和收运基础上，通过以经济激励手段促进循环经济发展来推动垃圾最终处置量的减少。改革开放以来，虽然上海生活垃圾的清运量经历了一段时期随着 GDP 增长的快速增长，但前增速已大大放缓。这得益于在政府政策引导之下，上海市民生活方式、行为方式的转变，即垃圾分类投放习惯的养成。同时，在垃圾分类基础上，政府兴建大量不同种类的垃圾资源化利用设施，使进入最终处置系统的垃圾大为减少，使得曾经令人非常忧虑的上海生活垃圾清运量随 GDP 增长而增长的局面没有出现。2011年以来，上海市政府相关部门在推进居民生活垃圾分类，以及在垃圾分类投放和收运基础上以经济激励手段促进循环经济发展方面，取得了较大成绩。其中，以"绿色账户"为代表的居民垃圾分类投放经济激励机制取得了初

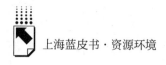

步成效。

从生活垃圾收运处置的角度，在过去的40年间，上海市政府加大了环卫设施建设的投入，环卫事业有了长足的发展，生活垃圾收运处置能力有了显著的提升。之所以有这样的成就，除了上海以全球城市为发展定位、上海环卫从业人员强烈的赶超世界先进城市市容环卫管理水平的意识外，上海经济的持续快速发展也为持续高强度的环卫设施建设提供了必要的物质基础。

如果同时考察40年间对上海生活垃圾处置的供给和需求两方面皆产生重要影响因素，则非"2010上海世博会"的申办和成功举行莫属。"世博会"对上海生活垃圾问题的影响主要表现在两个方面：一方面是极大地促进了上海在市容环卫领域"补短板"行动——持续加大环卫基础设施建设，不断提升生活垃圾的收运与处置能力；另一方面则是对全体市民行为的改变，使生活垃圾分类逐渐深入人心，使越来越多的居民区成为生活垃圾分类的试点小区。生活垃圾的分类意味着更多的垃圾成为资源被循环再利用，垃圾减量化的目标也同时实现。

考虑到"2010上海世博会"对于上海生活垃圾分类减量的重大影响，本文将40年来上海生活垃圾问题的应对历程分为3个阶段：

阶段1：垃圾处置被动应对阶段（1978～1998年）；

阶段2：迎世博处置能力提升阶段（1999～2010年）；

阶段3：垃圾减量与资源化持续发展阶段（2011年至今）。

接下来将围绕上述三个阶段的特点，回顾在这三个阶段上海生活垃圾减量化与资源化的发展历程，其中，对于第三阶段的分析即是分析上海垃圾分类收运处理的现状。

（一）垃圾处置被动应对阶段（1978～1998年）

在这一阶段，上海生活垃圾年清运量呈现快速增长状态，令上海本就存在的生活垃圾收运处置能力不足的问题变得更加突出。

图1所示的是1986～1998年上海与全国生活垃圾清运量年增长率的比较。从中可见，从总体上看，1986～1998年，全国生活垃圾清运量的年均增长率

为 7.45%，上海为 7.07%。虽然上海的年增长率低于全国水平，但其年均增长率也已占全国年均增长率的 94.86%。如果对比分析逐年数据，则在这 13年间，上海有 7 年时间，其垃圾清运量年增长率是高于全国水平的。更加值得注意的是自 1995 年起的这 4 年时间均是上海的生活垃圾清运量年增长率高于全国水平。由于清运量年增长率数据在相当程度上反映的是垃圾产生量的增长，因此，当时上海的情况是令人担忧的。通常我们会认为上海在城市管理方面处于全国领先地位，然而这一观点在垃圾处置领域并未得到有力的证明。

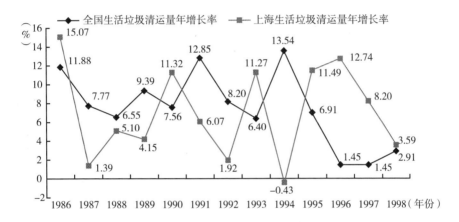

图 1　1986～1998 年上海与全国的生活垃圾清运量年增长率

资料来源：张真：《城市生活垃圾的减物质化研究》，博士学位论文，复旦大学人口、资源与环境经济学专业，2003。

在这段时间，上海生活垃圾年清运量呈现明显的逐年增长态势。图 2 所示是以年份为自变量对上海生活垃圾年清运量所做的拟合分析。从中可见，上海生活垃圾清运量以每年 17.321 万吨的年均增长量逐年增长，表征拟合程度的 R^2 值甚至高达 0.9684。这意味着当时上海生活垃圾清运量呈现较为明显的随时间推移而快速增长的态势。当时，这种生活垃圾年清运量逐年上升的现象令全社会深感不安，主要原因有以下三点。

首先，推高生活垃圾年产生量的主要影响因素决定了这似乎是一个无法破解的难题。当时较为流行的观点是生活垃圾年清运量所反映出的是生活垃圾产生量与富裕程度呈正相关。基于此观点，则上海生活垃圾年清运量的增

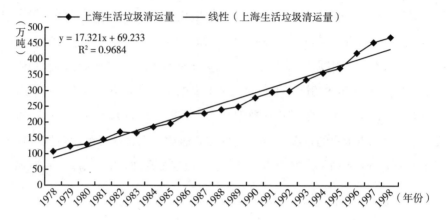

图2　1978～1998年上海生活垃圾清运量变动趋势

资料来源：根据《上海统计年鉴2017》中生活垃圾年清运量计算得到。

长应被看作上海经济发展、人民生活富裕的表现。换言之，如果试图遏制垃圾清运量的上升势头则须以舍弃 GDP 的增长为代价。这样的推论意味着上海的生活垃圾清运量增长似乎成为一个无解之题。

其次，当时垃圾产生量大于清运量使得生活垃圾存量规模不断扩大。由于末端收运处置能力的不足，当时，环卫部门尚不能真正做到"垃圾日产日清"，这使得相当数量的生活垃圾长期处于"临时堆放"状态。由于堆放场所的临时性，其环保防护措施不到位的问题也就更为突出，由此造成堆场周边的环境风险更为突出。这招致临时堆场附近居民更大的抱怨，也使得如何移除"临时垃圾山"成为当年环卫工作的热点与难点问题。以著名的老港垃圾处置场为例，这是上海第一个规范化建设的生活垃圾处置场。这意味着从严格意义上讲，在该垃圾处置场于 1989 年开始运营之前，上海是没有生活垃圾的规范化处置能力的。

最后，收运处置设施的建设速度似乎赶不上垃圾增长的速度。就应对而言，通过环卫基础设施建设提高收运与处置能力，及时处置业已产生的生活垃圾是最终的应对之策。然而，1978～1998 年上海生活垃圾清运量的快速增长逐渐使越来越多的人意识到，设施建设跟着垃圾清运量跑、通过不断追加末端处置设施并不能够从根本上解决上海逐渐堆积的垃圾问题。依然以老港垃圾处置场为例，由于实际填埋量高于设计水平，这个曾被上海寄予厚望的垃圾处置场总是提前达到了设计的填埋量。换言之，分别于 1989 年、1995 年和 1999 年投入使用的老港一至三期处置场陷入了仅能暂时填补上海垃圾处置能力缺口的尴尬。

表 1 所示的是对 1999～2005 年上海生活垃圾清运量进行估算的预测值和这一时期上海生活垃圾清运量的实际值。比较这两组数据，尤其是 2000 年和 2001 年的实际值高于预测值的现象使得进入 21 世纪的人们在担忧"垃圾围城"问题时，更担心过度依赖末端处置设施将使问题的解决陷入死循环。

表 1　上海生活垃圾清运量的预测值与实际值

单位：万吨

年份	实际值	预测值	年份	实际值	预测值
1999	500	519.6	2003	585	643.6
2000	641	555.9	2004	610	675.8
2001	644	583.8	2005	622	709.6
2002	467	612.8			

资料来源：张真：《城市生活垃圾的减物质化研究》，博士学位论文，复旦大学人口、资源与环境经济学专业，2003；上海市绿化市容局提供部分数据。

所处的困局令当时的人们对上海的垃圾问题有了更为深入的思考。正是这些深入而周密的理性思考坚定了上海在此后的岁月里对于垃圾减量化和资源化的路径选择。其中，最为关键的是厘清了当时普遍存在的关于人民生活水平提高与生活垃圾清运量增长之间关系的模糊认识。

通过对比发达国家的情况，富裕之后必定垃圾多的观点受到质疑。发达国家较上海更为富有，但其人均生活垃圾产生量并未显著高于上海。通过与诸如东京这样的城市进行比较，上海的人均生活垃圾产生量在当时已经处在一个更高的水平。

比较的结果凸显上海垃圾问题的严重性，但也为问题的解决指出了方向。那就是，市民生活水平的提高不必然导致生活垃圾产生量和生活垃圾清运量的持续快速增长，通过转变行为方式，减少不必要的物质产品的消耗等是可以做到垃圾减量与生活富裕"双赢"的。

对问题性质的准确认识为上海在以后的日子里实行生活垃圾减量澄清了重大的认识误区，也使上海对末端收运处置能力建设有了正确认识，即对于上海这样同时面临生活垃圾收运处置缺口已然存在、土地资源稀缺性强的地方，除了末端处置能力的提升外，更具根本性的对策似乎应着眼于如何减少生活垃圾的产生量。收运处置设施的建设十分必要，但源头分类减量和资源化利用才是解决上海垃圾问题的根本之道。

（二）迎世博处置能力提升阶段（1999～2010年）

1999年上海申办2010年世博会的决定，以及此后数年的准备和世博会的成功举办对上海市容环卫事业的发展是具有里程碑意义的。

为了使市容市貌获得持续性的改善，上海加大了环境整治力度，为尽快解决垃圾临时堆场问题，避免新的存量垃圾产生，通过规范化的设施建设，环卫收运处置能力建设有了明显的提升。

根据上海市绿化市容局提供的资料，1999年上海年生活垃圾处置能力缺口为170万吨/年。此后，随着老港垃圾处置场经过改造后重新投入使用，新建黎明应急堆场以及焚烧厂的建成投产，2002年上海生活垃圾的日处置能力已达到10500吨，分别由老港废弃物处理场的7500吨，黎明应急堆场的1500吨和江桥与御桥两座垃圾焚烧厂的1500吨组成。当时，虽然三林垃圾应急堆场仍在使用，但由于其属于临时中转站性质，在规划和设计上并非最终填埋场，因此该堆场3000吨的接纳量不能被算作严格意义上的最终处置量①。

据此测算，对照16790吨的日产生量，则上海在2002年当年的垃圾处置能力缺口将达到529万吨/年。依据当年上海市绿化市容局所进行的研究显示，即使按照年增长20万吨生活垃圾的保守估计，上海的末端处置能力

---

① 张真：《城市生活垃圾的减物质化研究》，博士学位论文，复旦大学人口、资源与环境经济学专业，2003。

建设缺口依然在扩大,将达到184万吨/年。问题的严峻性使上海以持续的环卫基础设施建设来彰显其前所未有的"补短板"的决心。2015年,上海已形成日处置3万吨的生活垃圾处置能力,而近年来上海生活垃圾的产生量则稳定在日产2万吨的水平。

与收运处置能力建设质的提升相比,为了缓解生活垃圾快速增长对末端处置能力的压力,上海在迎接世博期间开启了生活垃圾的减量化与资源化的发展阶段。在此领域,对于以下两点应重点关注:一是倡导居民生活垃圾分类;二是提出发展循环经济。需要强调的是,在这一阶段,这两方面的工作的成效并不主要表现为在各种量化指标上的突飞猛进,而是对所涉及问题的属性、根源等的正确认识,以及基于此而形成的对发展趋势、对策思路等的正确研判。这使得此后上海生活垃圾减量化与资源化工作得以在正确的轨道上持续发展。

在倡导居民生活垃圾分类方面,其基本思路是通过转变居民处置生活垃圾的方式,通过分类投放生活垃圾,以便更充分地利用其中具有再生利用价值的成分,减少进入末端处置设施的垃圾量,从而达到减轻末端处置设施压力,延长末端处置设施使用年限的目标。

由于居民生活垃圾分类在发达国家较为普遍,对于对标全球先进城市的上海,生活垃圾分类的推进被上升到现代城市管理水平的主要构成要素的高度。同时,对上海垃圾成分的多年跟踪调查显示,上海居民生活垃圾中可回收的成分较多。这似乎预示着推进生活垃圾分类是具有较高的可操作性的。表2是由上海市绿化市容局就上海生活垃圾成分所做的多年跟踪调查结果整理而来。可见,生活垃圾成分构成中纸类、塑料、玻璃等被认为具有较高回收利用价值的废弃物占比较高。

值得一提的是,表2中的数据引发了当年学界和政府职能部门对一个新问题的思考——在居民一直有着卖废品传统的上海,有价值的废弃物为什么没有进入废品回收系统而是进入了垃圾收集系统?对这个问题的探索与思考带来的直接后果是研究者和政府重新审视了上海的废旧物资回收系统,导出了应重视通过经济激励促进循环经济发展的重要结论。

表2 1986～1998年上海生活垃圾成分构成

单位：%

年份	纸类	塑料	竹木	布类	厨余	果皮	金属	玻璃	渣石	其他
1986	3.47	1.86	1.96	3.09	78.34	—	2.00	1.74	3.58	3.96
1987	3.57	2.16	3.88	4.04	58.03	—	2.30	1.90	14.58	0.00
1988	4.30	2.99	1.68	1.94	81.55	—	1.02	2.91	3.52	0.09
1989	5.41	3.46	1.42	1.66	81.53	—	1.09	3.61	1.82	0.00
1990	4.26	4.19	1.44	1.14	82.09	—	0.99	3.47	2.19	0.00
1991	4.10	4.90	1.48	1.79	67.37	13.44	0.61	3.70	2.23	0.38
1992	6.24	5.69	1.33	1.65	62.39	16.75	0.81	3.53	1.51	0.09
1993	8.36	7.54	1.89	1.97	61.09	11.80	0.72	4.74	1.86	0.04
1994	7.49	9.16	1.37	2.13	59.45	13.87	0.56	4.00	1.89	0.08
1995	6.50	11.21	1.47	2.17	59.66	11.99	0.91	3.81	2.29	0.00
1996	6.68	11.84	1.96	2.26	58.55	11.75	0.68	4.06	2.23	0.00
1997	8.05	11.78	1.44	2.24	58.06	12.03	0.58	4.01	1.82	0.00
1998	8.77	13.48	1.27	1.90	53.23	14.10	0.73	5.15	1.37	0.00

资料来源：上海市绿化市容局提供数据。

　　统计资料显示，上海的废旧物资回收业在业绩最为辉煌的时期曾有区分公司12个、县分公司10个以及433个覆盖全市的回收网点。1957～1997年，回收总量达4550万吨，价值264亿元。20世纪80～90年代，每年上缴国家税金约1亿元。改革开放以来，该行业呈迅速萎缩之势。以废纸回收网点为例，1958年上海有580个，1987年有284个，1992年有272个，1997年仅有100余个，处于勉强维持状态。这似乎预示着该行业已陷入了饱和状态。但当年另一组有关废旧物资整理、加工利用企业数据似乎又证明行业饱和说是不成立的。据统计，原国营废旧物资回收系统内的再生利用企业由几十家萎缩到3家；系统外规范化废旧物资专营企业仅9家。这些企业不同程度地面临着因原材料供给不稳定给生产持续性带来的风险。[1]

　　就直观感受而言，以国营废品回收系统为代表的传统循环经济模式在这

---

① 沈永林：《上海市再生资源综合利用政策导向研究》，载张仲礼、王泠一主编《2006～2007年：上海资源环境发展报告》，社会科学文献出版社，2007。

一阶段的发展受阻被归因于个体、民营废品回收业的兴起。进一步的研究则显示出利益驱动对循环经济发展的积极作用。基于此，公众对购买循环再生产品缺乏兴趣，举步维艰的资源再生类企业，本应成为资源的具有较高回收利用价值的废弃物被作为垃圾加以抛弃，凡此种种，皆因缺乏利益驱动出现循环经济在多个供需环节出现了脱节，而非像此前那样被简单地归因为缺乏公德心。由此导出的对策思路也由传统的加强教育、提高道德水准转变为基于承认经济激励对发展循环经济的积极作用的经济激励型措施。

正是这种认识上的转变奠定了政府在上海循环经济的发展中积极作为的思想基础，形成了上海此后发展循环经济的主基调，即通过"有形之手"的积极介入，以经济利益维持起循环经济供求各环节的联系，使之成为闭环运行的系统。

（三）垃圾减量与资源化持续发展阶段（2011年至今）

2010上海世博会顺利闭幕后，如何维持世博会期间上海市容环境卫生领域的建设成果，并在此基础上实现市容市貌水平的进一步提升成为当时热议的话题。2011年以来，上海市政府相关部门在推进居民生活垃圾分类，以及在垃圾分类投放和收运基础上以经济激励手段促进循环经济发展方面取得了较大成绩；其中，以"绿色账户"为代表的居民垃圾分类投放经济激励机制取得了初步成效。

1. 新一轮生活垃圾分类工作成效显著

世博会后上海启动了新一轮的居民生活垃圾分类工作，在吸收了世界先进城市成功经验的基础上，本轮居民生活垃圾分类工作不同于以往，在垃圾分类减量方面取得了更大成功。

图3所示的是本轮生活垃圾分类试点居民小区和试点单位数量分布。2011～2017年，随着试点工作的推动，上海生活垃圾分类试点的数量总体呈上升趋势。

2017年开始，按照国家发改委、住建部发布的《生活垃圾分类制度实施方案》的要求，上海市政府发布了《关于建立完善本市生活垃圾全程分

图3　2011～2017年上海生活垃圾分类试点居民区和试点单位

资料来源：上海市绿化市容局提供数据。

类体系的实施方案》，上海市绿化市容局制定了《上海市生活垃圾全程分类体系建设行动计划（2018～2020年）》，进一步扩大试点数量，在2020年实现生活垃圾分类全覆盖。

为了更好地激励居民的垃圾分类行为，2013年上海推出独具特色的"绿色账户"制度，2015年"绿色账户"试点小区与垃圾分类试点小区合并，该项制度在全市推广。"绿色账户"制度通过"居民分类投放－刷卡积分－积分兑奖"的方式，鼓励更多居民积极参与生活垃圾分类。2017年，上海"绿色账户"已覆盖410.5万户居民，发卡数达350.8万张，居民刷卡积分数高达977914万分[①]（见图4）。

2.持续对循环经济予以经济激励

在这一时期，上海市政府对循环经济的发展给予持续的经济扶持。依据上海市循环经济协会的统计，至2017年，协会系统内享受资源综合利用税收优惠政策的企业有98家，继续呈现减少态势，就业人数为4980人，资源综合利用产品（服务）产值达50.53亿元，资源综合利用产品（服务）税后利润

---

① 上海市绿化市容局提供数据。

图 4 至 2017 年上海绿色账户推进情况

资料来源：上海市绿化市容局提供数据。

达 3.78 亿元，享受资源综合利用税收优惠政策减免税总额为 2.56 亿元①。

在政府的扶持下，上海循环经济呈现良好的发展势头。以电子废弃循环利用产业为例，在回收系统建设方面，本市形成了由三类处置系统构成的电子废弃物回收网络：一是由知名电器电子产品生产商组成的体系内循环系统；二是利用互联网、微信和热线电话等定期回收单位或个人电子废弃物的回收系统；三是个体回收业者构成的回收系统。

在电子废弃物拆解循环再利用方面，上海市自 2009 年启动家电"以旧换新"工作，同时对定点拆解企业核发资质。至 2017 年，上海市累计共有 8 家获得资质的专业化处置企业，其中 5 家企业获得国家资质。在该项工作开始的 2009 年，5 家取得拆解资质的企业共拆解"四机一脑"50 余万台，至 2011 年累计拆解 839 万台，2013 年、2014 年和 2016 年的拆解量分别为 154.1 万台、198.62 万台和 198.24 万台。2017 年，5 家获得国家资质的拆解企业投资额达 28504.6 万元②。

---

① 上海市循环经济协会：《2018 年上海市资源综合利用产业发展报告》，2018 年 6 月。
② 上海市循环经济协会：《2018 年上海市资源综合利用产业发展报告》，2018 年 6 月。

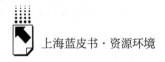

二 上海促进垃圾分类收运处理的经验与不足

上海促进垃圾分类投放、收运、处理的经验与不足，可以从前端、后端、前后端衔接三个方面来审视。在前端，上海市相关部门善于运用经济激励和社区治理机制来促进垃圾分类投放和收集。在后端，上海市相关部门兴建了不同种类的垃圾资源化利用设施及安全处置设施。在前后端衔接方面，由于宣教力度不足等，市内特定区域垃圾投放环节的分类规则与该区域垃圾所流向的资源化利用或处置设施的类别不匹配，使前端的垃圾分类投放并没有产生最终的积极效果，上海垃圾分类收运处理的事业还要打通这"中梗阻"的"最后一公里"。

（一）前端："经济激励 + 社区治理"取得一定成功

垃圾分类收运处理事业的前端是居民的垃圾分类投放，上海市政府相关部门一向重视运用经济激励机制促进生活垃圾分类投放并控制其流向（使之不要流到不遵守相关环保标准的小作坊之类的处理单位），较成功的案例有一次性餐盒回收的"3分钱效应"；在经济激励以外，也善于运用社区治理机制，激发居民的环保意识并组织他们开展有利于环保的集体行动。

1. 善用经济激励机制

作为中国市场经济最发达的地区之一，上海从计划经济时代就重视和善用环境经济政策，包括物质匮乏年代的押金制和世纪之交回收一次性饭盒的"3分钱效应"。

早在改革开放之前就实施的物品回收"押金制"就是一种环境经济政策。当时，民众购买啤酒、酱油等的玻璃瓶都是含押金的，消费者使用之后需要将其返还店中、取回押金。这套机制有效促进了垃圾的分类回收和资源化利用，上海的此类实践在20世纪80年代甚至得到联合国的表彰。应当说，当时的废旧物资或再生资源回收利用也是一种循环经济，但这种循环经济呈现一些低端化的特点。当时，废旧物资回收利用的利润是非常微薄的，而那时的市民之所以愿意投入那项事业，其背后的原因是收入很低，对于微薄的利润也很重视。应当说，那是一种"新三年、旧三年、缝缝补补又三年"的循环经济，甚至是拾荒捡破烂的循环经济；等到改革开放之后，尤其是市场经济体制建立之后，上海的循环经济也走向高端化；那是在人民生活水平已经提高、劳动力成本已经上涨情况下，依靠技术进步和政策激励而形成可持续动力机制的循环经济。

在这方面，比较典型的例子是一次性饭盒回收的"3分钱效应"。2000年，上海市政府就一次性塑料饭盒回收出台政策，向一次性塑料饭盒的制造商收取3分/只的费用，用于补偿饭盒回收、处置和管理成本，其中1分钱用于补偿回收者的劳动成本。该政策有效调动了回收者的积极性，消除了"白色污染"这一环境顽疾，且控制了垃圾回收后的流向，使之流向具有较高技术水平、执行较高环境标准的正规处置厂商，而不是那些污水四溢的小作坊。2000~2005年，在该政策实施期间，上海就回收了超过12亿只的饭盒，利用它们制造再生塑料粒子3687吨，创造效益1800万元。①

为了促进垃圾减量化和资源化利用，上海对单位生活垃圾（包括餐饮行业的餐厨垃圾）长期以来执行收费政策，也较好地补偿了垃圾处置和资源化的成本，推动了循环经济的发展；在促进居民生活垃圾分类回收和资源化利用方面，上海也有过"绿色账户"之类的探索，虽然前一阶段的效果不甚理想，但是为将来正式实施促进居民生活垃圾分类的收费政策打下了良好的基础。2009年，上海建立了最初的"绿色账户"机制，对居民参与垃圾分类提供较小额度的经济激励，即根据政府的要求分类投放垃圾后，可以获得"绿色账户"中的积分，用来换取一些价值较低的实用物品。2013年，上海的"绿色账户"政策升级版面世，激励机制有所优化，且引入了第三方参与服务。当然，目前"绿色账户"政策也存在一些局限性，如在只有奖励、没有收费的情况下，用于奖励居民的资金来源受限，政府负担过重，

---

① 孙小静：《沪建一次性饭盒产业链"三分钱"治理"白色污染"》，《人民日报》2005年11月4日。

奖励金额不可能提到较高水平，激励效果不甚明显。不过，经过"绿色账户"政策的运行，一套居民垃圾分类回收的组织体系已经成形、完善，待将来居民垃圾收费政策出台、对居民垃圾分类产生更大激励后，其价值或功能就能充分体现出来。

2. 以社区治理机制动员民众投身环保

如前文所述，经济激励机制能在激发居民垃圾分类投放的动力方面发挥一定作用，但经济激励机制也不是万能的，单纯依靠它仍然不能解决居民垃圾分类动力不足问题。因此，我们还需要社区治理机制来补其不足。

居民进行生活垃圾分类主要有三种动力。其一是经济动力，对于普通居民而言，这是最为常见的分类动机。随着居民收入水平的提高、时间成本的上升（劳动力成本上升）和参与分类的居民人数扩大（若依靠政府补贴，这意味着补贴对象数量增加），不论是自发形成的废品回收市场，还是政府主导的"绿色账户"激励机制，均不具有可持续性。因此，为持续推进居民生活垃圾分类，必须尽早考虑在现有经济激励机制弱化的情况下应出台何种新措施。其二是人情动力，这里指的是部分居民基于此前与居委会、业委会和物业服务企业形成的良好关系而支持本社区生活垃圾分类工作。尤其是那些曾经得到过社区组织帮助而对其充满感激之情的居民，当社区组织号召居民进行垃圾分类，其积极响应是可以预见的。其实质是"还社区组织的人情"，或者是为了积累与社区组织之间新的关系资本或社会资本。显然，出于此类动机进行垃圾分类投放的居民属少数。在三种动力中，这种分类动机的可持续性最差，出于该动机进行分类者对其他居民的感召力和示范作用也十分有限。其三是环保动力，这是居民垃圾分类工作中最为倡导的动机，存在于以"环保达人"为典型的居民中。这应当成为居民进行生活垃圾分类最本初的动力，但由于涉及个人环境伦理观的形成，认同此动机并将其表现在日常生活中并非易事。正因为具有利他性或公益性的环保动力是难能可贵的事情，"环保达人"的事迹才如此令人钦佩。

综上所述，推动居民垃圾分类的经济动力不足、人情动力可持续性较差，因此亟须环保动力来补其不足。而这种环保动力不可能于一朝一夕养成，社区机制在培养环保动力中的作用得到了上海市有关部门的重视。民众的环保意识需要培育，有了环保意识之后，还要有人教会他们"怎么做"；这都有赖于社区层面的志愿者动员、熟人社会互相监督等机制，上海的环保类志愿者社团就在该领域发挥了重要作用。例如，在引导居民垃圾分类投放方面，徐汇区的"绿主妇"社团自 2011 年初创以来，就借助很多趣味性活动激发小区居民分类回收垃圾并制成各种手工艺品的兴趣，还悉心指导居民，在参与规模和分类正确率方面都较好地提高了居民垃圾分类水平；目前，该社团的活动领域已拓展到垃圾分类以外，在规模上已拓展到十几个社区、6000 多人，在功能上议事机制、领导机构更加完善，展现出更好的动员能力。

（二）后端：兴建不同种类垃圾资源化与处置设施

为增进废弃物再利用和最终处置设施负担减轻的双重效益，上海市相关部门兴建了不同种类垃圾资源化利用与安全处置设施。截至 2017 年底，上海年处置能力在 5 万吨以上的垃圾资源化利用或安全处置设施有 15 家，总处置能力达 899.73 万吨/年；其中垃圾焚烧设施有 9 家，处置能力为 485.45 万吨/年，处置能力占比为 53.95%[①]（见图 5）。一度，上海市相关部门将堆肥当作与焚烧并行的垃圾资源化技术路线选项；但原有的堆肥工艺存在弊端，大型堆肥设施异味较重，周边居民反应强烈，相关部门关闭了原有的大型垃圾堆肥厂，探索以新的生化技术来处理餐厨垃圾或湿垃圾。采用新的生化技术成本会有所上升，因此，目前在上海，垃圾堆肥工艺的推广效果不如焚烧工艺；堆肥工艺多用于城市社区和郊区农村小规模或就近的餐厨垃圾与农业垃圾处理。

（三）前后端衔接：分类投放规则与分类处理设施不匹配

目前，上海在生活垃圾处理领域存在前端分类投放规则与后端分类处理

[①] 上海市绿化市容局提供数据。

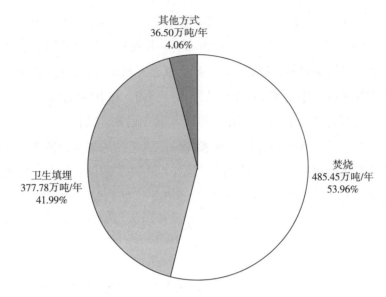

其他方式
36.50万吨/年
4.06%

焚烧
485.45万吨/年
53.96%

卫生填埋
377.78万吨/年
41.99%

图5　截至2017年上海年处置能力5万吨以上垃圾处理设施情况

资料来源：上海市绿化市容局提供数据。

设施不匹配的现象，在一定程度上导致前端居民"白分类"的结果。上海街头的分类垃圾箱一度只是表明"可回收"与"不可回收"。但"可回收"是一个复杂而容易让人迷惑的概念，对于不同种类的垃圾处理技术，"可回收"的垃圾种类是截然不同的：如对于焚烧技术，干垃圾就是可回收的，湿垃圾就是不可回收的；对于堆肥技术，湿垃圾（餐厨垃圾）就是可回收的，干垃圾就是不可回收的。因此，当一个市民看到"可回收"与"不可回收"的标识，他要么无所适从，要么"想当然"地进行垃圾分类，其效果可想而知。现在，上海街头的分类垃圾箱标识改为"可回收"与"干垃圾"。然而，如果采用焚烧技术，"干垃圾"不应该是可回收的吗？这又令人疑惑了。有些区的分类垃圾箱对"可回收"与"干垃圾"没有任何图文说明，有些区明白标识"可回收"与"干垃圾"究竟是何物，笔者方才明白，此处"干垃圾"是指被污损而失去再利用价值的干垃圾，如餐巾纸、一次性餐盒、污损纸张。"可回收"垃圾箱上所标识的图文显示为废纸、废塑料、废玻璃、废金属、废利乐包等物，虽然这些物品都是"可回收"的，但是把对应于不同处理技术的不同种类"可回收"垃圾混在一起，这些垃圾也就变得"不可回收"了，或者说分类与不分类的效果无异。相关部门之所以这么设置，可能是因为我国的劳动力成本仍处于低位，将这些不同种类"可回收"垃圾放在一个垃圾箱中，会有拾荒者将其拣出并一一分类后送到交投站（或许有人还会认为如此"分类"是在为拾荒者提供很大的效益）。这其实不是"居民"垃圾分类，是"居民＋拾荒者"垃圾分类。问题在于，随着我国人民生活水平提高、劳动力成本上升，拾荒者消失了呢？

三　上海完善垃圾分类长效机制的未来展望

未来，上海完善促进垃圾"分类投放－收运－处理"的长效机制，可从这三个方面入手：建立更有效经济激励机制，指导居民根据后端处理技术进行分类，依靠社区治理强化制度能力。

（一）建立更有效经济激励机制

2018 年，国家发改委已出台文件，要求城市和建制镇最晚于 2020 年建立生活垃圾收费制度，上海将在最近两年内形成更有效促进居民垃圾分类的经济激励机制。这样的机制应当是差别化垃圾收费机制，对于按要求分类的垃圾，少收费甚至不收费；而所有未能分类的垃圾——可以借鉴瑞士、德国的做法——都要装入政府发放的专门垃圾袋，而这种垃圾袋是要收取较高费用的。

（二）指导居民根据后端处理技术进行分类

将来，上海市政府相关部门、社区管理机构、志愿者团体需要通力合作，更好地指导居民根据后端的垃圾处理技术来分类。如某区域的垃圾是被运往焚烧厂的，就要指导居民按照"可焚烧"与"不可焚烧"来分类；如果是被运往堆肥厂的，就要指导其按照"可堆肥"（餐厨垃圾）和"不可堆肥"（非餐厨垃圾）来分类。而且，需要进一步指导居民将不同种类的"可回收"垃圾进行分类,否则不同种类"可回收"垃圾混在一起无异于一堆未经分类的"不可回收"垃圾。可以仿效瑞士、德国、日本等的做法,将塑料瓶、玻璃瓶、易拉罐、利乐包等交投到不同的地方或垃圾箱中,甚至有颜色和透明的玻璃瓶都要装入不同垃圾箱。

(三)依靠社区治理强化制度能力

不管是经济激励抑或是其他政策,都需要足够的制度能力将其执行下去,而社区治理就能在生活垃圾分类领域起到强化制度能力的作用:其一是熟人社会的互相监督作用;其二是社区自治组织或志愿者团体的指导作用;其三甚至可以通过让居民参与基层环境管理体系设计来增强其认同感。

1. 基于社区治理的居民生活垃圾分类思路

所谓社区治理,其要义在于在社区公共服务领域赋予居民更多角色,即居民由单纯是社区公共服务的需求者变身为同时也是供给者。换言之,在社区治理的思路下,居民参与了自身所需要的诸多社区公共服务的供给。需要强调的是,当社区治理的思路真正被有效运用于社区公共服务供给时,居民的参与必定是逐步深入的——由最初的参加零星的活动到最终参与社区公共服务供给的各类相关决策。

就居民区的垃圾分类工作而言,扎实推进的社区治理有助于使居民一改嫌麻烦的态度,乐于进行垃圾分类,同时使居民间在垃圾分类投放问题上建立彼此信赖的合作机制不再困难重重。之所以这样认为,主要理由包括如下几点。

首先,社区治理思路下的居民生活垃圾分类有该项工作所必需的自下而上的基础。也就是,某个居民区是否以分类投放的方式处置其所产生的生活垃圾不仅是自上而下的行政管理体系所指派的,更是全体社区居民在充分协商的基础上达成一致的结果。这是全体居民基于平等地位进行理性决策的结果,包含了那些更倾向于分类处置生活垃圾的居民对无此意向者的晓之以理、动之以情,甚至是补之以利。基于此,对生活垃圾进行分类处置是该居民区全体居民意愿一致的表达。这其实是居民对其分类行为做出的庄严承诺。

此外，由于经历了充分的协商，本社区在实行生活垃圾分类处置中可能遭遇的困难及可行的应对策略也将得到充分讨论。其实质是促使居民以更理性的态度对待垃圾分类，使本社区的垃圾分类工作得以更顺利地推进。同时，这一过程也发挥着积极的宣传作用——持反对意见者因其观点被有理有据地反驳而心服口服，进而转变为垃圾分类的支持者。

其次，居民因参与决策而更真切地感受到垃圾分类投放行为的价值。与当前显得较为抽象的环境价值和极为有限的经济价值不同，居民因参与本社区生活垃圾处置决策而从中体验到个人价值的实现。也就是，在社区治理的思路下，作为个体的居民，在就本社区生活垃圾是否分类处置的议题与其他居民的讨论中，在经历了"提议－协商－妥协－达成一致"的过程后，因其意见被纳入最终决策而从中获得了自我价值的认同。换言之，在无法减少垃圾分类投放给居民增添的麻烦的情况下，因参与决策而实现的自我价值大大激发了居民参与分类的积极性。

受此启发，"绿色账户"可被赋予更多实现个人价值的功能，以期更好地发挥激励作用。例如，居民可以自主决策捐献其"绿色账户"中的积分数量和用于本居民区的公共服务建设的具体内容，包括建设休憩场所、添置绿化等。

最后，社区治理思路下的居民区生活垃圾分类工作因有效降低的监管成本而使居民建立合作机制成为可能。居民因自主决策而被激发出家园意识会降低监管成本，具体表现为两个方面：一方面是居民因其自主决定本社区采取的处置生活垃圾的分类方式而增强了自觉遵守的积极性，即更有利于居民遵守垃圾分类投放的要求形成自我约束力；另一方面，对于违规的行为，尤其是因不知情而违规的现象，其他居民因"事关己"更愿意给予善意的提醒。例如，新搬来的租客可能并不知道所居住的是垃圾分类小区，也不知道如何进行分类。对此，邻居可以选择直接向其传授相关知识，也可以选择告知居委会，由居委会向新进入者提供更专业的垃圾分类信息传授。显然，在此氛围下，故意违规者将明显感受到来自左邻右舍的压力。通常，即使没有管理部门的经济处罚，此种压力也足以使大多数违规者转变其不分类行为。

与指派专人、添置先进的技防设施相比，居民的自觉投入具有监管成本不高且24小时360度无死角的特点，因而更具持续性。假以时日，居民将就此问题达成默契——我的邻居会像我一样认真地对生活垃圾进行分类投放。这与当前部分居民心中按常理推测而来的疑虑——别人未必会认真进行垃圾分类投放——对实行垃圾分类造成的负面效应是截然不同的。

2. 以社区为平台的居民生活垃圾分类资源整合

扎实推进的社区治理工作将使社区成为整合、优化居民生活垃圾分类处置资源的平台。在此类社区中，实行生活垃圾分类处置因其是居民协商一致的结果而更易于得到居民的积极配合。从"要我分"到"我要分"的转变，使各类有利于推进居民生活垃圾分类工作的资源有可能以社区为平台得到更有效的整合。以社区为平台进行的资源整合主要包括以下几个方面的内容。

一是社区内合力的形成。这使得居委会、业委会和物业服务企业在本居民区垃圾分类工作上更易于形成合作关系，而非互相推诿，甚至故意设置障碍。进而更好地发挥其对内组织动员居民、对外争取更多支持的作用。

二是更专业化的指导。这部分资源主要来自专业的环保社会组织。居民生活垃圾分类工作的顺利推进离不开专业化的分类指导。这是一个包含分类知识、组织模式、宣传动员等的复杂综合体。从提升自身工作效率的角度，在其他条件不变的情况下，专业的环保社会组织显然更愿意选择那些社区自治基础较好的小区开展工作。

三是各类外部资源的整合。此类资源主要包括两类：一类是来自各级政府的创建投入；另一类是来自社会、市场的环保公益建设资源。基于社区自治的居民区生活垃圾分类工作因其有助于提高投入资源显示度、影响力和项目成功率，而更为各类外部资源所青睐。

综上所述，社区自治的思路应使居民有动力持续进行垃圾分类投放，进而形成习惯，而不是不分类行为回潮或反弹，由此使居民参与率和分类正确率的持续提高成为可能。

参考文献

戴星翼：《循环的动力》，载张锦高主编《资源环境经济学进展》（第 1 辑），湖北人民出版社，2004。

沈永林：《上海市再生资源综合利用政策导向研究》，载张仲礼、王泠一主编《2006 ~ 2007 年：上海资源环境发展报告》，社会科学文献出版社，2007。

B.15
上海生态保护红线管理制度构建研究

吴 蒙*

摘　要： 党的十八届三中全会提出了"划定并严守生态保护红线"的
战略要求，党的十九大报告强调推进生态系统整体性保护，
"统筹山水林田湖草系统治理，实行最严格的生态环境保护制
度"，并要求完成生态保护红线在内的三条红线的划定工作，
生态保护红线制度已然成为国家生态文明建设的一项重要抓
手，被提升至国家战略层面，成为确保国家生态安全的"生
命线"。在此背景下，上海积极开展生态保护红线划定工作，
既是对国家推进生态文明建设、加快生态文明体制改革、落
实长江经济带"共抓大保护，不搞大开发"的战略要求的积
极响应，又是上海守住城市生态安全底线、实现卓越全球城
市建设的重要举措。2018 年 2 月，国务院已正式批复同意上
海生态保护红线划定方案，下一步工作重点是建立健全生态
保护红线管理制度，促进上海生态保护红线的真正"落地"。
从监测监察常态化管控、行政许可精细化管控、法律法规强
制化管控和社会公众多元化管控四个维度构建上海生态保护
红线管理制度体系，并从完善生态保护红线制度立法、构建
"多规合一"的保障机制、健全自然资源资产产权制度、建
立环境绩效考核评价体系、推动干部离任审计追责制度、建
立健全生态补偿激励机制、创新地方环保机构独立履职和加

---

* 吴蒙，博士，上海社会科学院生态与可持续发展研究所助理研究员，主要研究领域为环境规
划与管理。

强信息公开以及宣传教育等方面探讨了相关对策机制，为上
海严守生态保护红线、保障生态安全提供支撑。

关键词： 上海　生态保护红线　管理制度　生态空间

一　上海生态保护红线落地亟须完善管理制度建设

党的十八大首次将生态文明建设纳入社会主义现代化建设的总体布局，
党的十八届三中全会明确提出了"划定并严守生态保护红线"的战略要求，
党的十九大报告中更加强调推进生态系统整体性保护，报告要求通过"统
筹山水林田湖草系统治理，实行最严格的生态环境保护制度"，并系统完成
对生态保护红线、永久基本农田控制线、城镇开发边界线的划定工作[①]。为
响应国家生态文明建设要求，上海市积极响应《关于划定并严守生态保护
红线的若干意见》（以下简称《意见》）中的政策意见，落实生态保护红线
划定工作，并顺利获得国务院批复同意。在此背景下，如何建立起最严格的
生态保护红线制度，守住生态安全底线，成为上海推进生态保护红线制度建
设的当务之急。生态保护红线管理制度建设是确保红线"成色"和生态环
境保护政策真正"落地"的重要保障[②]，对于落实国家生态文明建设和生态
保护体制改革意义深远。

（一）生态保护红线是确保国家生态安全的生命线

改革开放以来，我国社会经济粗放增长与生态环境问题之间的矛盾日益
凸显。虽然当前我国自然保护区、森林公园等各类自然保护地建设数量众

[①]　宋献中、胡珺：《理论创新与实践引领：习近平生态文明思想研究》，《暨南学报》（哲学社
会科学版）2018 年第 1 期。

[②]　http://www.qstheory.cn/zoology/2018－09/26/c_1123482669.htm.

多，约占陆域国土面积的 18%。但生态环境仍不断受损，生态系统功能退化、环境污染严重、自然灾害多发已经对国家生态安全与人居环境安全造成严重威胁。与此同时，我国自然保护地体系存在空间界线不清晰、交叉重叠现象严重等问题。生态保护红线制度作为国家推进生态文明建设与生态环境保护体制改革的一项战略性举措应运而生，并且被提升至国家战略层面，成为确保国家生态安全的"生命线"①，在国家生态文明建设与生态环境保护体制改革中的重要地位显而易见，国家《生态文明体制改革总体方案》均明确了划定并严守生态保护红线的要求。2017 年 2 月，中办、国办印发《意见》，并具体阐释了生态保护红线制度的核心要义和战略设计。上海在《意见》的指导下，积极开展生态保护红线划定工作，是贯彻落实党中央、国务院生态文明建设重要战略部署，响应十九大报告精神，加快生态文明体制改革，积极落实长江经济带"共抓大保护，不搞大开发"战略的重要举措，同时，也是上海保障城市生态安全底线、实现卓越全球城市建设的重要战略举措之一。

（二）上海已划定生态保护红线，下一步关键是严守

2017 年 7 月，上海市形成了生态保护红线划定的初步方案，2017 年 8 月经审议通过后上报。同年 11 月 30 日，经原环境保护部、国家发展改革委审核并原则通过。2018 年 2 月，国务院正式批复同意。上海市按照国家统一部署，以"应划尽划、划则尽守"为基本原则，遵循"多规合一、陆海统筹"的要求，通过与《上海市城市总体规划（2017～2035 年）》《上海市主体功能区规划》进行充分的衔接，完成了全市生态保护红线划定工作，覆盖了"生物多样性维护红线、水源涵养红线、特别保护海岛红线、重要滨海湿地红线、重要渔业资源红线和自然岸线 6 种类型②""红线总面积 2082.69 平方公里，占比 11.84%。陆域面积 89.11 平方公里，生态空间内

---

① 李干杰：《"生态保护红线"——确保国家生态安全的生命线》，《求是》2014 年第 2 期。
② http://www.shanghai.gov.cn/nw2/nw2314/nw2319/nw12344/u26aw56305.html.

占比为 10.23%，陆域边界范围内占比为 1.30%；长江河口及海域面积 1993.58 平方公里；自然岸线总长度 142 公里，占岸线总长度 22.6%[①]"。下一步重点是落实严守工作，确保生态保护红线制度真正"落地"（见图 1）。

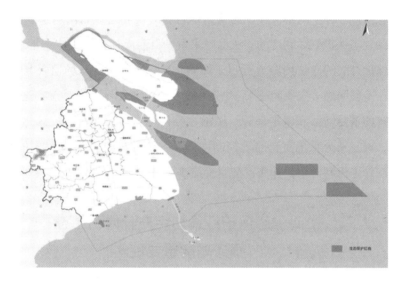

图 1　上海市生态保护红线分布

资料来源：http://www.shanghai.gov.cn/nw2/nw2314/nw2319/nw12344/u26aw56305.html.

（三）严守生态保护红线根本保障是管理制度建设

根据《意见》中提出的全国各省市划定生态保护红线的时间节点安排，2020 年底前，生态保护红线制度须基本建立[②]，全国各省市生态保护红线的划定工作须全面完成。截至目前，京津冀和长江经济带沿线地区的 14 个省份已发布本行政区域生态保护红线。其他 16 省份均已形成划定方案并多数通过省级政府审议。为切实强化我国生态保护红线监管工作，目前生态环境部正

---

① 《江苏上海划定生态保护红线》，《城市规划通讯》2018 年期 13 期。

② http://www.gov.cn/zhengce/2017－02/07/content_ 5166291.htm.

研究制定相关管理办法。当前我国环保体制在横向上以环保部门为主，国土、森林、海洋、水利等多个行业主管部门共同参与，而环保部门与其他行业主管部门之间的环保职能与权力配置模式与当前生态保护红线的管理要求很难相适应①，且纵向的中央与地方之间、地方各级之间权力约束机制，以及实施生态系统整体性保护的跨区域、跨部门综合管理机制建设目前均存在不足②。从现行的生态保护红线制度的立法保障来看，目前尚存在立法体系不够完备，在生态保护红线的立法内容方面过于原则化，生态保护红线的监督与管理的法律责任不够明确等主要问题③。生态保护红线管理制度建设是落实这一核心制度安排的重要支撑和根本保障。亟须在分析生态保护红线管控具体要求的基础上，构建较为系统完善的管控制度体系，形成纵向联通、横向协调、多方协作的管理机制框架，并完善配套管控政策与措施。

二 上海生态保护红线划定充分体现生态服务功能重要性

上海市委、市政府高度重视生态保护红线制度建设工作，2017年7月，形成了生态保护红线划定初步方案，2017年8月，通过组织专家论证会，进行补充、修改和完善，经审议通过后上报。同年11月30日，经原环境保护部、国家发展改革委审核并原则通过。2018年2月，国务院正式批复同意。上海根据《意见》，将划定并严守生态保护红线作为推进并落实生态文明建设的重要抓手。在《上海市城市总体规划（2017～2035年）》中明确："扩大生态空间、保障农业空间、优化城镇空间""将具有特殊重要生态功能、必须强制性严格保护的区域，划入生态保护红线，实现一条红线管控重

① 肖锋、贾倩倩：《论我国生态保护红线制度的应然功能及其实现》，《中国地质大学学报》（社会科学版）2016年第6期。
② 刘玉平、侯鹏：《建立生态保护红线管理制度的几点思考》，《环境保护》2017年第23期。
③ 李慧玲、王飞午：《我国生态保护红线制度立法研究》，《河南财经政法大学学报》2015年第6期。

要生态空间"。上海市生态保护红线的划定充分体现了对具有重要生态系统
服务功能的区域的严格保护。

（一）上海生态保护红线总体空间格局

上海市在开展生态保护红线划定工作过程中确定了两项主要原则：一是
遵循"应划尽划、划则尽守"的原则，凡是《意见》中规定的必须划入生
态保护红线范围的国家级、省级禁止开发区域，以及经过科学评估认定的必
须严格进行保护的各类重要生态保护用地，全都严格划入生态保护红线，并
按照禁止开发区域的管理原则严格管控，建立健全相关制度建设，严守生态
安全底线。二是遵循"陆海统筹、多规合一"的原则，按照生态系统整体
性保护的原则，将划定的陆域生态保护红线和海洋生态保护红线在空间上进
行统筹整合，形成"陆海一张图"的整体保护格局；"多规合一"是将上海
市生态保护红线规划方案与当前已有的各类土地利用总体规划、主体功能区
规划以及其他长期战略性规划等进行对接融合，避免在空间上形成交叉重
叠。全市生态保护红线分区情况如图 2 所示。

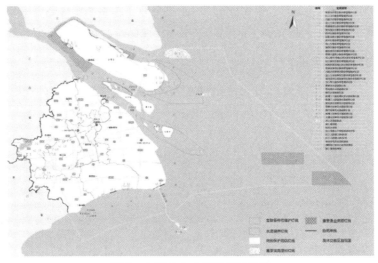

图 2　上海市生态保护红线分区

资料来源：http://www.shanghai.gov.cn/nw2/nw2314/nw2319/nw12344/
u26aw56305.html.

遵循以上两个原则，上海划定的生态保护红线主要分布于长江口、杭州湾、崇明岛和青浦西部等区域。其中，崇明区和浦东新区红线面积占全市总的生态保护红线面积的97.5%左右。崇明区生态保护红线面积最大，为1177.82平方公里，约占全市生态保护红线面积的56.6%，崇明区生态保护红线中长江河口和海域面积约占95.6%，主要包括位于崇明东滩的长江口生物多样性保护红线、东滩地质公园生物多样性保护红线、东滩滨岸带生物多样性红线、东滩保护区生物多样性维护红线、长江河口的水产种质资源保护区、东风西沙生物多样性保护红线、东风西沙和青草沙水源涵养红线及滨岸带水源涵养红线等，发挥着重要的生物多样性保护和水源涵养生态系统服务功能；浦东新区生态保护红线面积为853.2平方公里，全部为长江河口及海域红线面积，主要发挥生物多样性保护功能；青浦区生态保护红线区域主要包括淀山湖上海境内的水域部分、黄浦江上游金泽水库水源涵养区域、大莲湖生物多样性保护区域；金山区生态保护红线区域主要包括金山三岛生物多样性保护区域及其保护岸线。此次上海市生态保护红线划定包涵了全市100%的城市集中式水源地，80%以上的重要生物栖息地和保护物种栖息地，虽然仍有镶嵌于城镇空间、农业空间内大量具有生态保护功能的区域目前尚未纳入生态保护红线范围，如城市公园、楔形绿地、郊野公园等，但此类生态用地已按照相关规划实施分级分类保护和管理，以保障其重要生态系统服务功能的发挥（见表1）。

表1 上海市生态保护红线分区汇总情况

行政区名称	生态保护红线面积（km²）	陆域红线面积（km²）	长江口及海域红线面积（km²）	自然岸线长度（km）	主导生态系统服务功能
崇 明 区	1177.82	51.34	1126.48	68.3	生物多样性维护、水源涵养
浦东新区	853.2	0	853.2	56.5	生物多样性维护
奉 贤 区	11.45	11.45	0	9.4	生物多样性维护
金 山 区	10.49	0	10.49	4.4	生物多样性维护
宝 山 区	6.94	3.53	3.41	3.4	生物多样性维护、水源涵养
青 浦 区	21.5	21.5	0	—	生物多样性维护、水源涵养
松 江 区	1.09	1.09	0	—	生物多样性维护、水源涵养
闵 行 区	0.16	0.16	0	—	水源涵养
嘉 定 区	0.04	0.04	0	—	生物多样性维护
合　　计	2082.69	89.11	1993.58	142	—

资料来源：《上海市生态保护红线》。

（二）上海生态保护红线类型分布情况

根据《意见》，上海生态保护红线的划定主要包含了生物多样性保护、水源涵养、特别保护海岛、重要滨海湿地、重要渔业资源和自然岸线共6种类型。其中，生物多样性保护红线面积最大，为1185.94平方公里，主要包括自然保护区、国家森林园、重要湿地、国家地质公园、极小物种栖息地及其附属滨岸带。重要渔业资源红线面积排在第二位，为684.61平方公里，主要为长江刀鲚水产种质资源保护区和长江口南槽口外捕捞区。上海生态保护红线划定较为注重对长江河口和海域重要的生物多样性维护生态系统服务功能进行保护。上海水源涵养红线面积覆盖了全市重要的饮用水水源保护区，包括青草沙、东风西沙、陈行饮用水水源一级保护区、黄浦江上游饮用水水源一级保护区松浦大桥备用取水口、黄浦江上游饮用水水源保护区金泽取水口等。大陆自然岸线和海岛自然岸线的保护达到142公里。上海生态保护红线划定充分体现了对重要生态系统服务功能的保护（见表2）。

表2 上海生态保护红线分类型汇总情况

类型	主要包括	面积（km2）	陆域面积（km2）	长江口及海域面积（km2）	长度（km）
生物多样性保护红线	自然保护区、国家森林园、重要湿地、国家地质公园、极小物种栖息地及其附属滨岸带	1185.94	64.13	1121.81	—
水源涵养红线	饮用水水源保护区及其附属滨岸带	95.14	26.68	68.46	—
特别保护海岛红线	佘山岛领海基点	2.3	0	2.3	—
重要滨海湿地红线	南汇嘴湿地和顾园沙湿地	115.3	0	115.3	—
重要渔业资源红线	长江刀鲚水产种质资源保护区和长江口南槽口外捕捞区	684.61	0	684.61	—
自然岸线	大陆自然岸线和海岛自然岸线	—	—	—	142
合计（扣除重叠）		2082.69	89.11	1993.58	142

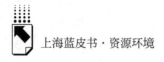

（三）上海生态保护红线管控实施保障

目前，上海市还未出台专门的"上海市生态红线管理办法"文件，根据《意见》，上海在生态保护红线管控方面初步提出了通过构建一系列政策保障机制并完善组织实施体系，以促进生态保护红线的真正"落地"，并能够守得住。

生态保护红线制度实施保障机制的主要内容包括：①动态增加机制，通过科学评估将生态效益和服务功能强、具备条件的生态保护斑块逐步纳入红线范围；②监测评估机制，通过建立健全生态保护红线综合监测网络体系、加强部门之间监测数据共享与平台化建设、建立评估机制，跟踪并定期分析评价生态保护红线的状况和效益；③监督考核机制，以区政府或委办局领导为生态保护红线第一负责人，创新建立"红线区长制"，形成常态化的执法监督与任务考核，并将考核结果作为实施生态补偿的依据；④政策激励机制，由市发改委和财政局牵头，在已有的生态补偿政策基础上，根据生态保护红线的考核评价结果，进一步对生态补偿转移支付办法进行补充完善。

生态保护红线制度组织实施体系的主要内容包括：①联席会议制度，以联席会议制度，负责全面部署、推进和协调各项工作，该联席会议以分管市领导和各委办局主要负责人为召集人，成员包括市住建委、市农委、市绿化市容局、市水务局、市气象局等相关市级职能部门和相关区政府分管领导等；②专家例会制度，通过建立生态保护红线专家咨询制度，组织高校和科研院所的力量，定期进行专家咨询，提升严守生态保护红线工作的科学性和前瞻性；③形成联合技术团队，组建专门的生态保护红线划定与严守工作技术团队，具体承担各类相关技术工作。

三　上海严守生态保护红线面临着多维度的管控要求

上海严守生态保护红线不仅要遵循国家政策层面提出的管控的目标与要求，即"生态功能不降低、保护面积不减少、用地性质不改变"，在管理制度层面还要求源头严防、过程严管、后果严惩。上海地处长江入海口的特殊自然地理区位，在开展生态保护红线管控时，应根据《意见》，按照"陆海统筹、综合治理的原则，开展海洋国土空间生态保护红线的生态整治修复，并开展周边区域污染联防联治①"，重点加强生态保护红线内长江口污染源的综合整治。

（一）改革开放以来我国生态管控制度日益严格

我国改革开放以来，在全国各地建立大量的自然保护地，分别归属多个部门管理。包括自然保护区、海洋生态区、风景名胜区、森林生态区、地质生态区等十多种类型，构成庞大的空间规划生态系统管理体系。在庞大的自然保护地体系当中，起步早、面积大、数量多、保护成效最显著的是自然保护区，目前，全国自然保护区面积约为147万平方公里，占国土陆地总面积的15%，它们保护着我国陆地90%的野生动植物种群和自然生态系统类型。虽然我国众多的自然保护地在保护生物多样性和生态系统可持续性方面发挥了极为重要的作用，但自然保护地的建立缺乏较为系统的空间布局与顶层设计，多数呈现破碎化和孤岛现象，而在管理上又交叉重叠，生态保护方面形成空缺，自然保护地数量众多但尚未系统形成一个有机整体，生态系统管理成效降低，生态系统服务功能难以充分保护。

面对日益严峻的生态环境问题，应加快推动以国家公园为主体建设自然保护地体系。国家公园的自然景观较为独特，科学内涵丰富，国家公园的设立为保护自然生态系统的健康和完整性提供了重要载体，坚持强调自然生态系统的严格保护、系统保护和整体保护。国家公园是我国生态系统管理的重要类型之一，属于禁止开发区域，须纳入全国生态保护红线管控范围，实行最严格的保护制度。

党的十八届三中全会提出要建立国家公园体制。2015年5月《建立国家公园体制试点方案》发布，旨在通过试点建设，为国家公园体制的建立

---

① http：//www.gov.cn/zhengce/2017－02/07/content_ 5166291.htm.

提供有力的实践支撑。该方案是为加快构建形成国家公园管理体制，借鉴国际有益做法，在试点经验总结的基础上，立足我国国情来研究制定。党的十九大报告中进一步确定国家公园的作用和地位，同时标志着我们的国家生态系统管控体系建设进入实质性提升阶段。新时期，国家《生态文明体制改革总体方案》《"十三五"规划纲要》等重要文件中明确提出划定并严守生态保护红线的战略要求。党的十八届三中全会、党的十九大报告中均提出了"划定并严守生态保护红线"的战略要求，党的十九大报告中更加强调推进生态系统整体性保护，报告要求通过"统筹山水林田湖草系统治理，实行最严格的生态环境保护制度"，并系统完成对生态保护红线、永久基本农田控制线、城镇开发边界线的划定工作。表明我国生态系统管控体系正走向系统成熟阶段，管控体系和相关制度要求更加严格。

（二）政策层面生态保护红线管控相关目标要求

《"十三五"规划纲要》《关于划定并严守生态保护红线的若干意见》均对生态保护红线管控提出了明确的目标要求，强调"生态功能不降低、保护面积不减少、用地性质不改变"，为严守生态保护红线提供政策保障。

一是生态功能不降低。划定生态保护红线的核心要义是有效保护并改善生态系统服务功能。通过划定水源涵养红线提供水源涵养、气候调节、防洪调蓄等功能以及景观文化服务功能，通过划定生物多样性保护红线对关键物种与种质资源进行严格保护，通过划定生态脆弱性保护红线提供减少水土流失、防风固沙等重要生态系统服务功能，保障国土空间基本的生态支持功能。

二是保护面积不减少。与以往的自然保护区、生态功能区划管理制度不同，生态保护红线是对保护面积实施强制性的约束。为保护生态保护红线区域的基本生态功能，国家要求生态保护红线划定的边界要保持相对稳定，确保红线范围内的面积规模不减少，严格禁止与区域生态保护不协调的各类高强度人类开发活动，真正发挥生态安全底线的作用。

三是用地性质不改变。为了保障生态系统服务功能不降低，必须维持生态保护红线区域范围内的各类生态用地的性质与生态安全格局的稳定。保障红线范围内的各类土地利用类型要以自然生态用地为主，加强对生态栖息地、水源涵养地、生物多样性保护用地等生态保护用地进行用途管制，严禁此类生态用地转向其他用地类型，从而实现对区域整体生态安全格局的保护。

（三）管理层面生态保护红线的全周期管控要求

划定并严守生态保护红线要求在管控的过程中做到全周期管控，注重源头严防、过程严管、后果严惩。

一是源头严防。要确定生态保护红线的优先地位，和强化各级领导干部对生态保护红线的生态底线作用的深刻认识。一方面，在编制各类空间规划时从源头将生态保护红线作为重要规划基础，在形成规划冲突时要始终坚持生态保护红线的优先地位，严格禁止在红线范围内进行人类开发利用活动。另一方面，依靠宣传教育，让各级领导干部形成生态保护红线的生命安全底线意识，从发展理念上牢固树立生态保护红线的观念。

二是过程严管。要在划定与严守的过程中严格管理，一方面，坚持在生态保护红线的划定过程中按照《意见》的要求严格执行，划定的区域体现生态保护红线的"红"。另一方面，通过完善生态环境监测网络对生态保护红线区域实施常态化的环境监测，并通过完善生态保护红线立法，加强自动监控与人工监察执法的相结合，实时监控生态保护红线区域内的各项活动。

三是后果严惩。建立健全相关考核与责任追究制度，对破坏生态保护红线的行为进行严厉追究。一方面，加强对各级领导干部的离任审计，将生态保护红线的考评结果作为审计的重要依据，进行严厉追责。另一方面，强化社会公众对破坏生态保护红线的法律责任的认识，依法对企事业单位和个人破坏生态红线的行为进行追责。

（四）上海生态保护红线面临陆海统筹管控要求

上海地处长江入海口，河口生物多样性丰富，且是多个重要的饮用水水源一级保护区所在地，上海生态保护红线管控的重心是长江入海口和海域生态红线的严守。地理区位因素决定了上海生态保护红线管控肩负着河口生态系统保护、长江珍稀/濒危水生动物保护以及国际候鸟保护等重要的生态保护责任与使命，须注重陆海统筹。因此，上海在生态保护红线划定时，长江河口及海域面积达到了1993.58平方公里，约占生态保护红线总面积的90%。对自然岸线的保护总长度达到142公里，占岸线总长度22.6%。然而，海洋生态保护红线管理所面临的挑战与不确定性较大，在实施海洋生态保护红线管控的过程中须从系统的角度考虑，按照"陆海统筹、综合治理"的原则，加强海洋红线范围内的生态整治与修复、入海和入河污染排放的综合整治、生态环境治理与保护的污染联防联控等。

四 上海生态保护红线"四位一体"管控制度体系设计

结合当前上海生态保护红线划定现状和管控目标要求，尝试从监测监察常态化管控，行政许可精细化管控，法律法规强制化管控和社会公众多元化管控四个维度构建上海生态保护红线管理制度体系，并从完善生态保护红线制度立法、构建"多规合一"的保障机制、健全自然资源资产产权制度、建立环境绩效考核评价体系、推动干部离任审计追责制度、建立健全生态补偿激励机制、创新地方环保机构独立履职和加强信息公开以及宣传教育等方面探讨了相关对策机制，为上海严守生态保护红线，保障生态安全提供支撑（见图3）。

（一）监测监察常态化管控

上海严守生态保护红线，首先需要完善生态环境监测网络体系建设，实施常态化与全天候监控，强化生态保护红线监管队伍、监管设施、监管能力和监管水平建设。一是将遥感与地理信息系统等3R技术应用于生态保护红线实时定位监测，及时而全面地掌握生态保护红线范围内各类型生态系统的结构、功能与状态，用于反馈生态保护红线管理过程中存在的主要生态问

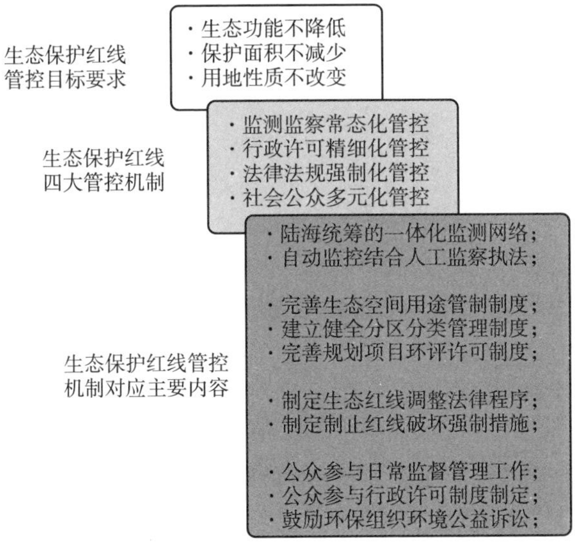

图3 上海生态保护红线管理制度体系概念框架

题，以及所受到的人类活动干扰强度，特别是需要加强黄浦江上游、长江口多个重要的饮用水水源地的生态安全监测，以及崇明东滩鸟类和江豚生物栖息地的监测与保护，强化对重点生态保护红线区域的常态化监测。二是要完善生态评估及预警体系和技术方法的标准化建设，定期开展生态保护红线的生态系统服务功能的监测评估，并做出预测与预警。三是完善生态保护红线监测数据平台建设，建立上海生态保护红线监测信息系统并与国家层面的监测系统相对接，并充分利用大数据分析和群众举报信息，为上海生态保护红线管理提供决策信息支持。

除了构建完善的生态保护红线监测系统，还需要完善监察执法管控体系，强化生态保护红线范围内的各项人类活动的各项执法监督。建议由上海市负责生态保护红线管理的副市长担任组长，统筹协调各行政区的区长以及环保、水务、林业、农业等各部门领导，专门成立"生态保护红线监督执法小组"，开展常态化的监督巡查与执法工作。同时结合当前上海市的河长制，开展重要饮用水水源地周边和沿海入河湖排污水口的监察执法，共同构成全方位、全天候的监管工作制度，保障生态保护红线不受到各类不合理的人类开发利用活动的影响。对生态保护红线监察执法过程中发现的问题进行及时反馈，对各类违规问题规范执法，并进行各行政区和行业主管部门的通报批评和责任记录，作为绩效考核和责任追究的重要依据。

（二）行政许可精细化管控

生态保护红线区别于其他类型自然保护区最重要的一个特征是严格的行政许可制度，生态保护红线区域实施更加严格的空间管控，主要通过一系列的行政许可制度来加以保障。上海生态保护红线的管理必须综合考虑生态系统的主导服务功能、生态保护等级与长江入海口保护需求，制定具有适应性的保护标准和管控制度，进行差异化的管控。

一是生态空间用途管制制度。划定生态保护红线并不意味着将其设为无人区，而是既要合理利用生态保护红线区域内各类型的自然资源，又要确保其基本生态系统服务功能与生态安全格局的保护，因此，要实施生态空间用途管制，建议上海在摸清自然生态空间家底的基础上，严格区分生态保护红线和一般自然生态空间，对生态红线区域实施最严格的保护，对于一般生态空间采取准入进入制度，分类管理湿地、滩涂、海洋、河流等自然空间。

二是分级分类管理制度。针对上海不同类型生态系统的服务功能差异，根据生态环境敏感性、生态干扰敏感性、资源占用敏感性不同，以及产业发展的资源环境影响强度和类型，施行分级分类管控，例如，对上海长江河口及黄浦江上游重要的集中式饮用水水源地周边应实施一级管控，严禁一切开发建设活动，确保河口生态系统、长江珍稀和濒危水生动物以及国际候鸟保护生态红线不受破坏。对一般生态空间应实施二级管控，实行较为严格的准入管理，制定产业布局与准入指导目录，明确不同类型的产业和人类活动的准入"门槛"和强度"控制阀"，严格禁止有损生物多样性保护、水源涵养功能的开发建设活动，不符合准入规范的一律不予审批。

三是环评许可制度。规划环评及各类项目的环评是环保部门实施生态环境管理的有力工具。因此，须强化环评许可制度对生态保护红线的评价与预警作用，通过明确各类项目的规划落地与生态保护红线的空间位置关系，分析各类项目落地可能对生态保护红线的影响作用机理、影响强度，进而做出科学判断和预测，强化生态保护红线在环评的生态可行性分析中的底线地位，真正发挥对生态保护红线的预防性保护作用。

（三）法律法规强制化管控

生态保护红线的真正落地须依赖法律背后的国家强制力提供强制保障手段。当前上海各类型生态保护红线的管理主要是依据已有的自然环境要素和生态空间保护方面的国家和地方的法律法规，如《中华人民共和国野生动物保护法》《中华人民共和国森林法》《中华人民共和国水法》《中华人民共和国自然保护区条例》《湿地保护管理规定》《上海市崇明东滩鸟类自然保护区管理办法》《上海市实施〈中华人民共和国野生动物保护法〉办法》、《上海市饮用水水源保护条例》等，叠加从严执行。现有的法律法规体系在生态保护红线区域的系统管理方面仍显得不够完备、立法内容过于原则、法律责任不够明确或过轻。因此，须考虑选择基本法与专门法并举的立法模式，在当前已有生态环境保护法律法规明确了保护原则的基础上，上海应根据国家相关政策意见，率先制定地方性生态保护红线专项行政法规，强化生态保护红线的制度化和法律化，明确其适用范围、违反的法律责任。一方面，制定严格的生态保护红线调整的法定程序，强制保障生态保护红线的稳定性和严肃性，对地方政府、企业和公众随意调整、侵占和取缔的行为一律追究法律责任，并鼓励公众和环保组织实施依法监督，例如，对海洋行业管理部门违规围海的行为，企业和公众可发起行政公益诉讼。另一方面，制定强制制止破坏、责令恢复生态保护红线的法律手段，强化其法律强制力保障。

（四）社会公众多元化管控

严守生态保护红线离不开政府、企业、公众和环保社会组织等多元相关方的共同努力。其中，公众既是权利主体，又是责任主体，因此，须建立健

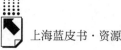

全社会公众多元化的参与机制，生态保护红线既是对企业和社会公众的强制约束，也是对政府和行业主管部门的行政权力的有效约束，通过引导广泛的社会公众和政府以及行业管理部门的相互监督，既强化了生态保护红线的系统管控力度，又丰富了国家治理能力现代化建设的实践经验。因此，一方面需要在生态保护红线的行政许可制度中设置多元化的公众参与渠道。另一方面鼓励和引导公众和环保组织积极参与日常监督，对监督举报破坏或侵占生态保护红线的行为予以适度奖励，鼓励在发生生态保护红线损害行为后依法提起公益诉讼，保障制度落地实施①。

五　上海生态保护红线管理制度的配套对策机制探讨

上海生态保护红线管理制度的有效运行离不开具体的配套管理对策机制，生态保护红线制度作为国土生态空间管控的一项重要的强制性制度安排，在具体实施过程中需要充分运用当前已有的包含法律层面、市场经济层面、规划管理层面、政府管理层面、社会管理层面的多元化的管理机制。

（一）完善生态保护红线制度立法

生态保护红线是具有强制性的生态空间管理制度，须依赖完善的法律制度建设。虽然当前国家新《环境保护法》明确了生态保护红线的法律地位，但仅做出了原则性规定与约束，国家和地方都迫切需要建立起专项的管理制度，筑牢其法治化地位。建议上海在整合已有的国家和地方相关法律法规基础上，由上海市人大常委会率先制定严格、细化的生态保护红线管理法规，明确具体的监督责任、管理程序，破坏和侵占生态保护红线的民事、行政及刑事法律责任，确定其法治化管控路径。针对上海海洋生态保护红线管理面临的巨大压力与挑战，须结合国家海洋督察、地方人大常

---

① 高吉喜、鞠昌华、邹长新：《构建严格的生态保护红线管控制度体系》，《中国环境管理》2017年第1期。

委会海洋环境保护法执法检查所发现的围填海管理、海洋环境保护、渔业等问题，贯彻落实国务院《关于加强滨海湿地保护严格管控围填海的通知》，从强化规划引导、完善海洋生态环境保护法律法规、加强海洋环境保护监督执法能力建设等方面①，进一步推进上海海洋生态环境保护与海洋资源的高水平开发利用。

（二）构建"多规合一"的规划机制

实施严格的生态保护红线空间管控，须依赖国土空间规划管理体系的完善，以土地利用总体规划、国民经济和社会发展规划、生态环境保护规划、主体功能区规划、城市总体规划等的"多规合一"机制来保障生态保护红线的实施在规划层面上得以衔接和融合。2017年1月，国家推进省级空间规划试点，要求通过建立健全统一的空间规划体系，实现国家治理能力和治理效率的提升，而上海市自2008年以来，先后完成了"两规合一"和"三规合一"，探索了空间治理方式的创新，取得了一定的实践经验，为生态保护红线的严格空间管制提供了一定的制度保障。未来需强化生态保护红线在"多规合一"规划体系中的基础性、强制性、约束性地位。在规划编制方面，要明确生态保护红线规划应先于土地利用规划、国民经济与社会发展规划等各类规划，其他规划须以满足生态保护红线规划为前提。在对当前生态环境保护规划、环保三年行动规划等的审批过程中，要通过市人大常委会依据是否符合生态保护红线制度的要求为依据来进行审查与审批，将是否满足生态保护红线作为各类规划合法性审查的指引与依据。

（三）健全自然资源资产产权制度

作为自然资源资产，生态保护红线区域具有重要的生态系统服务功能和非常高的生态系统服务价值，因此，建立健全"归属清晰、权责分明、监管有效"的自然资源资产产权制度，可以为生态保护红线区域的管理提供

---

① http：//www.gov.cn/zhengce/content/2018－07/25/content_ 5309058.htm.

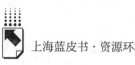

更加有力的保障，有利于自然资源部统一履行所有国土空间用途管制和生态保护修复职责。制定清晰的产权、使用权界限，可以实现对生态保护红线侵权行为的有效预防，同时有利于对红线区域内自然资源资产的合理与高效利用。当前上海自然资源资产产权制度建设尚处于探索建立阶段，应根据国家2016年出台的《自然资源统一确权登记办法（试行）》，以已经开展了自然资源资产负债表编制的崇明区为例，加快推进自然资源资产统一确权登记工作，建立分级行使所有权的管理机制，建成"边界清晰、利益平衡、权责对等"的所有权系统，覆盖面广、功能完整的所有权制度体系，以及涵盖产权登记、档案管理、产权交易等关键制度的管理权制度体系，从而为生态保护红线管理提供制度保障。另外，划定并严守生态保护红线也促进了自然资源资产的保护与自然资源资产产权制度的建设与完善。

（四）建立环境绩效考核评价体系

生态保护红线的落地与实施，必须依靠体现生态文明与可持续发展理念的环境绩效考核制度来引导和保障。相对于当前我国现行政绩效考评体系对生态环境保护的重视与体现不足，环境绩效考核是当前国家生态文明建设背景下有利于生态环境保护的导向性约束机制，有利于对生态保护红线的保护。因此，建议上海要积极探索政府绩效考核体系的调整，支持各行政区生态保护红线区的保护，将生态保护红线的监测评价结果纳入上海市各级政府部门的绩效考评当中，并作为重要评价依据。一是在具体的政府绩效考核指标体系中综合考虑生态环境保护与资源消耗等方面的指标，尤其是在崇明、青浦、浦东、金山等重要的生物多样性保护红线区域与水源涵养红线区域，应侧重长江入海口水生态环境质量的改善，珍稀或濒危物种、国际候鸟等生物多样性的保护，水源地水源涵养生态功能提升等维度的环境绩效考核。二是针对生态保护红线，要以《意见》明确的"生态功能不降低、保护面积不减少、用地性质不改变"的目标要求为导向，完善考核评估制度，制定科学的考核评价指标体系，开展生态保护红线状况的动态监测评估，在监测评估的基础上进行考核。

（五）推动干部离任审计追责制度

当前我国生态保护红线的实施，地方政府在划定与严守方面发挥主导作用，为保障生态保护红线的"成色"和权威性，还需要实施领导干部离任审计与责任追究制度来发挥一定的约束作用。《中共中央关于全面深化改革若干重大问题的决定》文件中要求"探索编制自然资源资产负债表，对领导干部实行自然资源资产离任审计[①]"，目的是强化各级政府和社会组织的生态环保责任与意识，并对各级政府的生态环保工作绩效进行量化评价。在此背景下，上海积极在崇明区开展了自然资源资产负债表编制试点研究，建议在此基础上，陆续推进全市各行政区的自然资源资产负债表编制工作，通过资产负债表的编制为生态保护红线的责任落实提供量化管理支持，在此基础上建立领导干部离任审计和责任追究制度，将领导干部任期内生态保护红线区域自然资源资产负债情况作为离任审计的重要考评依据。与此同时，强化各级政府领导对生态保护红线区域内自然资源资产保护的政治责任意识，制定好问责与追究的程序，对因玩忽职守、徇私舞弊造成严重负面后果的责任人，建立责任终身追究机制，加大对违法与渎职的处罚力度。

（六）建立健全生态补偿激励机制

生态保护红线区域一旦划定，将对所在地区的发展规划与项目建设落地产生直接的影响，因此，须依靠生态补偿机制来进行经济支持。生态保护红线区域内生态系统所发挥的重要生态服务功能会因为生态系统服务的流动性，为红线区域外的地区提供不同类型的生态系统服务，而红线区域外的地区资源利用与环境容量相对受到的约束较小，会获得更多的发展空间，因此，建立生态补偿机制有利于生态保护红线区域内的保护和红线区域外发展的共赢。建议上海一是结合已有的黄浦江上游青西地区饮用水水源地生态补

[①] http://politics.people.com.cn/n/2013/1116/c1001-23560979.html.

偿实践基础，建立健全本市范围内生态保护红线区域的生态补偿制度。综合考虑各个行政区乡镇生态保护红线区面积、生态系统服务功能类型及人口等重要因素，设置差异化的补偿标准，补偿途径等。二是建立直接奖励激励机制，根据生态保护红线监测评估结果，对生态保护红线保护绩效较高、生态系统服务功能显著提升改善的地区直接给予奖励。三是发挥上海在绿色金融发展方面的独特优势，积极在生态保护红线管理方面创新引入绿色投融资机制。形成市场化、社会化手段，多渠道生态补偿资金来源渠道，用于生态保护红线区域的生态修复、保护，构建"政府－市场－社会"多元参与的生态补偿投融资机制。

（七）创新地方环保机构独立履职

当前，全国各地区生态保护红线主要是由地方政府主导控制下完成划定工作，而地方环境保护行政主管部门往往是环保政策的主要制定者和实施者，严守生态保护红线也需要以地方环境行政管理为基本依托。在我国"政府监管中心主义"的生态环境治理保护模式下，地方环境保护行政主管部门在严守生态保护红线的过程中容易受政府发展需求的影响。一方面，国家明确了生态保护红线一旦划定，须保证"生态功能不降低、保护面积不减少、用地性质不改变"，既提供了政府各类规划与项目开发活动的合法与违法标准，也限制了地方政府在发展规划上的行为。另一方面，生态保护红线的划定又在一定程度上限制了政府各类资源、环境容量的行政审批权限。因此，协调地方环保行政主管部门与政府、其他各行业主管部门之间的关系成为严守生态保护红线的一个重要环节。为了保障上海严守生态保护红线的"成色"，建议上海创新赋予环保部门在生态保护红线监管方面独立履职的特殊权限，日常监管与履职直接对接国家生态保护红线监管平台，并将上海严守生态保护红线纳入中央环保督察范畴。

（八）加强信息公开及宣传教育

加强环境保护信息公开，并通过对公众和领导干部进行宣传教育，是提升生态保护红线底线意识的重要手段，也是培养严禁破坏、侵占生态保护红线法律责任意识的有效方式。建议上海市在划定生态保护红线的基础上，一是完善生态保护红线的勘界定标工作，让社会公众能切实感受到生态保护红线的存在，激发公众参与生态保护红线管理监督与保护的意识。二是搭建生态保护红线监管平台，定期发布生态保护红线的相关监测信息，并积极采纳公众的意见，及时对公众的意见进行回复，促进公众参与监督，实现常态化监管。三是通过上海"政务双微""上海环境"政务微博、政务微信、社区讲座等公众参与途径，大力宣传生态保护红线相关制度和法律法规。四是借助崇明东滩鸟类科普教育基地、湿地公园环保教育基地等上海 20 多家环保教育基地广泛进行生态保护红线的宣传教育。五是加强对各行政区政府以及林业、环保、海洋、水务等行业主管部门领导进行生态保护红线管控培训，强化领导干部的生态保护红线底线思维，保障严守生态保护红线的科学性和"成色"。

附 录

Appendix

B.16
上海市资源环境年度指标

刘召峰*

本文利用图表的形式对 2012～2017 年上海能源、环境指标进行简要直观的表示，反映其间上海在资源环境领域的重大变化。结合上海"十三五"规划，分析上海资源环境现状与目标之间的差距，为"十三五"发展奠定基础。本文选取大气环境、水环境、水资源、固体废弃物、能源和环保投入等作为资源环境指标。在长三角一体化上升为国家战略的背景下，本文还对近三年江浙沪皖的大气和水的环境质量进行分析，以期反映区域环境协作的水平如何。

（一）环保投入

2017 年，上海市环保投入达 923.53 亿元，占当年 GDP 的 3.1%，比上年增长了 12.1%（名义价格），其中城市环境基础设施投资大幅增长，为 15.1%（见图 1），污染源防治投入下降了 1.9%，而农村环境保护投入上涨了 48.7%。

---

* 刘召峰，上海社会科学院生态与可持续发展研究所博士。

图1　2012～2017年上海市环保总投入及城市环境基础设施投资状况

资料来源：2012～2017年《上海环境状况公报》。

在2017年城市环境基础设施投资、污染源防治投资、农村环境保护投资与环保设施运行费用占环保总投入的比重分别为39.8%、29.6%、15.4%和13.0%（见图2）。

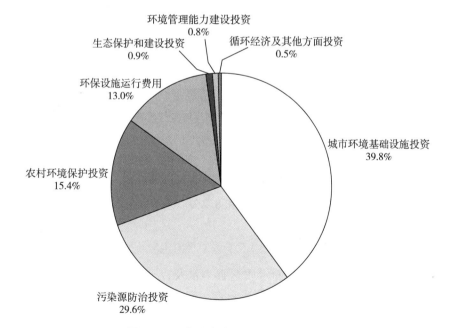

图2　2017年上海市环保投入结构概况

资料来源：2017年《上海环境状况公报》。

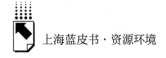

（二）大气环境

2017 年，上海市环境空气质量指数（AQI）优良天数为 275 天，环境空气质量优良率为 75.3%。臭氧为首要污染物的天数最多，占全年污染日的 57.8%。全年细颗粒物（$PM_{2.5}$）、可吸入颗粒物（PM_{10}）、二氧化硫、二氧化氮的年均浓度分别为 39 微克/立方米、55 微克/立方米、12 微克/立方米、44 微克/立方米（见图 3）。$PM_{2.5}$ 和二氧化氮的年均浓度超出国家环境空气质量二级标准，二氧化硫年均浓度达到国家环境空气质量一级标准，可吸入颗粒物的年均浓度达到国家环境空气质量二级标准。

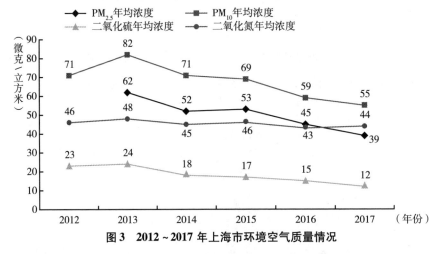

图 3　2012~2017 年上海市环境空气质量情况

资料来源：2012~2017 年《上海环境状况公报》。

2017 年，上海市二氧化硫和氮氧化物排放总量分别为 12.6 万吨和 27.6 万吨，比 2015 年分别下降了 26.2% 和 8.2%（见图 4）。

（三）水环境与水资源

2017 年全市主要河流断面水质达Ⅲ类水及以上的比例占 23.2%，劣Ⅴ类水达 18.1%（见图 5），主要污染指标为氨氮和总磷，相对于 2016 年，地表水环境质量有所改善，尤其是劣Ⅴ类水下降了 15.9 个百分点，氨氮、总磷平均浓度分别下降了 28.0% 和 22%。

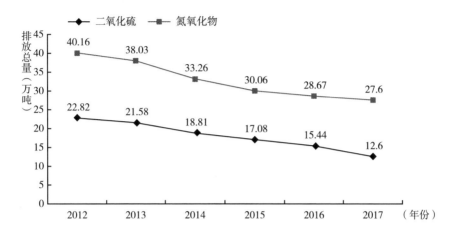

图4　2012～2017年上海市主要大气污染物排放总量

资料来源：2012～2017年《上海环境状况公报》。

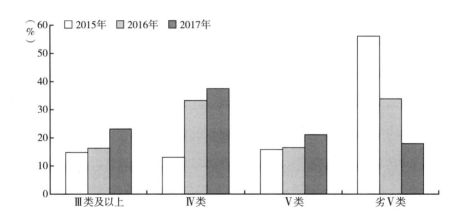

图5　2015～2017年上海市主要河流水质类别比重变化

注：2015年、2016年、2017年数据选取的断面为259个。

资料来源：2015～2017年《上海环境状况公报》。

2017年上海市化学需氧量和氨氮排放总量分别为17.22万吨与3.88万吨，比2015年下降了13.38%和8.92%（见图6）。

2017年，全市自来水供水总量31.01亿立方米，比2016年下降3.2%（见图7）。

2017年，上海市城镇污水处理率为94.5%（见图8）。

图6　2012～2017年上海市主要水污染物排放总量

资料来源：2012～2017年《上海环境状况公报》。

图7　2012～2017年上海市自来水供水总量变化

资料来源：2012～2017年《上海水资源公报》。

（四）固体废弃物

2017年，上海市工业废弃物产生量为1630.48万吨，综合利用率为93.77%。冶炼废渣、粉煤灰、脱硫石膏占工业固体废弃物总量比重为65.86%。2017年上海市生活垃圾产生量899.5万吨，无害化处理率为100%，其中，卫生填埋和焚烧处理分别占39.8%和40.1%，焚烧处理量首次超过卫生填埋量（见图9、图10）。

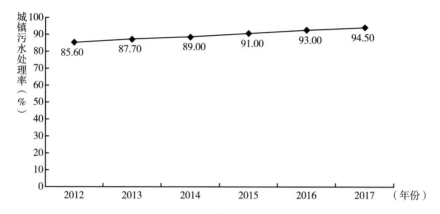

图8　2012～2017年上海市城镇污水处理率变化

资料来源：2012～2017年《上海水资源公报》。

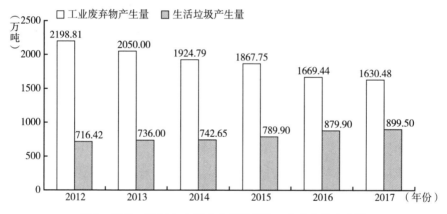

图9　2012～2017年上海市生活垃圾和工业废弃物产生量

资料来源：2012～2017年《上海市固体废弃物污染环境防治信息公告》。

2017年上海市危险废弃物产生量122.79万吨。

（五）能源

2017年，上海万元生产总值的能耗比上一年下降了5.28%，万元地区生产总值电耗下降了3.88%。

2017年，上海市能源消费总量比上一年上升了1.3%，达到1.18亿吨标准煤（见图11）。

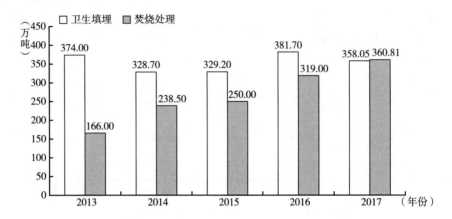

图 10　2013～2017 年上海市生活垃圾两大处理方式的处理量

资料来源：2013～2017 年《上海市固体废弃物污染环境防治信息公告》。

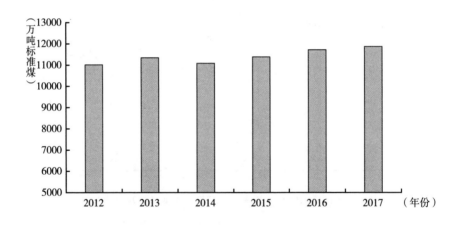

图 11　2012～2017 年上海市能源消费总量变化

资料来源：《2016 年上海能源统计年鉴》《2017 年分省（区、市）万元地区生产总值能耗降低率等指标公报》。

（六）长三角区域环境质量比较

从 2015 年到 2017 年，长三角地区的环境质量总体呈逐步改善趋势。在环境空气质量方面：上海市、浙江省和江苏省的细颗粒物（PM$_{2.5}$）下降比较明显；江苏省和安徽省可吸入颗粒物（PM_{10}）依旧较高；三省一市的二氧化氮的年均浓度下降幅度不明显；而二氧化硫的年均浓度指标表现良好，均达到二级标准以上（见表1）。在水环境方面，上海市的水环境质量虽有所改善，但大幅落后于其他省。值得注意的是，浙江省在2017年已经消灭劣五类水（见表2）。

表1　长三角城市环境空气质量状况（2015～2017年）

城市环境空气质量指标	省份	2015年	2016年	2017年
$PM_{2.5}$年均浓度 （微克/立方米）	上海	53	45	39
	江苏	58	51	49
	浙江	43	37	35
	安徽	55	53	56
PM_{10}年均浓度 （微克/立方米）	上海	69	59	55
	江苏	96	86	81
	浙江	68	60	57
	安徽	80	77	88
SO_2年均浓度 （微克/立方米）	上海	17	15	12
	江苏	25	21	16
	浙江	14	11	9
	安徽	22	21	17
NO_2年均浓度 （微克/立方米）	上海	46	45	44
	江苏	37	37	39
	浙江	28	26	27
	安徽	31	38	38

资料来源：2015～2017年《上海环境状况公报》；2015～2017年《浙江省环境状况公报》；2015～2017年《江苏省环境状况公报》；2015～2017年《安徽省环境状况公报》。

表2　长三角地表水水质状况（2015～2017年）

地表水水质	省份	2015年	2016年	2017年
Ⅲ类水及以上比重(%)	上海	14.7	16.2	18.1
	江苏	48.2	68.3	71.2
	浙江	72.9	77.4	82.4
	安徽	68.3	69.6	73.6

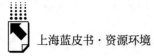

续表

地表水水质	省份	2015 年	2016 年	2017 年
Ⅳ－Ⅴ类水比重(%)	上海	28.9	49.8	58.7
	江苏	49.4	29.8	27.8
	浙江	20.3	19.9	17.6
	安徽	22.8	23.7	21.4
劣Ⅴ类水比重(%)	上海	56.4	34	23.2
	江苏	2.4	1.9	1
	浙江	6.8	2.7	0
	安徽	8.9	6.7	5

资料来源：2015～2017 年《上海环境状况公报》；2015～2017 年《浙江省环境状况公报》；2015～2017 年《江苏省环境状况公报》；2015～2017 年《安徽省环境状况公报》。

Abstract

40 years of reform and opening up, not only witnesses the 40 years of continuous improvement of environmental protection in Shanghai, but also represents the process of continuous optimization of the relationship between urban environment and economic development. At the new historic starting point, Shanghai is striving to become an outstanding global city, a city of innovation, humanity and ecology that people have always been yearning for. Shanghai's new historical position presents higher requirements for urban environmental protection; therefore, it requires us to review systematically the development course of Shanghai's environmental protection since the reform and opening up, and sum up the pattern and characteristics of the evolution of the relationship between economic and social development and environmental protection in Shanghai, which is of great significance to study and determine the evolving direction of environment and development of Shanghai in the future, promote the construction of an eco-friendly city, and solve other major issues as well.

In the past 40 years of reform and opening up, Shanghai's environmental protection has been closely integrated with the process of urban economic and social development. From the perspective of the objectives and tasks of Shanghai's environmental protection in various periods, the development course of environmental protection in Shanghai in the 40 years of reform and opening up can be divided into four stages. The first stage refers to the period from 1978 to 1990, when Shanghai first imposed control on heavy pollution source, heavy pollution industries and heavy pollution areas, which laid the foundation for modern environmental protection efforts in Shanghai. The second stage refers to the period of total pollutant reduction from 1991 to 2010, during which Shanghai, with the three-year action plan for pollution reduction and environmental protection as the starting point, seized the main goal of reducing the total amount of pollutant emissions, greatly decreasing the intensity of emissions and strengthening the construction of urban environmental infrastructure. The third stage is the stage of environmental quality improvement from 2011 to 2017. In this period, based on the remediation of individual pollutants in the past, Shanghai began to attach more importance to the overall characteristics of air and water environmental governance, strengthen the construction of urban ecological space, and vigorously promote the construction of Chongming as a world-class ecological island. In the meanwhile, we continued to strengthen the establishment of an environmental protection system, enhance regional cooperation on environmental protection, and actively participate in the prevention and remediation mechanism against air and water pollution at the Yangtze River Delta region. The fourth stage marks the period marching toward green development since 2018. As proposed in the seventh round of the three-year environmental protection action plan, we paid more attention to promoting green transformation and development in all fields, and the environmental protection endeavor in Shanghai had entered a new stage of overall improvement in the quality of the ecological environment, the comprehensive promotion of green transformation, and the modernization of the ecological environment management system and management capacity.

The objectives and tasks of environmental protection in Shanghai vary with the city orientation and the level of economic development, since environmental protection and urban economic development are an interactive process. This report constructs the index evaluation system of the coordinated development of environment and economy in Shanghai, and evaluates the harmonious relationship between environmental protection and economic development in Shanghai since 1991 by means of the model of coordinated development degree. In 1996, the degree of coordination between environmental system and economic system in Shanghai was only 0. 644, we had not given effective attention to environmental protection until then, and environmental protection and economic development were still in an imbalanced state. After 1996, the degree of coordination between environment and economy in Shanghai kept on rise, and reached the first peak during the 2010 World Expo, and since then, the relationship between environmental protection and economic development has achieved a good balance. On the whole, we have been seeing a high degree of consistency between the development and evolution of the environment and economy in Shanghai since the 11th Five-Year Plan. From the perspective of the coordination degree of coordinated development of environment and economy in Shanghai, the figure has increased from 0.059 in 1991 to 0.939 in 2017, reflecting that the two have basically taken on the trend of synchronous growth, and urban environment and economic system have been in a high level of coordinated development stage after nearly 40 years of reform and opening up. The results of quantitative evaluation show that we shall strengthen the urban environmental protection endeavor from two aspects: first, improve the level of environmental protection and economic development vertically, which is the basis of improving the urban environmental quality; second, horizontally, we shall attach equal importance to environmental protection and economic development, and give priority to ecology and green development.

Although the level of coordinated development of environment and economy in Shanghai is continuously elevating in a good momentum, however, compared with the international top level and the residents' needs for a better life, there are still some imbalances and insufficiencies in the field of environmental protection in Shanghai that urgently demand breakthroughs and solutions: the ecological function of the city that needs to be further enhanced, the quality of the urban environment that needs to be fully improved, the construction of the environmental protection infrastructure that needs to be strengthened, the environmental pressure in the conjunctive area of the town and country due to the transfer of population and industries to the suburbs, the lack of environmental infrastructure, etc., and the imbalance of spatial distribution of supply and demand of ecological space that still exists. In the face of the imbalances and insufficiencies in the field of environmental protection, Shanghai needs to further enhance the level of ecological and environmental protection and optimize the relationship between the environment and economic development. First, strengthen the green concept, centering on transforming economic advantages into ecological advantages, so as to realize source control, green development, production activities from "pollution" to "pollution-free", and shift from coordination of economic development and ecological environment to priority of ecological environment. Second, expand the main entities of environmental protection. On the basis of continuing to play the leading role of the government, strengthen the building of scientific research institutions and professional ranks of environmental protection, focus on exerting the function of the professional knowledge and intellectual support of environmental protection experts and technical teams, and enhance public participation in environmental protection. Third, find more ways of environmental protection, improve the level of intelligent development of environmental protection, change the way of interaction between the environmental management department and ecological environment, between management departments, enterprises and the public, so as to improve the efficiency of interaction. Fourth, increase the objects for environmental protection, shift the focus of environmental protection to the prevention and control of both primary and secondary pollutants, and integrate the control of atmospheric pollution and greenhouse gas emissions. Fifth, expand the scope of environmental protection. Taking advantage of the golden opportunity of the integrated development of Yangtze River Delta that has been elevated to be a national strategy, push forward the further upgrading of regional environmental protection linkage, advance cooperative legislation on regional environmental protection, promote cooperation in regional environmental protection industry, and coordinate promotion of the green transformation in chemical, steel and other key industries in the Yangtze River Delta.

Keywords: Reform and Opening Up; Environmental Protection; Coordinated Development; Evolution

Contents

I General Report

Abstract: The environment is an important part of the urban system, and environmental protection improved with the economic and social development of the city. The 40 years of reform and opening up is also the 40 years of continuous improvement of Shanghai's environmental protection, and it is also the process of continuously optimizing the relationship between urban environment and economic development. Judging from the environmental protection goals and tasks in different periods, Shanghai Environmental Protection has gone through four stages: the key pollution source treatment stage, the total pollutant reduction stage, the environmental quality improvement stage, and the green development stage. Further quantitative evaluation of the coordinated development of Shanghai's environment and economy shows that the balance between urban environment and economy continues to increase, and the balance between environment and economy during the major events such as the World Expo is relatively high. The coordinated development of economy and environment is on a steady upward trend, rising from 0.059 in 1991 to 0.939 in 2017, indicating that the urban environment and economic system have entered a relatively high level of coordinated development. In view of the problem of insufficient imbalance in the field of environmental protection in Shanghai, we need to start from the fields of environmental protection concept, environmental protection subject, environmental protection method, environmental protection target, environmental protection space to further optimize the relationship between environmental and economic development and enhance the level of ecological environmental protection.

Keywords: Environmental Protection; Coordinated Development; Evolution

II Chapter of Review

B. 2 Review of Development History of Shanghai Ecological Environmental Protection Policy *Shang Yongmin* / 028

Abstract: Since the reform and opening-up, the rapid economic growth in Shanghai has caused a series of environmental problems. Also, the ecological and environmental protection policies have gone through three stages of point source management and system construction (1979 – 1999), comprehensive management and overall promotion (2000 – 2012), and deepen governance people oriented (2013 – present). In terms of focus, Shanghai's ecological and environmental protection policies have paid more attention to ecological protection and pollution prevention equally, also source control and whole-process control, concentration control and total control. People's well-being was paid more attention. In terms of ecological and environmental protection means, Shanghai's environmental laws and regulations have become more comprehensive and diversified. The market-oriented means and environmental protection supervision system have been strengthened, and international exchanges and regional cooperation in ecological and environmental protection were actively promoted. In terms of ecological and environmental protection subject, combination of top-down government promotion and bottom-up public participation were emphasized. Now ecological environment problems are still the weakness of Shanghai, and Shanghai has established the development goal of building excellent global city. Therefore, Shanghai needs to strengthen ecological space control system and mechanism innovation, increase emphasis on environmental protection supervision system implement, promote the mechanism construction of regional ecological environment protection integration, and strengthen social supervision and participation, etc.

Keywords: Ecological Environment, Environmental Protection Policies; Shanghai

B. 3 Review of Shanghai Environmental Governance Development History *Ai Lili, Yang Yifan and Pei Bei* / 066

Abstract: During the past 40 years of rapid development since the reform and opening up, Shanghai successive municipal party committee and government have attached great importance to environmental protection by insisting sustainable development. A lot of beneficial explorations have been taken in the field of environmental protection and construction. The history of environmental protection development shows its unique along with the economic and social development. This paper aims to review the environmental protection work during the past 30 years, to analyze the milestone and historical process, to discuss the change accompany with the economic and social development, and to give the case analysis in key environmental protection area and key problem. The experience summed up will guide the environmental protection work in the new era and situation.

Keywords: Environmental Governance; Reform and Opening up; Shanghai

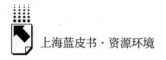

B. 4   Trend Analysis and Review of Environmental Protection

Market in Shanghai of Past 40 Years   *Cao Liping* / 090

Abstract: Environmental protection market is the fundamental condition for developing environmental protection industry. Under the guidance of China's environmental protection and ecological civilization construction strategy, although Shanghai's environmental protection industry has taken root in the early stage of reform and opening up, the real environmental protection market in Shanghai was initially formed in the 1990s. Firstly, this paper reviews the development history of Shanghai environmental protection industry and its market for 40 years, and clarifies the connotation and classification of Shanghai environmental protection industry. Secondly, problems in the development of Shanghai's environmental protection market are analyzed through survey data. Finally, based on the development trend of global environmental protection market and foreign market of environmental protection cultivation experience, this paper argues that Shanghai should play a good " five centers" of the construction of the city function orientation, in many ways to speed up the cultivation in the market of environmental protection of the global city characteristics, play to the role of the Shanghai city dock source and flow and service market, establish environmental protection market is " made in Shanghai " and " Shanghai service " benchmarking; At the same time, in view of the problems existing in Shanghai's environmental protection market, it is suggested that Shanghai integrate and clarify the government's environmental protection management functions under the reform requirements of the ministry system. Give full play to the platform role of environmental protection industry associations and improve the environmental protection standard system; Promote business model innovation of environmental protection enterprises and improve environmental protection market performance; Advocate public participation in green consumption and stimulate local market demand for environmental protection.

Keywords: Environmental Protection Market; Reform and Opening Up

B. 5   Review and Outlook on the Development of Urban

Ecological Space in Shanghai   *Cheng Jin* / 133

Abstract: The development of ecological space is a response to the increasingly severe urban ecological environment. Since the reform and opening up, in order to improve the urban ecological environment and meet the growing demand for ecological products of the residents, the urban ecological space in Shanghai has experienced four stages of development: brewing exploration, scale expansion, structural optimization and function enhancement, and an ecological spatial pattern of "Ring, wedge, gallery, garden and forest" was formed. Shanghai is making every effort to build a superior global city, ecological space is needed to combine with urban quality and citizen demand. Shanghai is still facing similar challenges in further improving the level of urban ecological space development, such as the incomplete system of ecological space construction management, the uneven distribution of ecological space supply and demand, and the limited potential for ecological space scale growth. Drawing on the development trend of urban ecological space, Shanghai needs to build a diversified institutional innovation of government-led, market operation and public participation, promote the integration development of different types and functional of ecological spaces, innovate the path of urban ecological space expansion, optimize the components of the ecological space and promote the performance management of the ecological red line.

Keywords: Urban Ecological Space; Planning; Evolution

B. 6   Review of the History of Shanghai's Participation

in Regional Environmental Cooperation

Hu Jing, Dai Jie, Wang Qiang, Huang Lei and Li Yuehan / 152

Abstract: The environmental protection cooperation in the Yangtze River

Delta stemmed from the regional economic cooperation and development framework and has lasted for almost 20 years. Especially since the establishment of regional air pollution cooperation mechanism in early 2014 and water pollution cooperation mechanism in the end of 2016, the regional environmental quality has been significantly improved. In November 2018, President Xi Jinping officially announced the regional integration development of Yangtze River Delta as a national strategy at the China International Import Expo held the first time, which shall give the Yangtze River Delta an unprecedented development opportunity. However, at present, the environmental protection cooperation in the Yangtze River Delta still has some problems on the implementation of the coordination mechanism, the information sharing mechanism, the cross-border management, and the integration of regional development planning, etc. How to further deepen and optimize the environmental protection cooperation in the Yangtze River Delta in the future? How should Shanghai, as the bridgehead of the Yangtze River Delta, fully take the lead and promote the high-quality development of regional integration in the Yangtze River Delta? This article will discuss the above issues on the basis of reviewing Shanghai's participation in the regional environmental cooperation process.

Keywords: Yangtze River Delta; Environmental Collaboration; Integrated Development

B. 7 Review and Suggestions on Industrial Green
Transformation of Shanghai   *Chen Ning* / 168

Abstract: Industrial green transformation refers to the process in which a country or region minimizes the adverse impact on resources and environment while the industry continues to develop. After the reform and opening up, Shanghai continued to promote the industrial green transformation through strategic adjustment of industrial structure, optimization of industrial layout, pollution prevention and treat of industrial area, and industrial energy conservation and emission reduction. After 40 years of adjustment and governance, Shanghai's industrial green transformation has achieved remarkable results, achieving the decoupling of industrial pollutant emissions from industrial development. In the future, we should focus on minimizing the impact of industrial development on resources and environment, guiding the green transformation of industry with systematic thinking, exploring new modes of improving energy efficiency, aligning with international advanced manufacturing models, and promoting environmental technology innovation.

Keywords: Shanghai; Industry; Green Transformation; Reform And Opening Up

Ⅲ   Chapter of Comparisons

B. 8   International Comparison and Enlightenment of Global
Urban Environmental Pollution Management

Zhang Xidong / 196

Abstract: In addition to the high level of economic development, global cities are also in the forefront of the world in urban environmental governance. On the basis of reviewing the history of urban environmental governance in London, New York and Tokyo, this paper summarizes the experience model of global urban environmental governance. The model of urban environmental governance in global cities provides experience for Shanghai's urban environmental governance. In the process of urban environmental governance in Shanghai, it is necessary to improve the construction of laws and regulations, strengthen the macro-strategic guidance of the government, improve the construction of market system and mechanism, play a positive role of third parties, and promote urban environmental governance with the opportunity of building an excellent global city.

Keywords: Global Cities; Environmental Governance; International Comparison; Experience Enlightenment

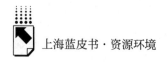

B. 9   International Comparison and Enlightenment

of Global City Environmental Policies

and Regulations   *Li Haitang* / 212

Abstract: Building a remarkable global city is not only the need for Shanghai's economic transformation and development, but also an important carrier for China to form a new comprehensive opening pattern. By comparing the evolution of major global city environmental policies and regulations, it is found that global city environmental policies and regulations are closely linked to economic and social development, focusing on the implementation of environmental policies and regulations, and multi-sector efforts to promote global city environmental governance. Commonality, while each city has different emphasis on environmental legal system according to the actual situation of its economic development. The evolution of Shanghai's environmental governance policies and regulations can be divided into three stages: start-up, development and maturity. Each stage has different environmental regulations and policies. Although some achievements have been made, there are still some gaps with global cities such as New York, London, Tokyo, and Paris. Therefore, Shanghai should improve the construction of environmental policy and regulation from the aspects of guiding ideology, formulation and improvement, implementation and institutional guarantee.

Keywords: Global City; Shanghai; Environmental Policies; Environmental Regulations

B. 10   The Comparison and Enlightenment of the Eco-City

Construction of Global-City   *Du Hongyu* / 237

Abstract: From the concept of "eco-city" to the idea of environmental protection being deeply rooted in people's hearts today, the world has made a lot of exploration on eco-city construction theory and insisted on practical innovation. Eco-city construction has become an important measure to cope with climate change, resource and energy crisis. The active eco-city construction is regarded as an indispensable public policy to promote and guide in many countries, and has accumulated a lot of successful experience in the continuous construction and improvement. By sorting out and comparing the construction management characteristics of three global-cities _ New York, London and Tokyo_ in the process of eco-city construction, this study analyzes the common problems they face, summarizes the successful experience of international global cities in eco-city construction, and provides enlightenment for the construction of Shanghai eco-city.

Keywords: Global City; Eco-city; Shanghai

B. 11   Comparison of the Coordinated Development of

Environmental and Economy in Global Cities and

the Enlightenment to Shanghai   、 *Zhang Wenbo* / 272

Abstract: Cities is the most prominent area of the contradiction between economic development and environmental. All the cities around the world have experienced the industrial transformation, the efficiency improvement of energy transportation, and the systematically promoting the development of environmental economic coordination. Through the practice and experience of global cities in promoting the coordinated of environmental and economy, it can be found that the transformation industry determines is the key to the coordination of environmental and economy. The transportation system is the difficulty of environmental economic contradictions. The spatial structure of the city is the base of the urban ecological environment, and the policy is the guarantee for promoting the coordinated of environmental and economy. Compared with global cities,

Shanghai still has problems in the industrial transformation, the inefficient use of energy, the environment quality, and the lag of environmental strategy. It is necessary to be advanced systematically in these areas.

Keywords: Green Transformation; Coordination of Environmental and Economic; Global Cities; Shanghai

Ⅳ　Chapter of Outlook

B. 12　Study on the Path of Shanghai's Promotion of Modernization of Ecological Environmental Governance

Xin Xiaorui / 293

Abstract: Facing the transformation of economic development from industrialization to post-industrialization, the transformation of ecological environment from constraint conditions to favorable conditions, the transformation of China's ecological civilization from technological innovation to institutional innovation, the modernization of ecological environment governance has become a new direction for regional ecological environment development. This paper firstly introduces the modernization of ecological environment governance, and then identifies the achievements and problems of ecological environment in Shanghai. Next part, it analyzes the characteristics and goal of Shanghai in the modernization of ecological environment governance from four dimensions: idea, actor, methods and assessment. About the governance methods, it specifically includes the monitoring network, laws and regulations, informatization and multi-dimensional cooperation. It further points out the insufficient cross-sectoral cooperation, imperfect market mechanism and low level of informatization in the modernization of ecological environment governance in Shanghai, and in the end it proposes some countermeasures.

Keywords: Multi-actors; Monitoring Network; Informatization; Multi-Dimensional Cooperation; Supervision and Assessment

Abstract: According to the analysis of environmental protection development situation at home and abroad, the main environmental problems of Shanghai at this stage facing was sorted out, the deficiencies in the aspects of ecological environment quality and environmental management was put forward. The medium and long term treatment path for key environmental pollution prevention fields such as water, air and ecology should consider as: promote city water point and non-point source control, strengthen water base cooperation; promote city energy conservation and low carbon development, upgrade air point source treatment technology; give priority of ecological environment development, improve ecological services.

Keywords: Ecological City; Pollution Prevention and Treatment; Path

Abstract: In the last four decades since beginning of Reform and Opening Up, Shanghai Municipal Government has paid great efforts to promote recycling or safe disposal facilities for different wastes, and even has paid great attention to establishing and optimizing economic incentives to encourage waste sorting. Especially since 2011, Shanghai has witnessed great success in household waste sorting thanks to economic incentives and community governance mechanisms; "Green Account" is a famous economic incentive policy and is successful to some extent in the first phase. In the future, Shanghai needs to introduce more effective economic incentive policy (i. e. differentiated waste charge), to coordinate waste sorting modes in the hands of the residents and the follow-up waste treatment facilities of different types, and to enhance institutional capacity building via community governance.

Keywords: Shanghai; Waste Sorting; Long-Effect Mechanisms

B. 15　Study of Ecological Conservation Redline Management System Construction of Shanghai　　*Wu Meng* / 348

Abstract: The Third Plenary Session of the 18th CPC Central Committee put forward the strategic requirements of "delineating and strictly observing the Ecological Conservation Redline". The "Nineteenth National Congress" report emphasizes promoting the overall protection of ecosystems, "coordinating the management of landscape and forestry lakes and grassland, and implementing the most stringent ecological environment. The Ecological Conservation Redline has become an important starting point for the construction of national ecological civilization, and has been upgraded to the national strategic to become the national ecological security line. In this context, Shanghai actively carried out the delineation of Ecological Conservation Redline, which is not only a positive response to the country's strategic requirements for promoting ecological civilization construction, accelerating the reform of the ecological civilization system, and implementing the Yangtze River Economic Belt's protection. It is also an important measure for Shanghai to maintain the bottom line of urban ecological security and achieve excellence in global urban construction. In February 2018, the State Council officially approved the Shanghai Ecological Conservation Redline Delineation Plan. The next step is to establish and improve the Ecological Conservation Redline management system and promote Shanghai ecological protection red line. We thus discussed the management system from 4 dimensions and discussed the management countermeasures from 8 aspects. In order to provide support for Shanghai to strictly adhere to the Ecological Conservation Redline and ensure ecological security.

Keywords: Shanghai; Ecological Conservation Redline; Management System; Management Mechanism

V Appendix

权威报告・一手数据・特色资源

皮书数据库
ANNUAL REPORT(YEARBOOK) DATABASE

当代中国经济与社会发展高端智库平台

所获荣誉

- 2016年，入选"'十三五'国家重点电子出版物出版规划骨干工程"
- 2015年，荣获"搜索中国正能量 点赞2015""创新中国科技创新奖"
- 2013年，荣获"中国出版政府奖・网络出版物奖"提名奖
- 连续多年荣获中国数字出版博览会"数字出版・优秀品牌"奖

成为会员

通过网址www.pishu.com.cn访问皮书数据库网站或下载皮书数据库APP，进行手机号码验证或邮箱验证即可成为皮书数据库会员。

会员福利

- 已注册用户购书后可免费获赠100元皮书数据库充值卡。刮开充值卡涂层获取充值密码，登录并进入"会员中心"—"在线充值"—"充值卡充值"，充值成功即可购买和查看数据库内容。
- 会员福利最终解释权归社会科学文献出版社所有。

社会科学文献出版社 皮书系列
SOCIAL SCIENCES ACADEMIC PRESS (CHINA)

卡号：**535992541337**
密码：

数据库服务热线：400-008-6695
数据库服务QQ：2475522410
数据库服务邮箱：database@ssap.cn
图书销售热线：010-59367070/7028
图书服务QQ：1265056568
图书服务邮箱：duzhe@ssap.cn

中国社会发展数据库（下设 12 个子库）

　　全面整合国内外中国社会发展研究成果，汇聚独家统计数据、深度分析报告，涉及社会、人口、政治、教育、法律等 12 个领域，为了解中国社会发展动态、跟踪社会核心热点、分析社会发展趋势提供一站式资源搜索和数据分析与挖掘服务。

中国经济发展数据库（下设 12 个子库）

　　基于"皮书系列"中涉及中国经济发展的研究资料构建，内容涵盖宏观经济、农业经济、工业经济、产业经济等 12 个重点经济领域，为实时掌控经济运行态势、把握经济发展规律、洞察经济形势、进行经济决策提供参考和依据。

中国行业发展数据库（下设 17 个子库）

　　以中国国民经济行业分类为依据，覆盖金融业、旅游、医疗卫生、交通运输、能源矿产等 100 多个行业，跟踪分析国民经济相关行业市场运行状况和政策导向，汇集行业发展前沿资讯，为投资、从业及各种经济决策提供理论基础和实践指导。

中国区域发展数据库（下设 6 个子库）

　　对中国特定区域内的经济、社会、文化等领域现状与发展情况进行深度分析和预测，研究层级至县及县以下行政区，涉及地区、区域经济体、城市、农村等不同维度。为地方经济社会宏观态势研究、发展经验研究、案例分析提供数据服务。

中国文化传媒数据库（下设 18 个子库）

　　汇聚文化传媒领域专家观点、热点资讯，梳理国内外中国文化发展相关学术研究成果、一手统计数据，涵盖文化产业、新闻传播、电影娱乐、文学艺术、群众文化等 18 个重点研究领域。为文化传媒研究提供相关数据、研究报告和综合分析服务。

世界经济与国际关系数据库（下设 6 个子库）

　　立足"皮书系列"世界经济、国际关系相关学术资源，整合世界经济、国际政治、世界文化与科技、全球性问题、国际组织与国际法、区域研究 6 大领域研究成果，为世界经济与国际关系研究提供全方位数据分析，为决策和形势研判提供参考。

法律声明

"皮书系列"（含蓝皮书、绿皮书、黄皮书）之品牌由社会科学文献出版社最早使用并持续至今，现已被中国图书市场所熟知。"皮书系列"的相关商标已在中华人民共和国国家工商行政管理总局商标局注册，如LOGO（ ）、皮书、Pishu、经济蓝皮书、社会蓝皮书等。"皮书系列"图书的注册商标专用权及封面设计、版式设计的著作权均为社会科学文献出版社所有。未经社会科学文献出版社书面授权许可，任何使用与"皮书系列"图书注册商标、封面设计、版式设计相同或者近似的文字、图形或其组合的行为均系侵权行为。

经作者授权，本书的专有出版权及信息网络传播权等为社会科学文献出版社享有。未经社会科学文献出版社书面授权许可，任何就本书内容的复制、发行或以数字形式进行网络传播的行为均系侵权行为。

社会科学文献出版社将通过法律途径追究上述侵权行为的法律责任，维护自身合法权益。

欢迎社会各界人士对侵犯社会科学文献出版社上述权利的侵权行为进行举报。电话：010-59367121，电子邮箱：fawubu@ssap.cn。

社会科学文献出版社